普通高等教育“十一五”国家级规划教材

AutoCAD 2005（中文版）机械制图与实训教程

王谟金　刘小群　文　颖　编著
程晓伟　任志聪　主审

机 械 工 业 出 版 社

本书采用 AutoCAD 2005 中文版的相关内容，详细归纳、介绍了使用 AutoCAD 2005 中文版绘制机械图样时常用命令的功能、操作方法。本书是编者在从事 20 多年的机械制图教学和多年的 AutoCAD 教学的基础上编写的。根据绘制机械图样的需要，结合学习机械制图的常规，在内容安排上循序渐进、由浅入深。学习者能在短时间内掌握 AutoCAD 2005 的基本知识和操作技能，更方便、简捷地运用相关知识进行机械图样的绘图和机械设计。本书各章后有与所学内容配套的练习及练习指导。

本书可作为中职院校机械类、机电类等专业的教材，同时也可作为各类 AutoCAD 2005 机械制图培训教材及自学人员参考。

图书在版编目（CIP）数据

AutoCAD 2005（中文版）机械制图与实训教程/王谟金，刘小群，文颖编著. —北京：机械工业出版社，（2024.8 重印）
普通高等教育“十一五”国家级规划教材.
ISBN 978-7-111-16815-7

Ⅰ. A... Ⅱ. ①王... ②刘... ③文... Ⅲ. 机械制图：计算机制图-应用软件，AutoCAD 2005-高等学校：技术学校-教材
Ⅳ. TH126

中国版本图书馆 CIP 数据核字（2007）第 010393 号

机械工业出版社（北京市百万庄大街 22 号 邮政编码 100037）
责任编辑：薛 礼 王海峰 于奇慧 版式设计：张世琴
责任校对：陈延翔 责任印制：郜 敏
北京富资园科技发展有限公司印刷
2024 年 8 月第 1 版 · 第 27 次印刷
184mm×260mm · 11.75 印张 · 287 千字
标准书号：ISBN 978-7-111-16815-7
定价：35.00 元

电话服务
客服电话：010-88361066
010-88379833
010-68326294

网络服务
机 工 官 网：www.cmpbook.com
机 工 官 博：weibo.com/cmp1952
金 书 网：www.golden-book.com
机工教育服务网：www.cmpedu.com

前　言

根据AutoCAD课程的性质和教学特点，结合当前高等职业技术教育和中等职业技术教育的特点及学生的基本状况，为了使学习者能在短时间内掌握AutoCAD 2005的基本知识和操作技能，我们以绘制机械图样的需要及学习机械制图的常规为基础，应用《AutoCAD 2005（中文版）》的相关知识，编写了这本教科书。本书归纳了AutoCAD 2005（中文版）中绘制机械图样的主要内容和设计、绘图时所用到的常用命令的功能，着重介绍了绘制机械图样时常用命令的操作方法，并且在每章后都附有与所学内容配套的练习及练习指导，以便学习者能更方便、简捷地运用相关知识进行机械图样的绘图和机械设计。与绘制机械图样无关的内容没有编入本书，若学习者想拓宽知识面，可在学习过程中自我尝试。

说明：书中的符号“↙”和“回车”均表示按Enter键。

本书的前言、绪论、第一章至第八章、附录由江西工业工程职业技术学院王谟金编著（其中第一章第一节由江西工业工程职业技术学院谢晖编著），第九章至第十二章由江西工业工程职业技术学院文颖编著，第十三章和第十四章所有练习及练习指导，均由江西工业工程职业技术学院刘小群编著。

本书由江西工业工程职业技术学院王谟金统稿、修改，江西工业工程职业技术学院程晓伟和福建工程学院任志聪任主审。

本书为初学者提供了简明、方便、快捷、实用的计算机绘图资料，可作为高职高专、中职院校机械类、机电类等专业的教材，也可作为各类AutoCAD 2005机械制图培训教材及自学计算机绘图人员参考。

本书在编写过程中，得到江西工业工程职业技术学院和机电工程系的领导及许多老师的支持与帮助，在此表示衷心的感谢！

由于编者水平有限，疏漏、错误和不当之处在所难免，请使用本书的读者批评指正。

作　者

2005年3月

目　录

绪　论

20世纪50年代，世界上第一架平台式自动绘图机诞生，计算机技术的广泛应用，大大促进了图形学的发展。20世纪70年代后期，随着微型计算机的出现，应用图形软件通过微机绘图，使计算机绘图进入了高速发展和更加普及的新时期。

展望21世纪，计算机辅助设计（CAD）技术将大大推动现代制造业的发展。随着计算机科学、信息科学、管理科学的不断进步，工业生产将进一步走向科学、规范的管理模式。过去，人们把工程图样作为表达零件形状、传递零件分析和制造的各种数据的惟一方法。现在，应用高性能的计算机绘图软件生成的实体模型，可以清晰而完整地描述零件的几何特征形状，并且可以利用基于特征造型的实体模型直接生成该零件的工程图或数据代码，作为数控加工的依据，完成零件的工程分析和制造。手工绘图必将被计算机绘图取代，在生产中实现计算机辅助设计、计算机辅助工艺和计算机辅助制造一体化的无图纸生产。

由于CAD已成为科技发展的一个重要工具，它推动了几乎所有设计领域的革命，它的发展和应用水平，已成为衡量一个国家科技和工业现代化水平的重要标志之一。因此许多公司和企业把CAD的应用作为对专业技术人员的基本要求。

AutoCAD是美国Autodesk公司在1982年11月开发的适合于微机使用的辅助设计和绘图软件包。经过20多年的应用、发展和完善，现已由最初的1.0版，逐渐发展为R12、R13、R14、AutoCAD 2000、AutoCAD 2002、AutoCAD 2004，至今已发展为AutoCAD 2005版。该软件在原有版本的基础上增加了许多功能，被称为是一体化、功能丰富、面向未来、世界领先的设计软件。其绘图编辑功能完善、图像表现力强，还可以连接到Internet上。

本课程是一门实际性很强的技能操作课程，要求学生必须熟练掌握AutoCAD 2005的基本知识和常用绘图、编辑、修改、尺寸标注、块的创建、块插入等命令的使用以及操作技巧；能根据中华人民共和国《机械制图》国家标准的规定，绘制零件图、装配图和三维图形；同时培养学生具有耐心细致、一丝不苟的工作作风和严肃认真的工作态度，以便提高绘图速度和图样的质量。

本书每章后都要求学生在计算机上做练习，且在每次练习前，必须认真阅读作业指导书，做到绘图前心中有数；同时应勤于思考，认真、独立完成每一次练习。

第一章 基 本 知 识

第一节 AutoCAD 2005 的安装

一、安装的硬件和软件需求

在单独的计算机上安装 AutoCAD 之前，要确保计算机满足最低系统需求，具体要求参见表 1－1。

表 1－1 硬件和软件需求表

硬件或软件	需 求	备 注
操作系统	Windows XP Professional Windows XP Home Windows XP Tablet PC Windows 2000	建议在用户界面语言与 AutoCAD 语言的代码页匹配的操作系统上安装非英文版本的 AutoCAD。代码页为不同语言的字符集提供支持。要安装 AutoCAD，用户必须具有管理员权限或由系统管理员授予更高权限
Web 浏览器	具有 Service Pack 1（或更高版本）的 Microsoft Internet Explorer 6.0	
处理器	Pentium 111 或更高，800MHz	
RAM	256MB	
视频	1024×768 VGA 真彩色（最低要求）	需要支持 Windows 的显示适配器
硬盘	安装 300MB	
定点设备	鼠标、轨迹球或其他设备	
CD－ROM	任意速度（仅用于安装）	
可选硬件	Open GL 兼容三维视频卡 打印机或绘图仪 数字化仪 调制解调器或其他访问 Internet 连接的设备网络接口卡	随三维图形卡附带的 Open GL 驱动程序必须满足以下要求： （1）完全支持 Open GL 或更高版本。 （2）Open GL 可安装客户端驱动程序（ICD）。 图形卡必须在其 Open GL 驱动程序软件中具有 ICD。随某些卡提供的“miniGL”驱动程序无法与 AutoCAD 一起使用

二、单机安装 AutoCAD 的步骤

（1）将 AutoCAD CD 插入计算机的 CD－ROM 驱动器。

（2）在 AutoCAD CD 浏览器中，单击“安装”选项卡。

（3）在“安装”选项卡的“安装 AutoCAD 2005”（图 1－1）下，单击〔安装〕，启动 AutoCAD 2005 安装向导。

（4）在“欢迎使用 AutoCAD 2005 安装向导”对话框中，单击【下一步】。

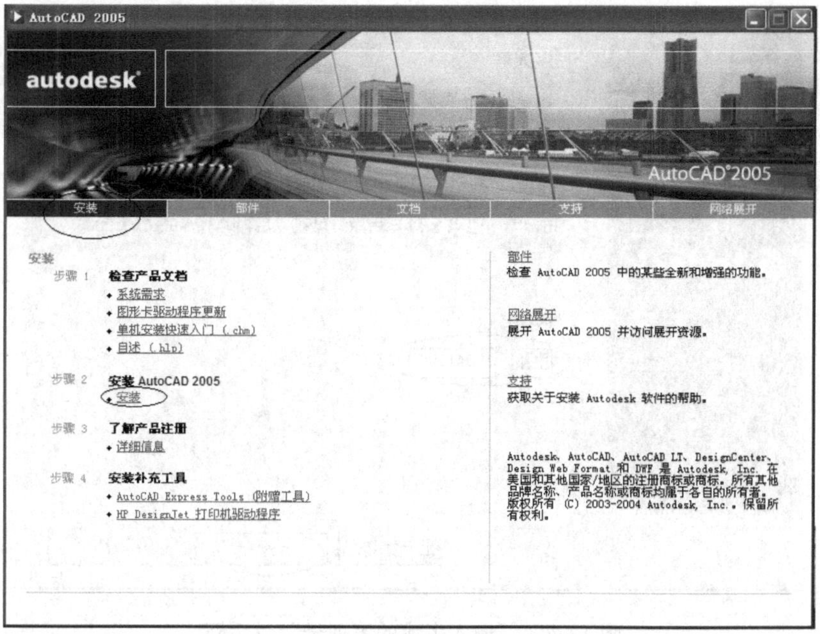

图 1－1　“安装 AutoCAD 2005”对话框

查看所适用国家/地区的 Autodesk 软件许可协议。必须接受协议才能完成安装。要接受协议，请单击“我接受”，然后单击【下一步】。

注：如果不同意协议的条款，请单击〔取消〕以取消安装。

（5）在“序列号”对话框中，输入位于 AutoCAD 产品包装上的序列号。先安装 AutoCAD 2005（可能会提示你先安装 IE6.0），在要输入序列号时，运行安装盘里的 AutoCAD－2005－Keygen 目录下的 AutoCAD 2002－2005 安装 Key.exe 文件（图 1－2），生成一个序列号（例如：600－10841596　只供参考）（图 1－3），用这个生成的序列号进行安装，单击【下一步】（图 1－4）。

图 1－2　安装钥匙图标

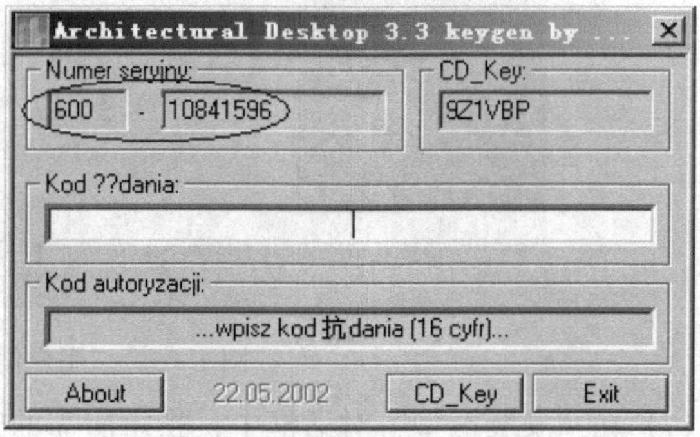

图 1－3　“序列号”对话框

（6）在“用户信息”对话框中，输入用户信息（图 1－5）。

在此输入的信息是永久性的，它们将显示在计算机的“AutoCAD”窗口中（使用“帮助”中的“关于”可以访问该窗口）。由于以后无法更改此信息（除非删除安装该产品），因此请确保在此处输入的信息正确（可根据自己的实际情况而定），单击【下一步】。

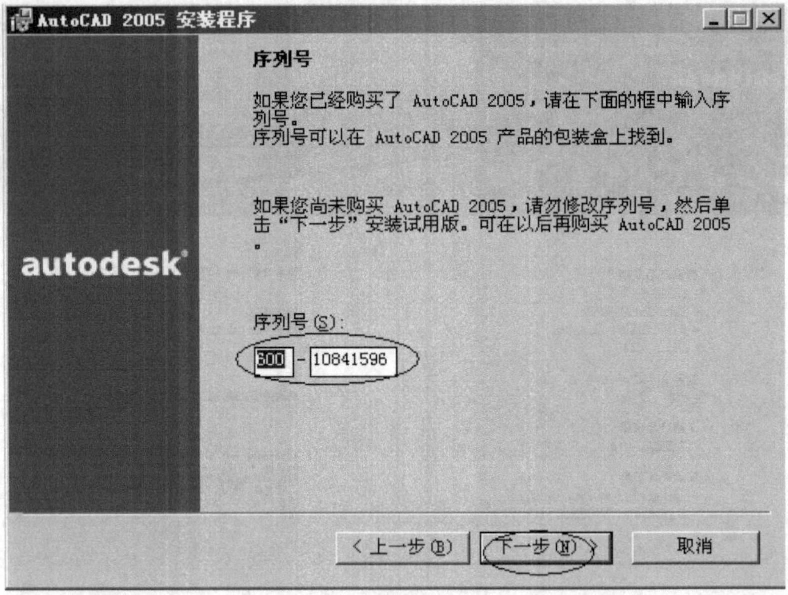

图 1－4　“输入生成的序列号”对话框

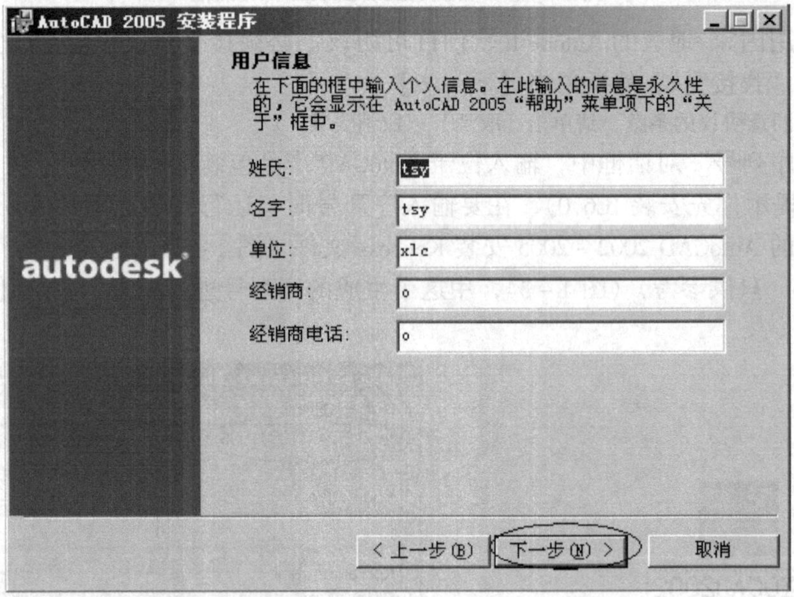

图 1－5　“用户信息”对话框

(7) 在“安装类型”对话框中，指定所需的安装类型，然后单击【下一步】。

1）选择“完全”，将安装所有应用程序功能（图 1－6）。

2）选择“自定义”，将仅安装用户选择的应用程序功能。选择要安装的功能，然后单击【确定】按钮。各应用程序功能选项包含内容如下：

“CAD 标准”包含用于检查设计文件是否符合标准的工具。

“数据库”包含数据库访问工具。

“词典”包含多语言词典。

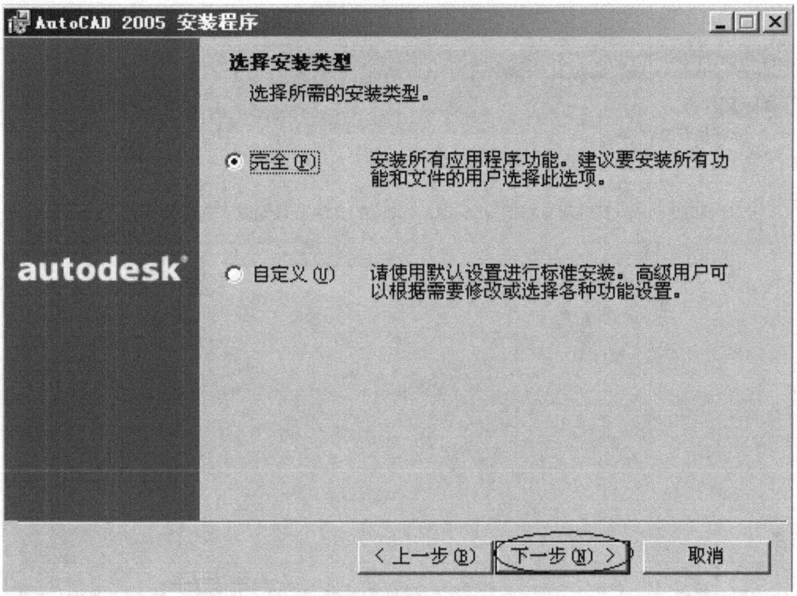

图 1-6　“安装类型”对话框

“图形加密”允许通过“安全选项”对话框，使用口令保护图形。

“字体”包含 AutoCAD 字体和 TrueType 字体。

“新功能专题研习”包含自动执行的演示、练习以及样例文件以帮助用户学习新功能。

“移植自定义设置”允许从早期版本移植自定义设置和文件。关于移植自定义设置的详细信息，请参见移植自定义设置。

“许可证转移实用程序”包含用于在计算机之间移动单机许可证的工具。

“参照管理器”使用户能够查看和编辑与图形关联的外部参照文件的路径。

“样例”包含各种功能的样例文件。

“教程”包含教程。

“VBA 支持”包含 Microsoft Visual Basic for Applications 支持文件。

(8) 在“目标文件夹”对话框中，执行下列操作之一：

单击【下一步】，接受默认的目标文件夹（图 1-7）。

输入路径或单击〔浏览〕，指定在其他驱动器和文件夹中安装 AutoCAD。单击【确定】，然后单击【下一步】。

注：要查看计算机驱动器上的磁盘空间大小，请单击〔所需磁盘空间〕按钮。

如果希望编辑 PGP 和 CUS 词典文件等文本文件，可在“选项”对话框中选择要使用的文本编辑器。可以接受默认编辑器，也可以从可用文本编辑器列表中选择。还可以单击“浏览”，以定位未列出的文本编辑器。

在“选项”对话框中，可以选择是否在桌面上显示 AutoCAD 快捷方式图标。默认情况下，产品图标将在桌面上显示。如果不希望显示快捷方式图标，请清除该复选框。然后单击【下一步】。

(9) 在“开始安装”对话框中，单击【下一步】，开始安装。

显示“更新系统”对话框，其中显示了安装进度。安装完成后，将显示“安装完成”对话框。

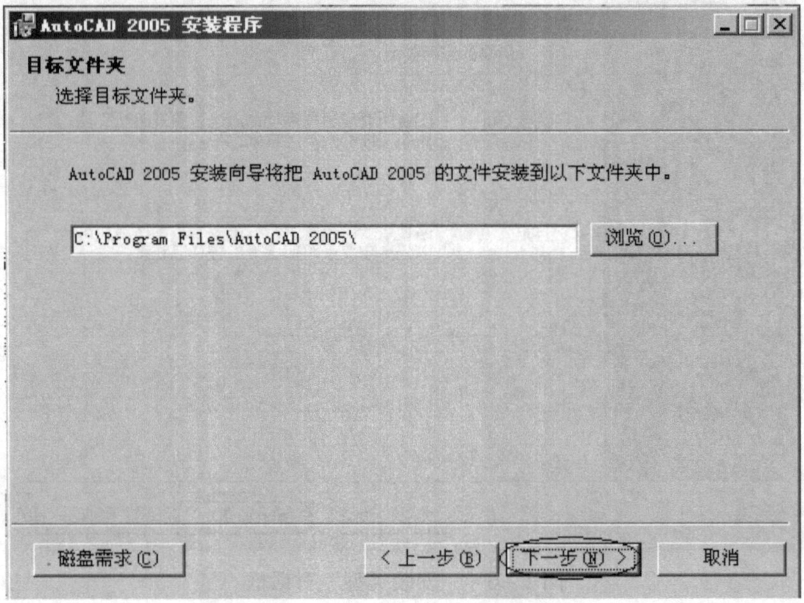

图 1-7 “安装目录”对话框

（10）在“安装完成”对话框中，单击“完成”。如果单击【完成】，将从此对话框中打开自述文件。自述文件包含 AutoCAD 2005 文档发布时尚未具备的信息。如果不需要查看自述文件，请清除“自述文件”旁边的复选框。

注：也可以在安装 AutoCAD 之后查看自述文件。

如有提示，请重新启动计算机

（11）您成功地安装了 AutoCAD。现在可以注册产品，然后开始使用此程序。要注册产品，请启动 AutoCAD 并按照屏幕上的说明进行操作。

运行 CAD2005，在出现产品激活窗口时，选“激活产品”对话框，单击【下一步】（图 1-8），出现“现在注册”窗口时，请选输入激活码选项，并记下软件信息栏中的申请号（英

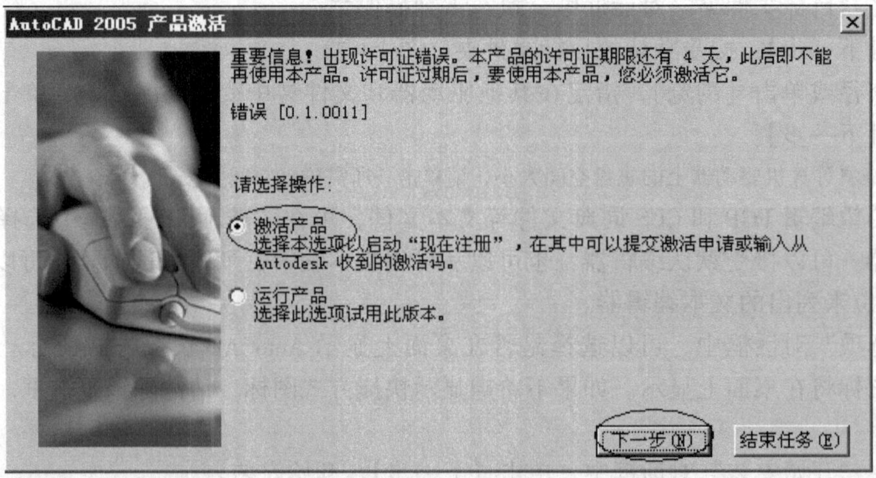

图 1-8 “激活产品”对话框

文的）（图 1－9），接着就运行安装盘里的 AutoCAD－2005－Keygen 目录下的 AutoCAD－2005 解密 Keygen.exe 文件（图 1－10），将你记下的注册 ID 号码（英文的）完整的输入到解密 Keygen 的菜单内生成解密号码（数字的）（图 1－11）。注意：记下的注册 ID 号码是每 5 个字母后一个空格。然后，将生成的解密号码（数字的）输入到你选输入“激活码选项”（图 1－12）后下一步的窗口中，再单击【下一步】即可。

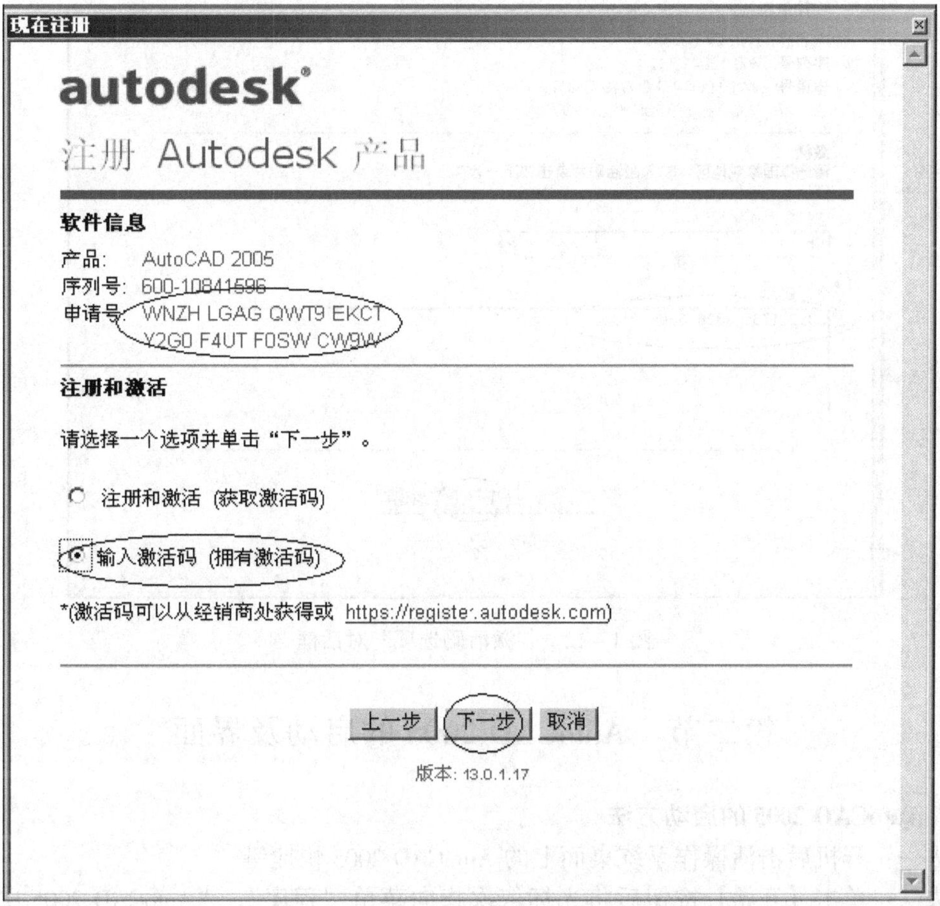

图 1－9　“激活申请号”对话框

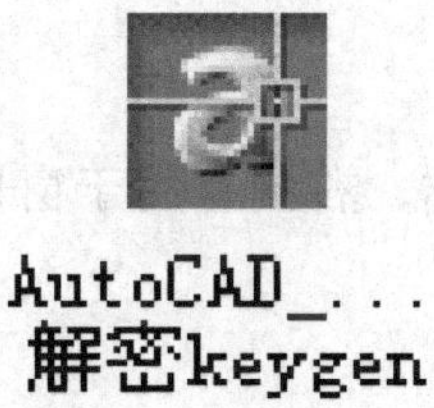

图 1－10　运行解密文件

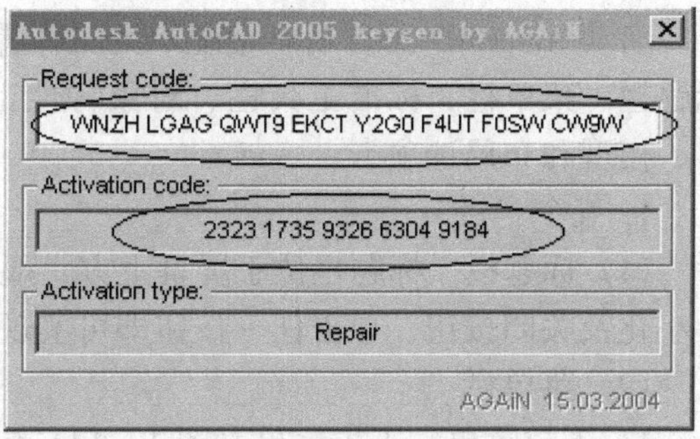

图 1－11　生成解密号

图 1-12　“激活码选项”对话框

第二节　AutoCAD 2005 的启动及界面

一、AutoCAD 2005 的启动方法

方法一：开机后击活操作系统桌面上的 AutoCAD 2005 快捷键。

方法二：单击【开始】按钮后将光标依次指向菜单“程序”、“AutoCAD 2005 中文版”，再单击“AutoCAD 2005 中文版”。

二、AutoCAD 2005 的工作界面

启动 AutoCAD 2005 后，常显示的工作界面有如图 1-13 所示基本内容。常用的项目为：标题栏、菜单栏、标准工具栏、对象特性工具栏、状态栏、图形窗口、命令窗口、文本窗口、模型和布局选项卡。

1. 五个“栏”

（1）标题栏　标题栏位于屏幕上方，显示当前图形的名称，右端有用于窗口的最大化、最小化及关闭按钮，单击任一按钮即可实现相应的功能。

（2）菜单栏

1）下拉菜单　下拉菜单（图 1-14）包含文件、编辑、视图、插入等 12 项标题。用鼠标左键点取菜单标题栏时，会在标题下出现菜单项。

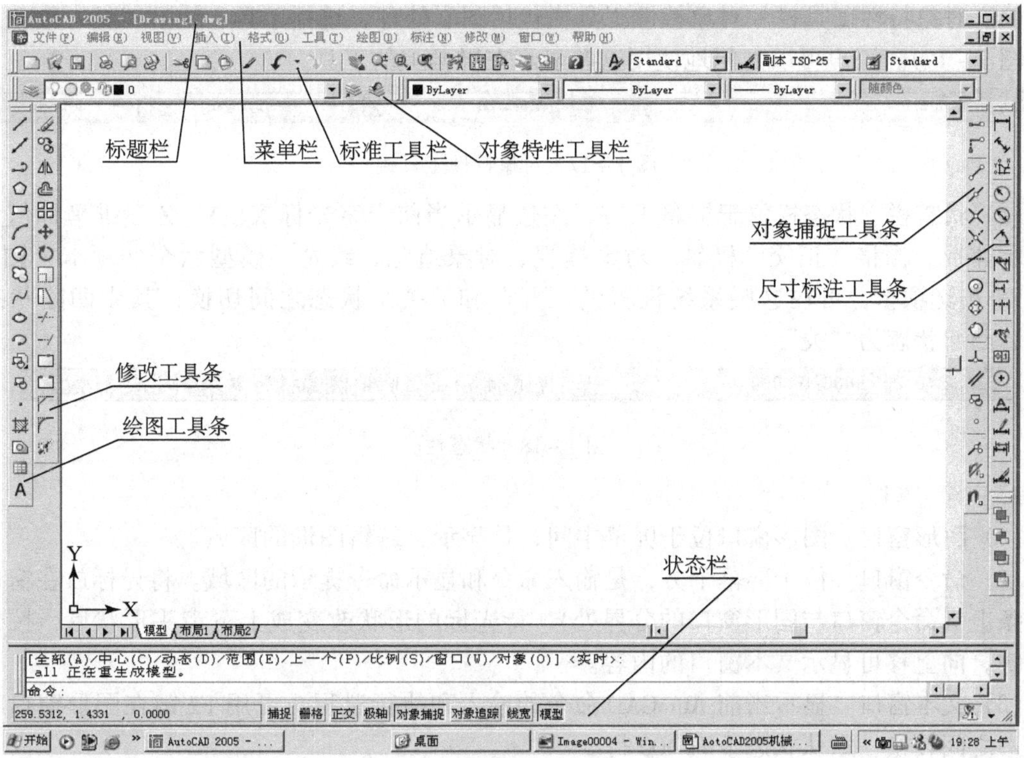

图 1－13 AutoCAD 2005 的初始屏幕

图 1－14 菜单栏

2）级联菜单 某些菜单项后面有一黑色的小三角形，把光标放在菜单项上，就会自动显示子菜单，它包含了进一步的选项（图 1－15）。

3）光标菜单 按下 Shift 键和鼠标右键，就会在当前光标位置显示光标（快捷）菜单。

4）对话框 如果选择的菜单项后面标有 ...，用鼠标左键单击此项，就会打开 AutoCAD 的某个对话框，可从中选择合适的选项。

（3）标准工具栏 标准工具栏（图 1－16）共有 28 种工具栏，且分别用图标表示各自的功能。工具栏上的图标有不同的图像，代表不同的命令。当光标指向任一图标稍停片刻时，会在图标标的右下角显示出相应的命令名，同时在窗口的命令行有注解，便于确认命令。

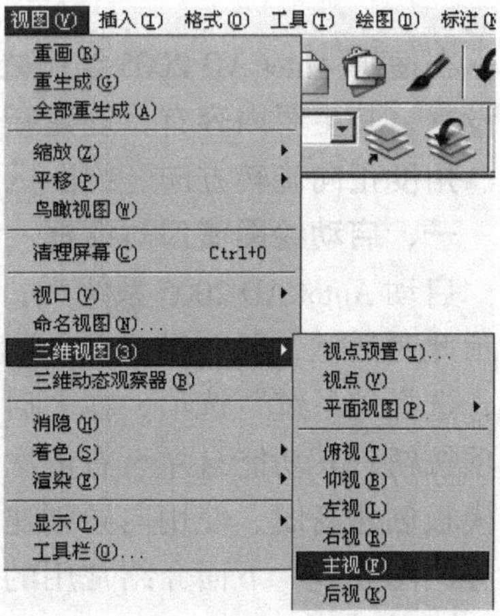

图 1－15 子菜单、级联菜单

图 1－16 标准工具栏

(4) 对象特性工具栏　对象特性工具栏包括图层处理、选择工具、线型工具、颜色工具等（图 1－17）。用户可以方便地使用这些显示在屏幕上的工具。

图 1－17　对象特性工具栏

(5) 状态栏　状态栏位于屏幕下方，左边显示当前十字光标 X、Y、Z 三维坐标值，中间显示捕捉、栅格、正交、极轴、对象捕捉、对象追踪、线宽、模型六个选项卡（图 1－18）。单击选项卡，可在这些系统设置的“开”和“关”状态之间切换，其中凹陷状态为“开”，凸起状态为“关”。

图 1－18　状态栏

2. 三个“口”

(1) 图形窗口　图形窗口位于屏幕中间，是显示、编辑图形的区域。

(2) 命令窗口　位于屏幕下方，是输入命令和显示命令提示的区域。将光标放在窗口的析分条上（命令窗口与图形窗口的分界处），待光标的形状改变成上下箭头形状后，按住鼠标左键，向上移可显示文本窗口的内容。

(3) 文本窗口　显示当前 AutoCAD 命令的输入和执行过程，可用 F2 键在图形窗口和文本窗口之间转换，默认状态下有 400 行。

3. 模型和布局选项卡

该选项卡位于图形窗口和命令窗口之间的左下角，通常在模型空间创建图形，在布局空间创建打印布局。用户可通过模型和布局选项卡方便的进行转换。

第三节　绘 图 环 境

在使用 AutoCAD 2005 绘图之前，必须设置所需要的绘图环境。本节主要介绍绘图环境的设置，其主要内容有：创建新图形、设置绘图的长度单位、角度单位、角度测量的起始方向、角度正向旋转方向、绘图区域的大小等。

一、启动绘图窗口对话框

启动 AutoCAD 2005 系统后，屏幕上出现如图 1－19 所示的“创建新图形”对话框（若未显示此对话框，要选择“工具”菜单中的“选项”后，在如图 1－20 所示的“选项”对话框中，选择“系统”选项，在“启动”选项中选择“显示启动对话框”），在该对话框中有四个选项按钮，其功能自左至右依次为：打开一个已存在的图形文件、从草图开始创建新图、使用模板创建新图、使用向导创建新图。利用该对话框中的相关功能，用户可以快速、方便地设置绘图环境，下面介绍常用的两种设置绘图环境的方法。

1. 快速设置

在如图 1－19 所示的“创建新图形”对话框中，选择“使用向导”中的按钮→选择“快速设置”→单击【确定】按钮→选择“小数”→单击【下一步】按钮→选择图幅→单击【完成】按钮。

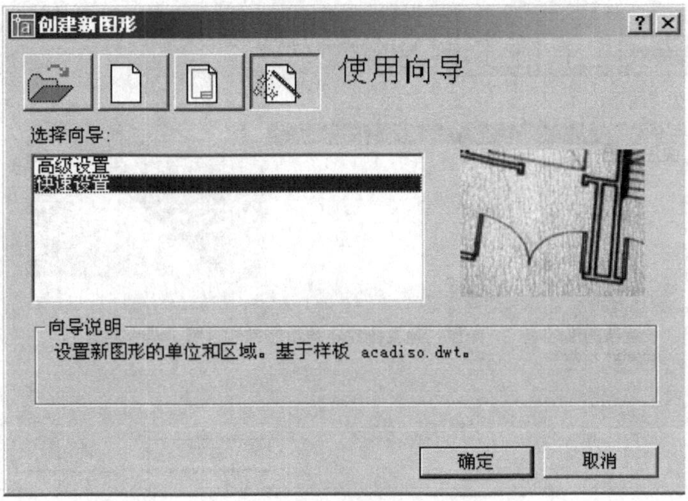

图 1－19　“创建新图形”对话框

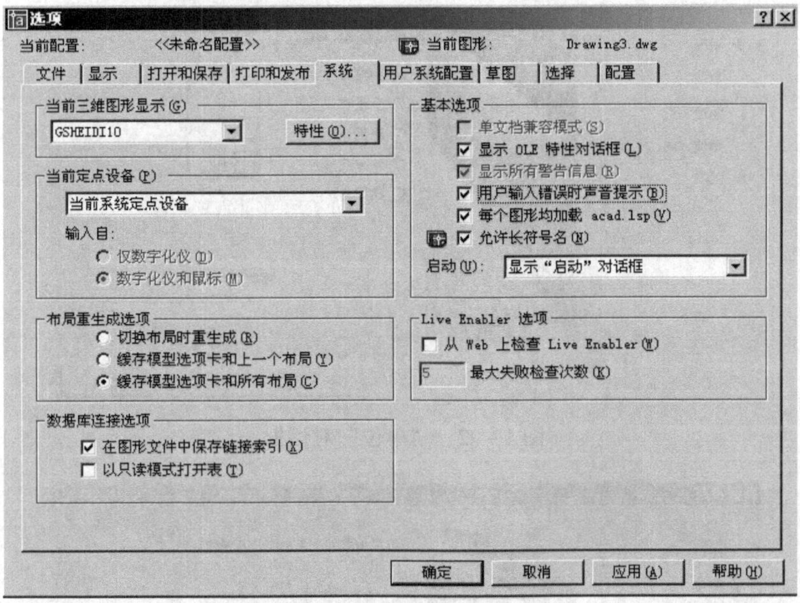

图 1－20　“选项”对话框

2. 高级设置

除快速设置外，还可以对图样进行详细的设置。即设置绘图的长度单位、角度单位、角度测量的起始方向、角度正向旋转方向、绘图区域的大小。其操作方法为：

如图 1－21 所示“创建新图形”对话框中选择“使用向导”选项→选择“高级设置”→单击【确定】按钮→每单击“下一步”按钮，分别显示如图 1－22 ~ 图 1－26 所示的对话框→按需要分别选择“单位”、“角度”、“角度测量”、“角度方向”、“区域”（即将光标移至所要选择项前的“○”处，单击鼠标左键，使“○”内出现“·”→单击“完成”按钮）。

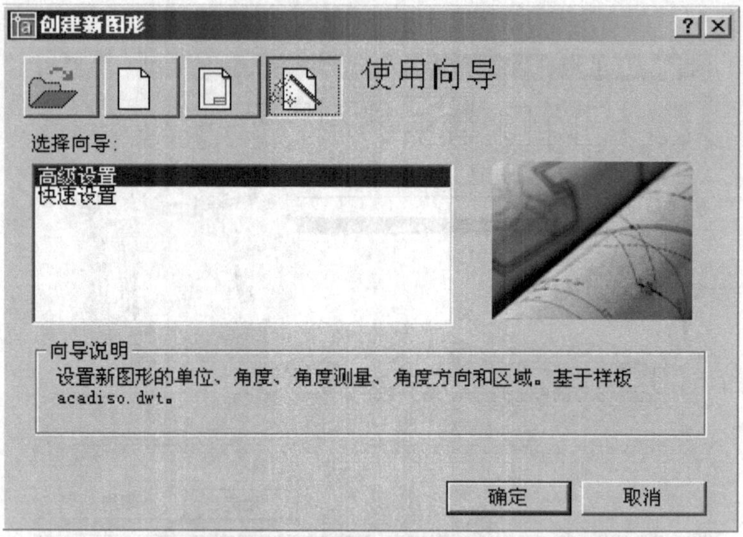

图 1－21 “创建新图形”对话框

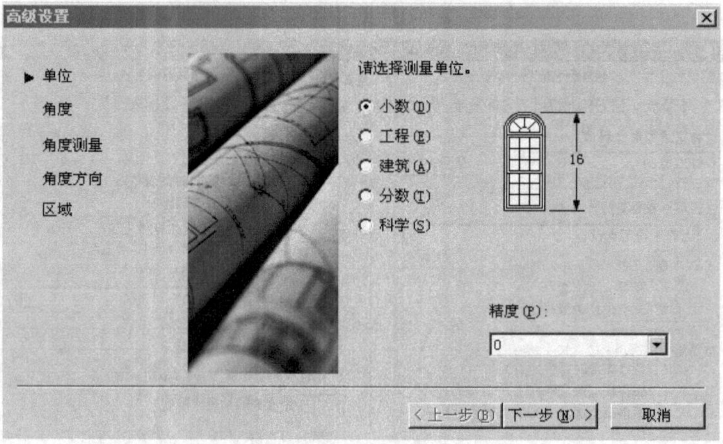

图 1－22 “单位”对话框

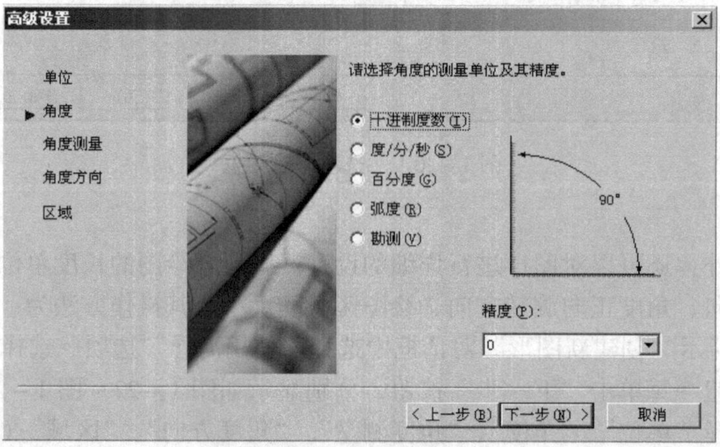

图 1－23 “角度”对话框

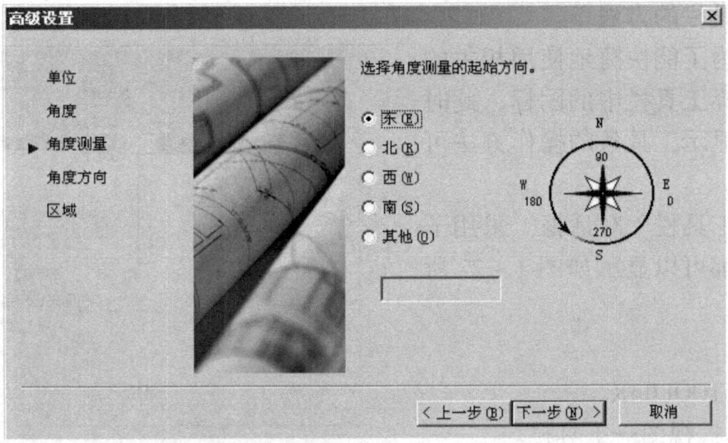

图 1－24 “角度测量”对话框

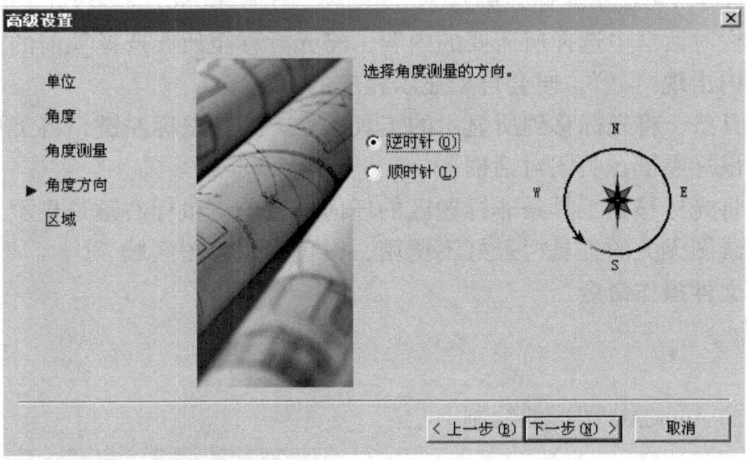

图 1－25 “角度方向”对话框

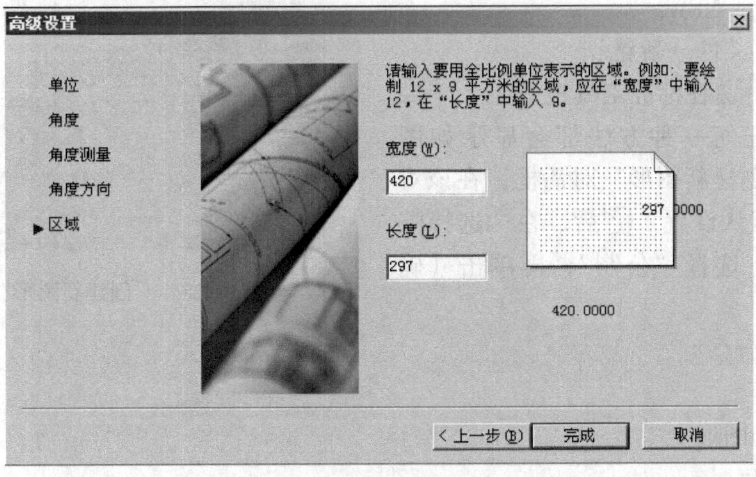

图 1－26 “区域”对话框

二、调出工具栏的方法

在绘图时，为了能快捷地使用相关的绘图命令，常选择工具栏中的图标，此时应显示工具条，显示工具条的操作方法可按以下步骤进行。

（1）调出“工具栏”对话框　采用下面任何一种方法都可以显示如图 1 - 27 所示的工具栏。

调用

1）命令行：TOOLBAK。

2）下拉菜单：视图→工具栏。

3）将光标移到工具条非标题区的任何位置，单击鼠标右键（可显示光标菜单）。

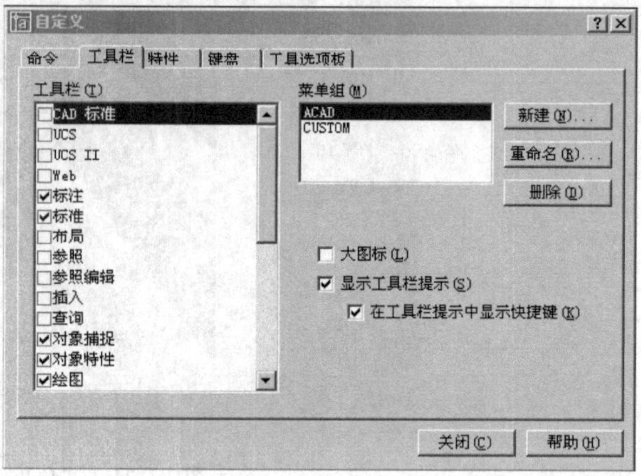

图 1 - 27　“工具栏”对话框

（2）从工具栏对话框中选择所需要的内容　将光标移至所要选择项前的方框处，单击鼠标左键，使方框内出现“√”，便会自动显示相应的工具条。

（3）移动工具条　将光标移到所显示的工具条处，按住鼠标左键，将工具条移到较理想的位置后，松开鼠标左键，关闭对话框。

特别提示：将光标移到工具条非标题区的任何位置单击鼠标右键是显示工具栏对话框的最快方法，但与绘图无关的工具栏最好不调用，以免占用绘图区域。

三、常用的文件操作命令

（一）新建命令

1. 功能

开始一个新的 AutoCAD 图形的绘制。

2. 操作方法

调用

（1）命令行：NEW。

（2）菜单：文件→新建。

（3）图标：□在标准工具栏中。

采用上述任何一种方法都会显示如图 1 - 28所示的“创建新图形”对话框，在该对话框中选择“默认设置”□后，在“选择默认设置列表区，选择“公制”，再单击【确定】按钮。

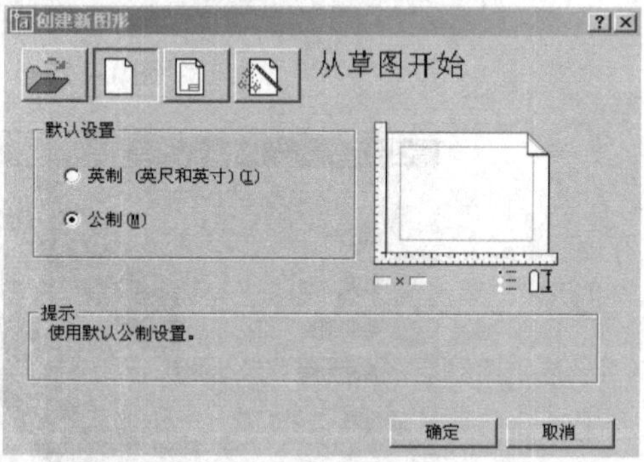

图 1 - 28　“创建新图形”对话框

（二）打开命令

1. 功能

打开已有的图形。

2. 操作方法

调用

（1）命令行：OPEN。

（2）菜单：文件→打开。

（3）图标：在标准工具栏中。

采用上述任何一种方法，都会显示如图 1－29 所示的“选择文件”对话框，在该对话框的“搜索”中选择所要打开文件的目录，在文件类型（T）区，选择文件类型（图形、标准、DXF、图形模板）。在文件名称栏中，选择其中所要打开的一个图形文件后，单击【打开】按钮，将打开原已保存的图形文件。

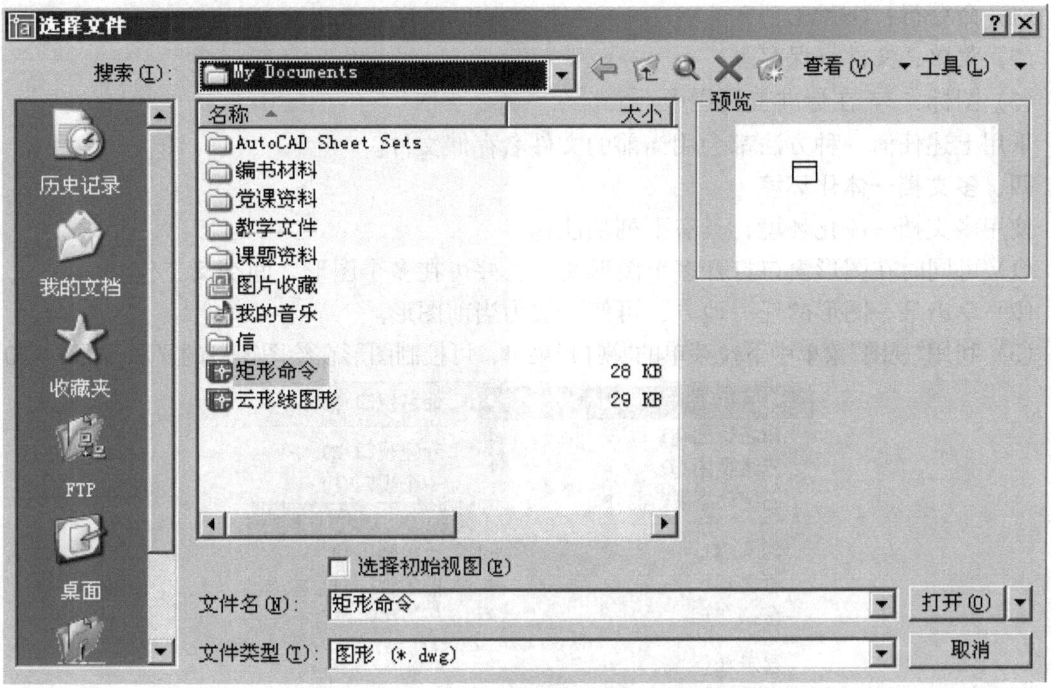

图 1－29　“选择文件”对话框

（三）存储命令

1. 功能

用当前的文件名或指定的文件名存储文件。

2. 操作方法

调用

（1）命令行：SAVE。

（2）图标：在标准工具栏中。

采用上述任何一种方法都会用当前的文件名或指定的文件名存储文件。

（四）另存命令

1. 功能

存储尚未起名的文件，或给当前的文件重新起名字。

2. 操作方法

调用

（1）命令行：SAVEAS。

（2）菜单：文件→另存为。

（五）快速存储命令

1. 功能

以当前的文件名存储文件，并会自动更新图形中的信息。如尚未起名，会出现“另存图形为”对话框，提示用户给文件起名。

2. 操作方法

调用

（1）命令行：QSAVE。

（2）菜单：文件→保存。

（3）图标：在标准工具栏中。

采用上述任何一种方法都会用当前的文件名存储文件。

四、多文档一体化环境

使用多文档一体化环境，具有下列功能：

（1）可同时在图形窗口打开多个图形文件，并可在多个图形之间交叉工作。

（2）单击某一图形的任一地方，可使之成为当前图形。

（3）利用“视图”菜单中下拉菜单的“视口”菜单，可控制图形在绘图窗口的显示（图 1－30）。

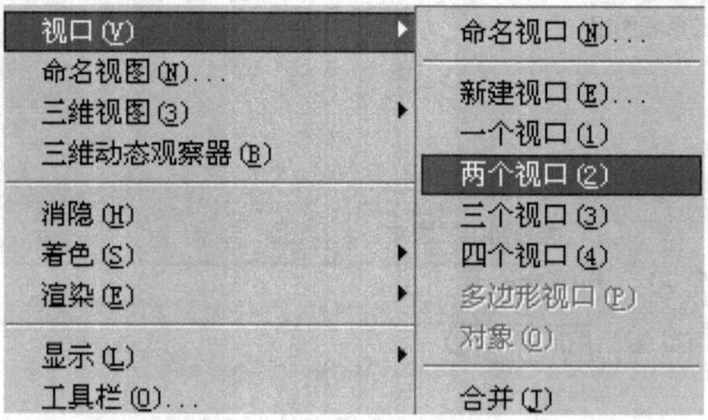

图 1－30　“视口”菜单

五、绘图时几个常用命令

在学习的初始阶段，在练习过程中，可能会出现一些常见错误。如果事先掌握了处理方法，将有利于提高绘图速度。例如：当图形画错了时，可以用删除命令从图中删除对象；若对象被删除错了，还可以用恢复命令恢复上一次所删除的对象等。常用到的命令有：

（一）删除命令

调用

（1）命令行：E。

（2）菜单：修改→删除。

（3）图标：在“修改”工具栏中。

采用上述任何一种方法，用拾取靶选择要删除的对象（若要删除的对象较多，可用窗交式选中要删除的所有对象），再单击鼠标右键（或回车），便可以删除所需要删除的对象。

（二）恢复命令

调用

（1）菜单：编辑→放弃。

（2）图标：在标准工具栏中。

（3）按 Ctrl + Z 键。

（4）命令行：U。

采用上述任何一种方法，可以恢复被删除的对象。

（三）自动存储间隔时间的设置

1. 功能

在绘图时，往往会忘记不定时保存图形文件，为此，AutoCAD 提供了一个 SAVETIME 的系统变量，可根据用户给定的时间，自动定时存储文件。

2. 操作方法

方法一：输入命令 SAVETIME 回车后，输入保存间隔分钟数后按回车键。

方法二：调用菜单：工具→选项。

采用方法二显示如图 1 – 31 所示的“选项”对话框，在对话框中选择“打开和保存”选项卡，在“自动保存”选项中输入保存间隔分钟数（同时还可根据需要选择其他选项。如“每次保存均创建备份”等）单击“确定”按钮。

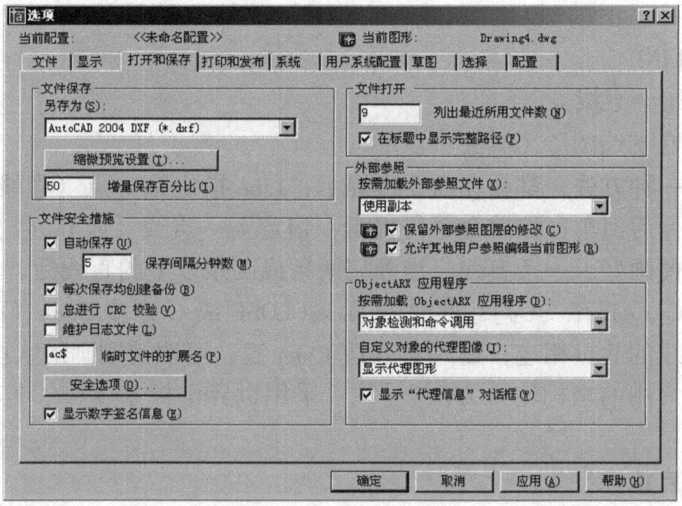

图 1 – 31　“选项”对话框

（四）退出 AutoCAD

1. 功能

创建或编辑完图形后退出 AutoCAD。

2. 操作方法

调用

（1）命令行：EXIT。

（2）菜单：文件→退出。

采用上述任何一种方法，都可以退出 AutoCAD，如果对图形的修改尚未保存，则会显示如图 1 – 32 所示的对话框。

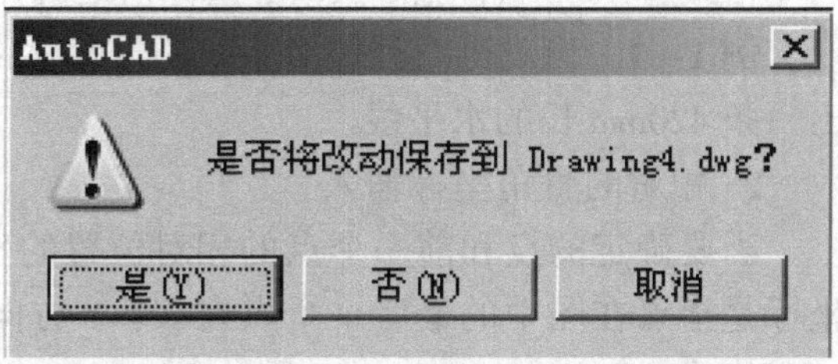

图 1 – 32　“退出警告”对话框

选择“是（Y）”，将保存对当前图形所作的修改并退出 AutoCAD。如果此时文件尚未取名，将出现“另存文件为”对话框。选择“否（N)”，将不保存从上一次存储到目前为止对图形所作的修改。选择“取消”，则取消 EXIT 命令的执行。

第四节　简 单 绘 图

AutoCAD 2005 提供了绘图的坐标系。常用的坐标系有世界坐标系（WCS)、用户坐标系（UCS)，绘图时采用三维笛卡儿坐标系统（CCS）来确定点的位置。位于工作界面左下角的状态栏上所显示的 3 个数值，就是十字光标所处位置的准确笛卡儿坐标数值。用户在完成绘图设置后，在命令状态下，可用画直线命令输入坐标值画直线。

一、直线命令

1. 功能

用直线命令可以画出一条线段，也可以不断的输入下一点，画出连续的多条线段。直到按回车键或空格键退出画直线命令。其中每条线段都被作为单独的对象处理。

2. 操作方法

调用

（1）命令行：LINE。

（2）菜单：绘图→直线。

（3）图标：在“绘图”工具栏中。

采用上述任何一种方法，都会在命令行提示：Line 指定第一点（直线的起点）：此时可输入直线的起点坐标后回车；接着命令行提示：指定下一点或［放弃（U)]：此时输入第二点的坐标后回车，便画好了一条直线。当画完两条或两条以上的直线后，命令行提示：指定下一点或［闭合（C）/放弃（U)]：此时若输入 CLOSE 或 C 并按 Enter（回车）键，所画的直线将与第一条直线的起点相连；输入 U 并按 Enter 键，可取消刚画的线段。

下面介绍几种常用的坐标输入方法。[注：采用世界坐标系 WCS，打开 ORTHO【正交】按钮或按 F8 键]。

二、坐标输入方法

如果用户要画指定长度的直线，当 AutoCAD 提示指定点的位置时，可以采用以下常用的输入方法，即绝对的直角坐标输入、相对的直角坐标输入、极坐标输入、直接的距离输入。

1. 绝对的直角坐标输入

在二维平面上绘图，当已知点的 X、Y 的坐标值时可采用绝对的直角坐标输入。

格式：X，Y（注意：X，Y 坐标值之间用逗号分开）

例 1-1　启动画直线命令后，分步输入：0，0↙→420，0↙，便从坐标原点开始向右画出一条 420mm 长的水平线。

2. 相对的直角坐标输入

当要确定的点和前一个点的相对位置的坐标时可采用相对的直角坐标输入，相对的直角坐标是指点在图中的最后一个点在 X、Y 方向上的增量。

格式：@ X，Y

注：前缀符号“@”的意思是，最后的点位，且沿 X、Y 轴正方向增量为正，反之为负。

例 1-2　若要从点的起点坐标（420，0）开始画一条 297mm 长的垂直线，应在启动画直线命令后分步输入：420，0↙→@0，297↙。

3. 极坐标输入

相对极坐标是输入点到最后一点的连线的长度及连线与零角度方向的夹角。默认零度方向与 X 轴的正方向是一致的，角度值以逆时针方向为正。如果角度是顺时针方向，则在角度值前加负号。

格式：@长度 <夹角

例 1－3 启动画直线命令后分步输入：0，0↙→@120<45↙，便从坐标原点开始向右上方画出一条 120mm 长且与水平成 45°的斜线。

4. 直接的距离输入

在定点时，可以利用直接的距离输入方法，即移动光标，拉出橡皮筋线指示画线的方向，再从键盘输入直线段的距离后按回车键。

三、绘图辅助工具

为了绘图时能精确定点，可调用常用的绘图辅助工具，包括间隔捕捉、栅格、正交等。用户可根据需要选择。若要修改相关选项数值，可调用“草图设置”对话框，在对话框中选择相关选项或修改相关选项的数值。

1. 调出草图设置对话框的方法

调用

（1）命令行：dsettings。

（2）菜单：工具→草图设置。

（3）快捷菜单：在状态栏的“捕捉”、“栅格”、“极轴”、“对象捕捉”、“对象追踪”五个选项卡的任意一个选项卡上单击右键显示快捷（光标）菜单，再选择“设置”选项。

采用以上任何一种方法，将会显示如图 1－33 所示的“草图设置”对话框，该对话框中有“捕捉和栅格”、“极轴追踪”和“对象捕捉”三个选项，用户可根据需要分别选择各选项，

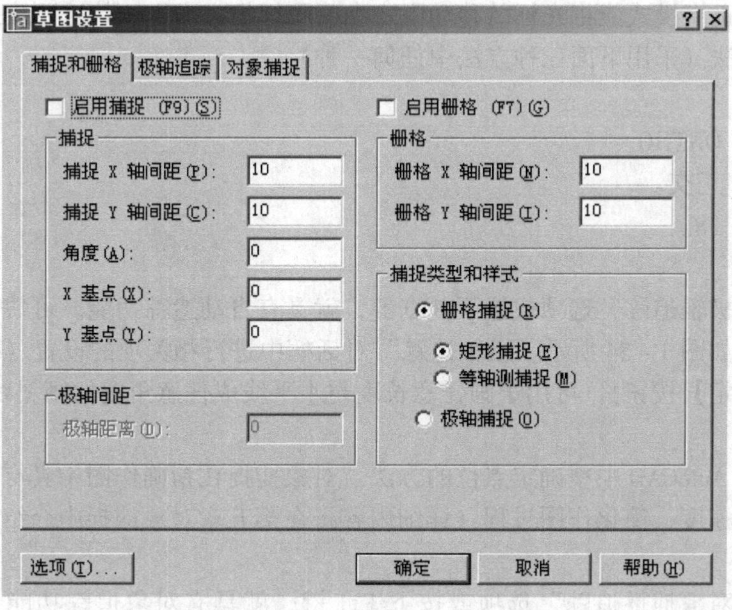

图 1－33 “草图设置”对话框

都会显示对应的对话框，将光标移至所要选项前的转换框中单击鼠标左键（当该选项的转换框中显示“√”时，该选项即被选中）；还可根据需要修改对话框中的有关数值，最后单击【确定】按钮。

2. 间隔捕捉

（1）功能　间隔捕捉将在屏幕上拾取的点锁定在特定的位置上，在这些位置上，有隐含的间隔捕捉点。

（2）操作方法（采用下面三种方法中任何一种）

调用

1）命令行：SNAP。

2）状态栏：捕捉。

3）功能键：F9。

注：在用编辑命令选择对象时，间隔捕捉会使选择靶区呈步进式移动，不容易对准，此时可双击状态栏中的【捕捉】按钮或按 F9 键关闭。

3. 栅格

（1）功能　栅格点是在定位时起参照作用的虚拟点，它不是图形的一部分，也不会输出。当栅格点开关打开时，它会显示出来并充满图形界限。栅格点的值根据绘图的需要来定，一般设置成 10mm。间隔不宜过小，否则会因栅格过密而无法显示。

（2）操作方法（采用下面三种方法中任何一种）

调用

1）命令行：GRID。

2）状态栏：栅格。

3）功能键：F7。

4. 正交

（1）功能　正交模式能将光标的移动限定在间隔捕捉方向上，快速画出水平和垂直线。

（2）操作方法（采用下面三种方法中任何一种）

调用

1）命令行：ORTHO。

2）状态栏：正交。

3）功能键：F8。

5. 极轴追踪

选择“启用极轴追踪”选项或按下 F10 键，就具有自动追踪功能。可快速地用于画水平线、垂直线；在如图 1－34 所示“极轴追踪”对话框中进行相关项的设置（极轴角或新建附加角，单击【确定】按钮），可用于画任意长度与水平线成任意角度的倾斜线。

6. 对象捕捉

对象捕捉是 AutoCAD 中精确定点位的方法。对象捕捉在精确作图中具有特殊作用，它能提高绘图精度和速度，简化作图过程（详细内容将在第五章对象捕捉中介绍）。

7. 对象追踪

选择“启用对象捕捉追踪”选项或按下 F11 键，就具有对象追踪功能，如图 1－35 所示。同时使用对象追踪与对象捕捉，可快速地用于画水平线、垂直线（在绘三视图时自动保证长对正、高平齐)。

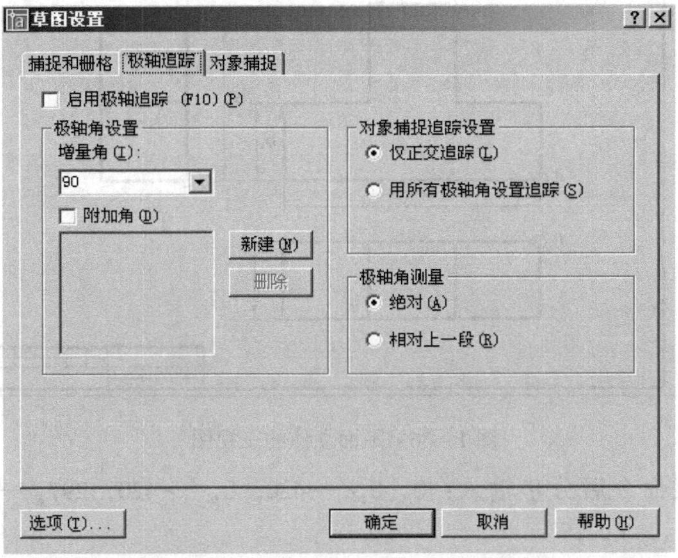

图 1 – 34 “极轴追踪”对话框

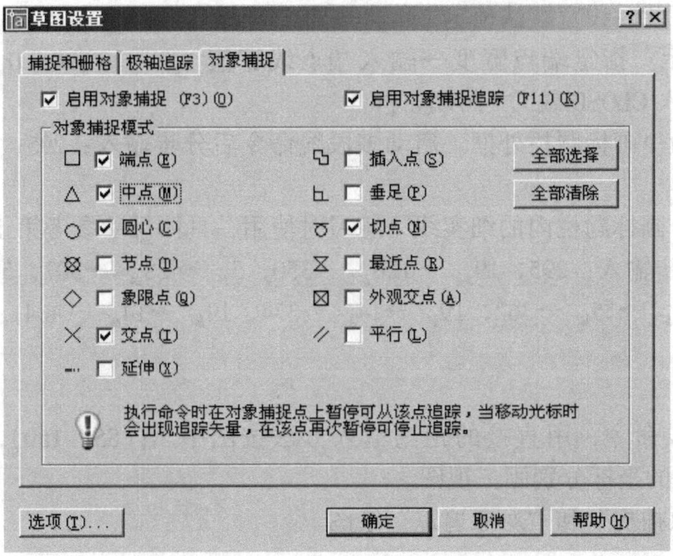

图 1 – 35 “对象捕捉”对话框

四、范例

画图 1 – 36 所示简单平面立体的三视图，比例 1∶1，图幅 A3。

绘图方法：

(1) 创建一个新图形文件。

(2) 选择“高级设置”分别选择单位、角度、角度测量、角度方向、并设置图幅大小为 420 × 297→单击【完成】按钮。

(3) 按要求画图幅、图框和标题栏。

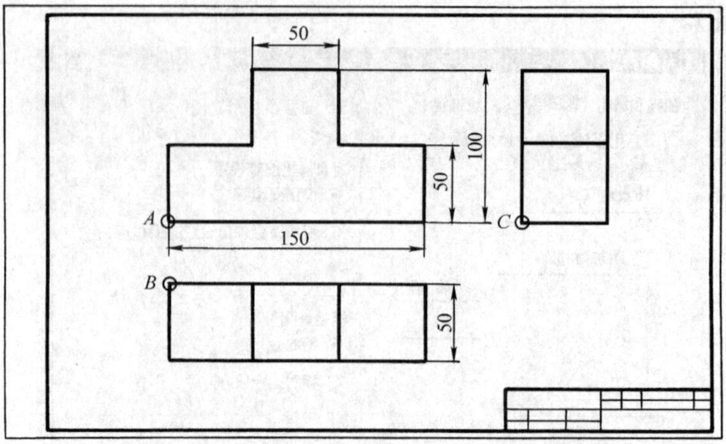

图 1-36　平面立体的三视图

1）启动画直线命令后分步输入：0，0↙→420，0↙→420，297↙→0，297↙→键入 CLOSE 或 C（封闭）。

2）启动多段线命令（可单击图标）后分步输入：25，5（直线起点坐标）↙→命令行提示：指定下一点或［圆弧（A）/闭合（C）/半宽（H）/长度（L）/放弃（U）/宽度（W）］：→键入 W（此时线宽默认值为 0）↙→命令行提示：指定起点宽度→输入起点线宽值 1↙→命令行提示：指定端点宽度→输入端点线宽值 1↙→@390，0↙→@0，287↙→@-390，0↙→键入 CLOSE 或 C（封闭）↙。

3）用多段线命令画标题栏外框。启动多段线命令后分步输入：295，5↙→W↙→1↙→1↙→28↙→120↙

4）用直线命令画标题栏内的细实线（练习时使用，具体尺寸参考第十四章练习一）。启动画直线命令后分步输入：295，19↙→120↙→350，5↙→28↙→307，5↙→14↙→330，5↙→14↙→295，12↙→55↙→362，19↙→14↙→374，19↙→14↙→404，19↙→14↙→350，26↙→65↙。

（4）合理布图

1）调用多段线命令，用直接的距离输入方法按图中 A（85，150），B（85，120），C（305，150）三个点的坐标分别画三视图。

2）应用“对象捕捉”和“对象追踪”绘图。

第二章　图形显示控制和图形设置

第一节　显 示 命 令

显示命令是在计算机绘图中频繁使用的命令，显示命令方便用户观察绘图区域，它们只对图形的观察起作用，不影响图形的实际位置和尺寸。

一、实时平移命令

1. 功能

该命令是透明命令，用户能在图形窗口中移动图形，但图形的大小不变。

2. 操作方法

调用

(1) 命令行：PAN。

(2) 菜单：视图→平移→实时。

(3) 图标：在标准工具栏中。

在采用上述任何一种方法后，光标变成一只手状图案，按住鼠标左键，移动鼠标，当前视口中的图形就会随着光标的移动而移动。

二、缩放命令

1. 功能

缩放命令也是透明命令，用来增加或减小观察图形的放大倍数。并不改变图形的绝对尺寸，只是改变视口的缩放系数、图形的显示方向、显示位置。

2. 操作方法

方法一：输入 ZOOM↙→命令行提示：指定窗口角点，输入比例因子（nX 或 nXP），或［全部（A）/中心点（C）/动态（D）/范围（E）/上一个（P）/比例（S）/窗口（W）］〈实时〉→用户可根据需要输入其中的任一选项进行不同形式的缩放。

方法二：选择菜单：视图→缩放，将显示如图 2-1 所示的“缩放菜单”，用户可根据需要选择其中的选项进行不同形式的缩放。

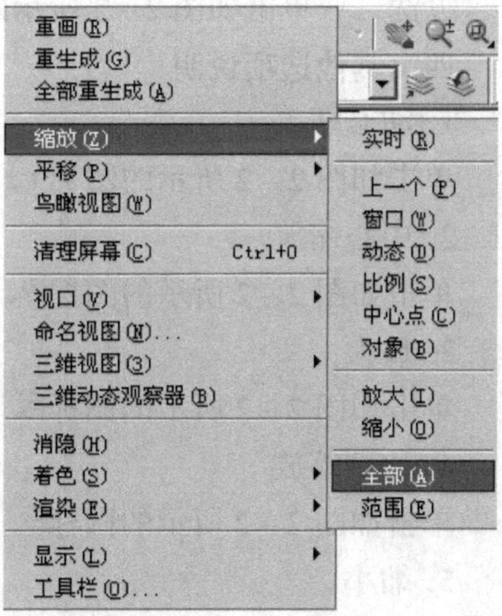

图 2-1　缩放菜单

三、常用选项说明

1. 实时缩放

调用

(1) 命令行：Zoom。

（2）菜单：视图→缩放→实时。

（3）图标：在标准工具栏中。

采用上述任何一种方法都会出现实时缩放光标，此时按住鼠标左键，移动鼠标，把光标下移，图形的显示就缩小；把光标上移，图形的显示就放大。

2. 窗口缩放

采用窗口缩放后将显示一个指定窗口，以该窗口作为一个边界，把该窗口内的图形放大到全屏，以便用户详细观察。

调用

（1）命令行：Zoom↙Window。

（2）菜单：视图→缩放→窗口。

（3）图标：在标准工具栏中。

采用上述任何一种方法后，将十字光标移到要放大的部位，按住鼠标左键并拖动鼠标，框出被放大图形的部位，松开鼠标左键，单击鼠标左键，被框住的部分就被放大了。

3. 缩放为上一个

采用该选项可使用户将图形恢复到前一个显示方式（最多可恢复到前 10 次）。最简单的方法是将光标移到图标处，单击鼠标左键即可（每单击一次，图形便向前恢复一次）。

4. 全部

该选项可使用户在当前窗口中观察到全图（经多次缩放后返回原图状态时，建议采用此法）。

方法一：调用菜单：视图→缩放→全部。

方法二：单击如图 2－2 所示的图标即可。

四、其他选项说明

1. 动态缩放

单击如图 2－2 所示的图标，可把图形的显示大小按需要进行动态缩放。

2. 中心缩放

单击如图 2－2 所示的图标，可把图形的显示大小按需要进行中心缩放。

3. 放大

单击如图 2－2 所示的图标，可把图形的显示大小放大一倍。

4. 比例缩放

单击如图 2－2 所示的图标，可把图形的显示大小按比例缩放。

5. 缩小

单击如图 2－2 所示的图标，可把图形的显示大小缩小一倍。

6. 范围缩放

单击如图 2－2 所示的图标，即可在图形窗口显示所有的图形对象。

7. 缩放对象

单击如图 2－2 所示的图标，可按其提示进行操作，实现上述各项缩放功能。

8. 退出（Exit）——退出实时模式，回到命令提示

五、缩放和平移的快速转换

在执行实时平移或缩放时，可以不退出该显示控制状态，单击鼠标右键，显示如图 2 - 3 的光标菜单，从中选择所需要的选项，进行快速转换。

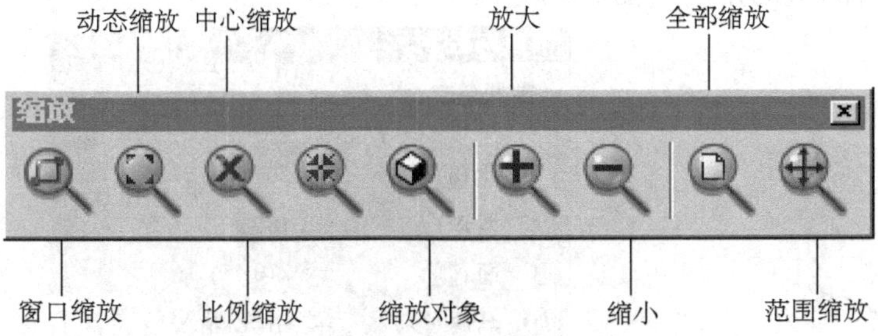

图 2 - 2　缩放工具条

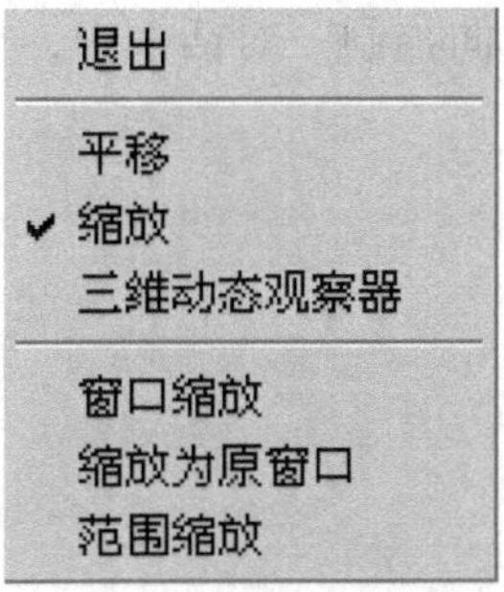

图 2 - 3　平移/缩放转换菜单

第二节　图 形 设 置

为了提高绘图的效率和精度，用户要根据需要设置绘图的单位和精度，有时还要选择绘图的比例，计算图纸的尺寸，确定图形的界线，以便能按不同的比例要求绘图。

一、绘图单位的设置

1. 功能

设置长度和角度单位及显示精度。

2. 操作方法

调用

命令行：DDUNITS。

菜单：格式→单位。

采用上述任何一种方法，都会显示如图 2 - 4 所示的“图形单位”对话框。用户可根据需要在该对话框中，对长度、角度单位及精度等有关项目进行设置。单击【方向】按钮，显示如图 2 - 5 所示的“方向控制”对话框，用户可根据需要在该对话框中选择“基准角度方向”。若选择“其他”选项，可以对已有图形的角度进行测量。其操作方法为：

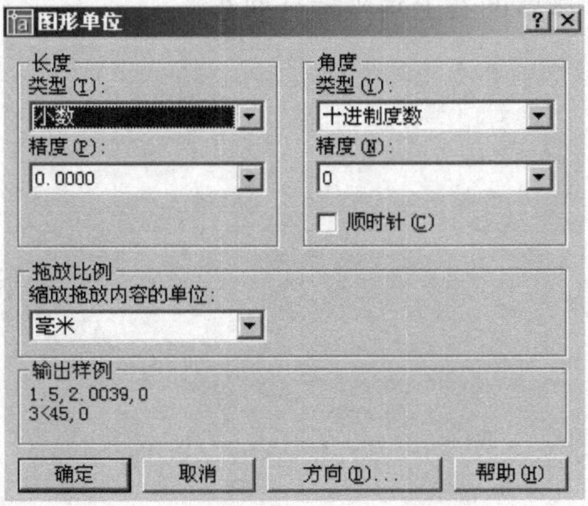

图 2 - 4　“图形单位”对话框

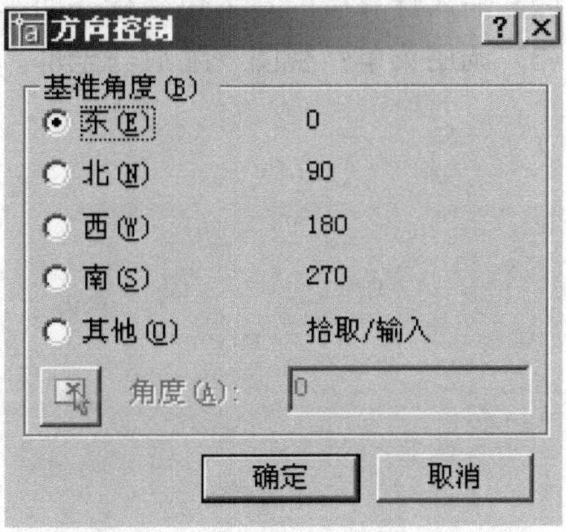

图 2 - 5　“方向控制”对话框

在图 2-5“方向控制”对话框中选择“其他”选项→在角度栏中输入 0→单击图标→命令行提示：拾取角度→将光标捕捉到所测量角度的一个端点（图 2-6 中的点 A）→命令行提示：指定第二点→将光标捕捉到所测量角度的第二个端点（图 2-6 中的点 B）。此时在“方向控制”对话框中，会显示所测量的角度（图 2-7）。

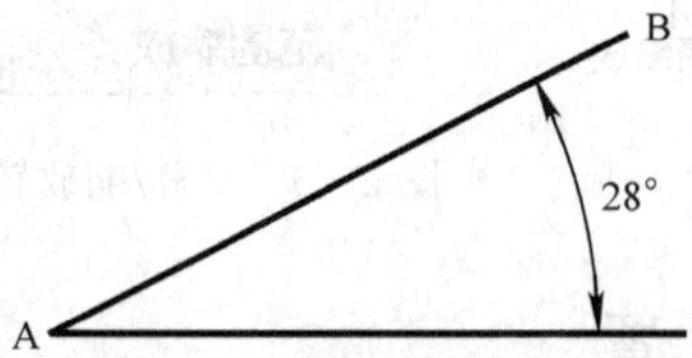

图 2-6 “方向控制”对话框

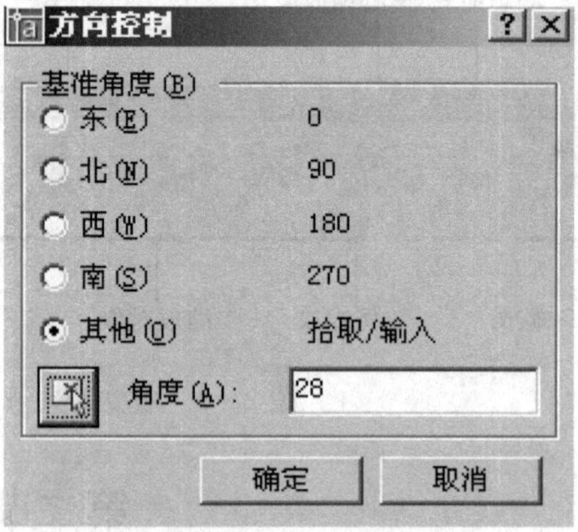

图 2-7 “方向控制”对话框

二、图形界限的设置

图形界限取决于所绘图形的尺寸范围、图形四周的说明文字和图形的比例。一般情况下，按 1:1 绘图；有时要采用放大或缩小的比例绘图，此时要根据所选择的比例和图幅的大小来计算图形界限。

1. 图形界限的计算方法

如果要采用缩小的比例绘图，应将所选输出图形的图幅尺寸乘以缩小的倍数，而绘图时仍按 1:1 绘制。

例如：将一张图用 1:2 的比例，画在 A3（420×297）图幅上，其图形界限的长为（420×2），宽为（297×2），在图形输出时，要设置相应的比例系数为 1:2，图幅为 A3（具体操作方法，将在第十二章图形输出中介绍）。

2. 图形界限设置的操作方法

（1）调用菜单：格式→图形界限。

（2）输入计算后的左下角坐标→回车→输入计算后的右上角坐标→回车。

（3）调用菜单：视图→缩放→全部。

第三章　图层和特性

第一节　概　　述

无论用户进行何种产品设计，在逻辑上都要涉及“层”这一概念。例如，一幢大楼的设计图可包括建筑结构、电气、给排水等专业图形信息；又如一台机器的装配图包括一般零件、标准件、常用件等，每一个图形或每一个零件就是一个逻辑意义上的层。即使是在同一张图纸上画一个零件的图形，也有线型（粗实线、点画线、虚线等）、颜色的不同，用户在设计时，可以把不同的图形（或线型、颜色）分别绘在不同的图层上，这样可以单独对所需要修改的图层进行修改，不影响其他的图层。图层具有以下主要特点：

1）图层可以想像为没有厚度的透明的薄片，实体（各种图线）就画在它的上面。

2）为了便于管理，每一个图层都有一个名字（层名），层名由字母、数字及字符任意组合而成（不超过 31 个字符）。其中“0”层是 AutoCAD 自动定义的，且不可删除；用户可以定义新图层。

3）每个图层容纳的实体数量不限。

4）同一图层上的实体处于同一种状态（如可见或不可见等）。

5）不同的图层可以设置相同或不同的线型、颜色和状态。

6）各图层具有相同的坐标系、绘图界限和显示时的缩放倍数（即位于某一图层上的某一点准确地对准于其它各层上的同一点）。

7）要将一个对象绘制在一个特定的图层上，首先应将该图层设置为当前层，所绘制的任何对象都放置在当前层上（当前层只有一个）。

第二节　图层的生成和管理

一、图层设置

调用

（1）命令行：LAYER。

（2）菜单：格式→图层。

（3）图标：在“对象特性”工具栏中。

采用上述任何一种方法后，显示“图层特性管理器”对话框（图 3-1），单击“新建图层”图标或按 ALT + N 键，便建立了一个图层。每单击图标一次，就会自动建立一个图层（为了方便用不同线型绘图，可以用线型名称重新命名）。

二、设置线型

调用

（1）命令行：LINETYPE。

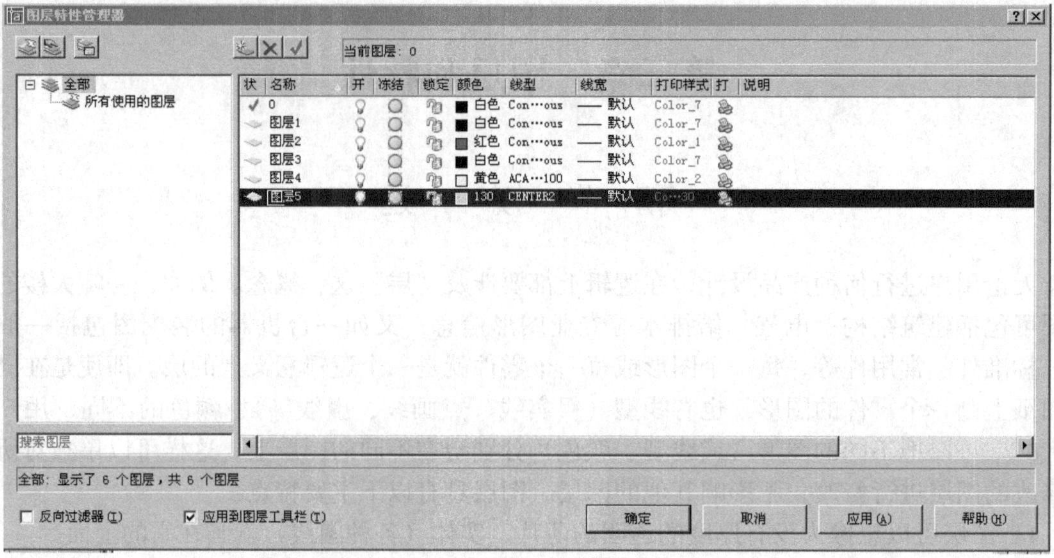

图 3-1　“图层特性管理器”对话框

(2) 菜单：格式→线型。

(3) 在“图层特性管理器”对话框中，单击“线型”选项卡下方的 Continuous。

采用上述任何一种方法后，显示“选择线型”对话框（图 3-2），若所需要的线型没有列出，则单击“选择线型”对话框中（图 3-2）的【加载】按钮，显示“加载或重载线型”对话框（图 3-3），用户可从中选择所需要的线型。

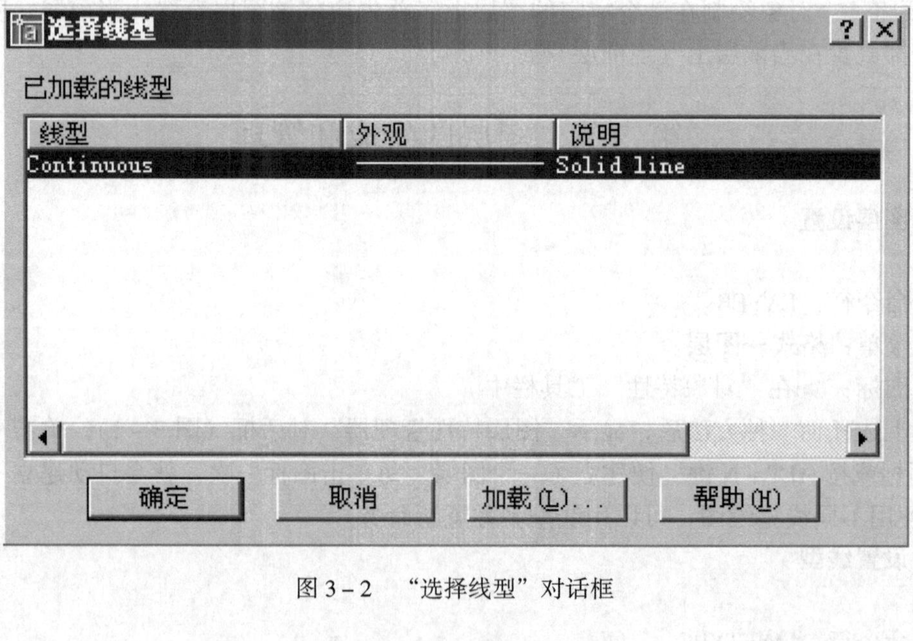

图 3-2　“选择线型”对话框

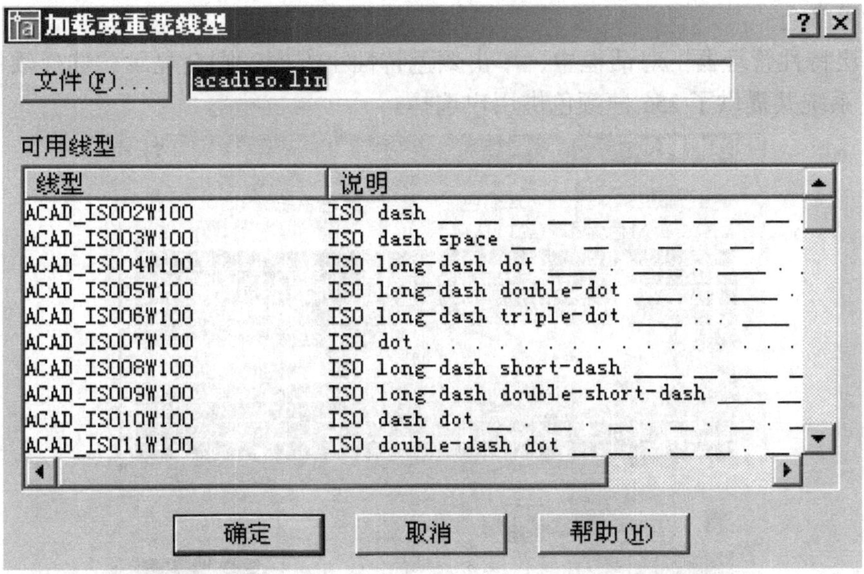

图 3-3 “加载或重载线型”对话框

注意：

(1) 建议虚线选择 ACAD—ISO02W100，细点画线选择 CENTER2。

(2) 修改线型系统变量 LTSCALE 的值，可改变虚线或点画线的相对长度（既在命令行中输入 LTSCALE 命令回车后，输入新的数值再按回车键）。

(3) 单击“图层特性管理器”对话框中“线宽”选项卡下方的图线，会显示“线宽”对话框（图 3-4），用户可从中选择所需要的线宽。

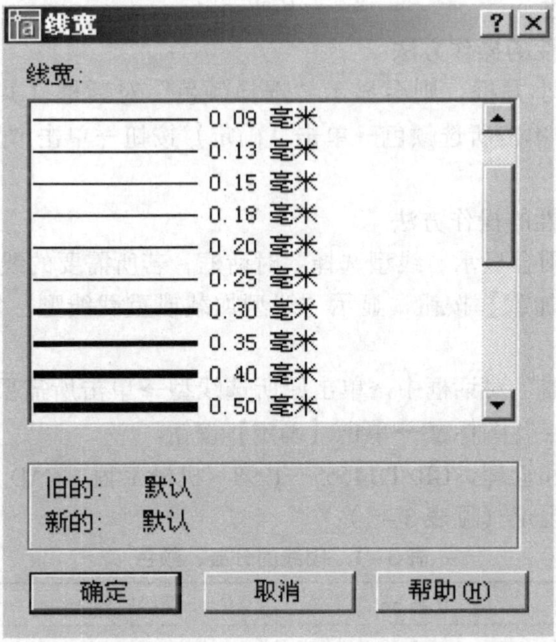

图 3-4 “线宽”对话框

三、设置颜色

在“图层特性管理器”对话框中，单击颜色特性小方框，则会显示“选择颜色”对话框（图 3－5），系统共提供了 256 种颜色供用户选择。

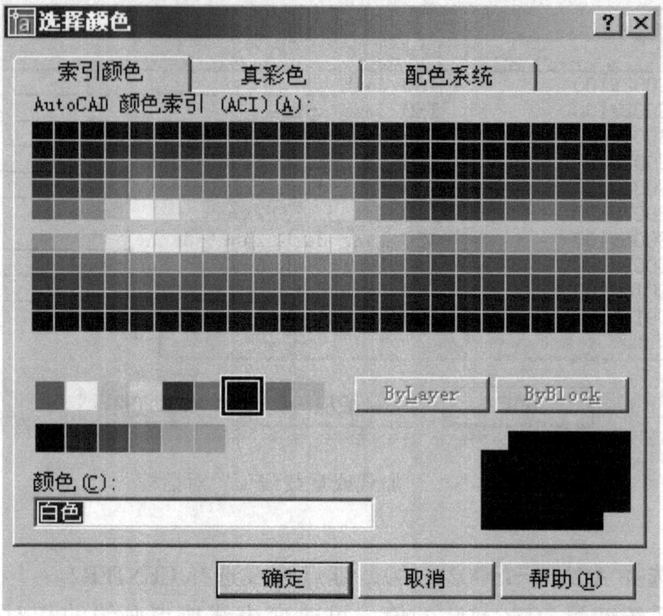

图 3－5　“选择颜色”对话框

操作方法：

在“选择颜色”对话框中单击所选颜色后，单击【确定】按钮。

四、改变图层的特性

1. 改变图层颜色特性的操作方法

单击该层颜色特性小方框，则会显示“选择颜色”对话框（共提供 256 种颜色），在“选择颜色”对话框中→单击所选颜色→单击【确定】按钮→单击“置为当前层”图标→单击【确定】按钮。

2. 改变图层线型特性的操作方法

单击该层线型名，则会显示“线型选择”对话框，若所需要的线型没有列出，则单击对话框中（图 3－2）的【加载】按钮，显示“线型加载或重载线型”对话框，用户可从中选择所需要的线型。

在“图层特性管理器”对话框中→单击原所选线型→单击所需要的线型→单击【确定】按钮→单击“置为当前层”图标→单击【确定】按钮。

为了便于技术交流和管理，GB/T 14665—1998《机械工程　CAD 制图规则》对常用图线的分层、颜色做了如下规定（见表 3－1）：

表 3－1　图线的分层、颜色

图线名称及代号	代码 No	图线层名	屏幕上的颜色
粗实线	0.1.2	01	白色
细实线	0.1.1	02	红色

（续）

图线名称及代号	代码 No	图线层名	屏幕上的颜色
波浪线	0.1.1	02	绿色
双折线	0.1.1	02	蓝色
细虚线	0.2.1	04	黄色
细点画线	0.4.1	05	蓝绿/浅蓝
粗点画线	0.4.2	06	棕色
细双点画线	0.5.1	07	粉红/桔红

五、图层管理

1. 打开/关闭图层的开关（图案为）

当该图案关闭时（呈灰黑色），在该层的图形对象不显示，也不能被打印或绘图输出，但图形对象在重生时要计算。

操作方法：单击图案。

2. 冻结/解冻所选层（图案为）

当图层被冻结时（呈灰黑色雪花状），该层的图形对象的图形数据被冻结了，不显示，不能绘图输出，在图形重生时也不计算。

操作方法：单击图案。

3. 锁定/开锁（图案为）

当图层被锁定时（挂锁形图案呈锁定状），该层的图形对象被锁定。能显示，但不能编辑。

操作方法：单击锁形图案（默认为开锁状态）。

4. 设置当前层

方法一：用绘图命令绘制的对象都产生在当前层上，当前层只有一个。若要把某一层定为当前层，只要先选中该层，然后单击“置为当前层”图标→单击【确定】按钮。

方法二：单击“对象特性”工具栏中的层列表按钮（按钮上有一个小的黑三角形图案）便显示所建的全部层（图 3－6）→单击所需的层名（即成为当前层）。

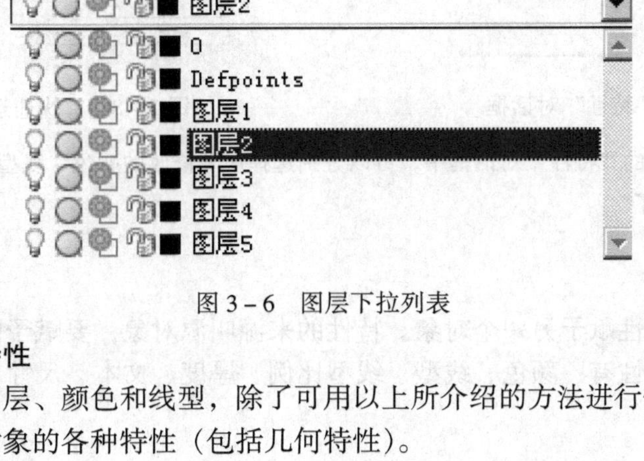

图 3－6　图层下拉列表

六、修改对象特性

对象特性中的图层、颜色和线型，除了可用以上所介绍的方法进行修改外，还可以用以下方法来改变图形对象的各种特性（包括几何特性）。

1. 功能

改变图形对象的各种特性（包括几何特性）。

2. 操作方法

（1）命令行：键入 DDMODIFY。

（2）菜单：修改→对象特性。

（3）图标：在“对象特性”工具栏中。

在采用上述任何一种操作方法后，显示如图 3 – 7 所示的“特性”对话框，在该对话框中可进行下列对象特性的修改。

1）改变线型。单击如图 3 – 7 所示“特性对话框”中的按钮，显示如图 3 – 8 所示的“快速选择”对话框，按用户需要进行选择所要修改的线型→关闭“特性”对话框→按 Esc 键（此时所选对象已改变成所要的线型）。

2）改变颜色。在采用上述任何一种操作方法后，显示如图 3 – 7 所示的“特性”对话框。→单击如图 3 – 7 所示的按钮，显示如图 3 – 8 所示的“快速选择”对话框，按用户需要选择所要修改的颜色→关闭“特性”对话框→按 Esc 键（此时所选对象已改变成所需要的颜色）。

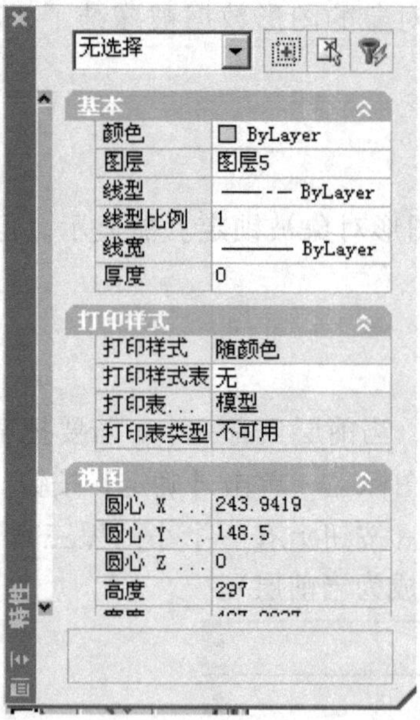

图 3 – 7　“特性”对话框

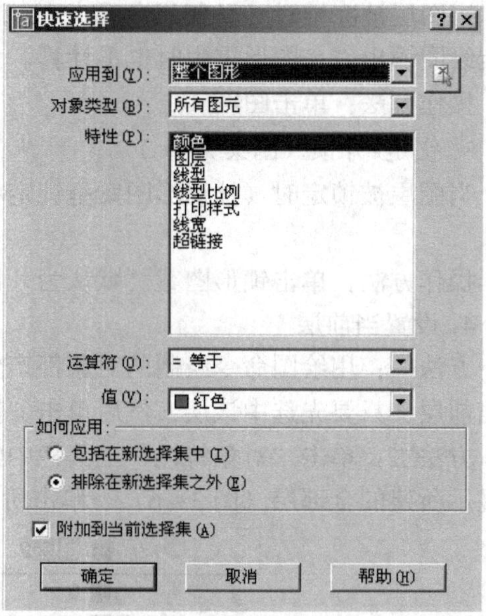

图 3 – 8　“快速选择”对话框

注：在图 3 – 7 所示的“特性”对话框中，可以分别选择所要修改的颜色、线型，这样，被修改对象的颜色、线型都同时改变了。

七、特性匹配

1. 功能

把一个对象的特性赋予另一个对象。特性的来源叫源对象，要赋予的那个对象叫目标对象。可拷贝的基本特性有：颜色、线型、线型比例、厚度、文本、尺寸、剖面图案。

2. 操作方法

调用

（1）命令行：MATCHPROP 或 PAINTER。

（2）菜单：修改→特性匹配。

（3）图标：在标准工具栏中。

采用上述任何一种方法，命令行提示：选择源对象：→用拾取靶选择源对象（被选中的对象呈虚线显示）→命令行提示：当前活动设置：颜色 图层 线型 线型比例 线宽 厚度 打印样式 文字 标注 图案填充 选择目标对象或［设置（S）］：→键入 S 后回车，将显示如图 3-9 所示的“特性设置”对话框→用户在该对话框中按需要选择颜色、图层、线型、线型比例、厚度、标注、文字、图案填充中的任何一个，也可以同时将不需要改变特性的图标中的“√”关闭）→单击【确定】按钮→用拾取靶选择目标对象（所要赋予的对象）→回车。此时目标对象的特性与源对象的特性完全相同。

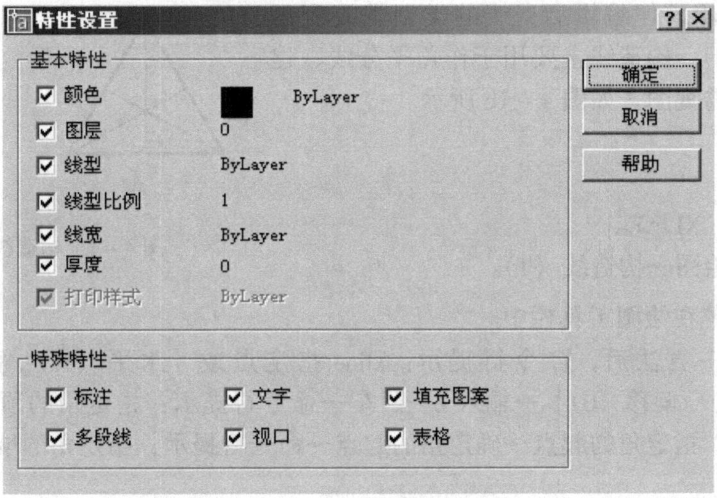

图 3-9 “特性设置”对话框

注：如果只要改变目标对象的颜色、线型，只需单击图标后，将光标移到原对象上单击鼠标左键，然后将光标移到目标对象上单击鼠标左键，再按回车键。此时目标对象的颜色、线型与源对象完全相同。

第四章 绘 图 命 令

前面我们已经学习了画直线段的方法，在这一章，我们将要学习 AutoCAD 的其他绘图命令，生成各种复杂图形对象。

一、构造线命令

1. 功能

XLINE 命令生成无限长的构造线。构造线也可用编辑命令进行编辑，但编辑后，线的类型就改变了（变成射线或线段）。构造线主要用于作角平分线、建筑制图中用于画透视图，如图 4－1b 所示。

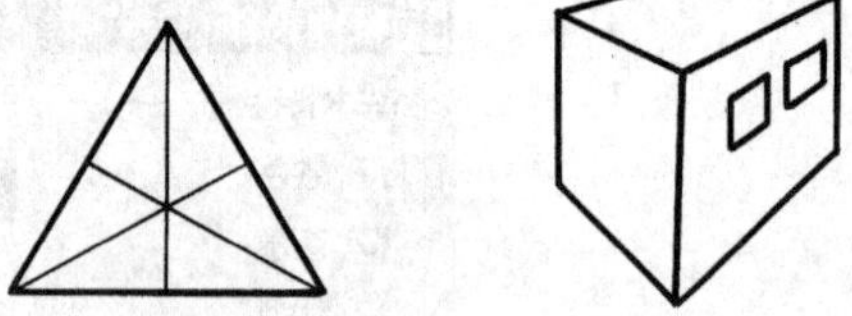

a) b)

图 4－1 构造线命令的应用

2. 操作方法

调用

（1）命令行：XLINE。

（2）菜单：绘图→构造线（T）。

（3）图标：在绘图工具栏中。

采用以上任一方法后，命令行提示：xline 指定点或［水平（H）/垂直（V）/角度（A）/二等分（B）/偏移（0）］→输入 b→回车→命令行提示：指定角的顶点→确定角的顶点→命令行提示：指定角的起点→确定角的起点→命令行提示：指定角的端点→确定角的端点。

注：用户可根据需要选择相应的选项。图 4－1a 所示的图形是选择了选项中“二等分（B）”，按上述方法作三个角的角平分线。

二、画圆命令

1. 功能

可以根据已知条件，用多种方法画圆。

2. 操作方法

方法一：

调用

（1）命令行：CIRCLE。

（2）图标：在“绘图”工具栏中。

采用以上任一方法后，命令行提示：circle 指定圆的圆心或［三点（3P）/两点（2P）/相切、相切、半径（T）］：→用户可根据需要选择选项中的任意一项并按命令行的提示操作。

3. 命令选项功能

画圆命令有许多选项，包括圆心、半径、直径等。表 4－1 列出了画圆命令各选项的详细解释及操作方法。

方法二：

调用菜单：绘图→圆，可显示如图 4－2 所示的画圆的下拉菜单，用户可根据需要选择其中的任意一项进行画圆的操作。

表 4－1　画圆命令各选项的功能

选　　项	圆的各种生成方法
Center　Radius 圆心　半径	默认方式。先提示输入圆心，接着提示输入半径，这时可输入一个值或把圆拖动到所需要的大小
Center　Diameter 圆心　直径	在系统提示输入半径时，输入 D 即代表直径，这时可输入一个值或把圆拖动到所需要的大小
2 Points（两点）	在系统提示下，输入 2P，输入的两点为圆的直径的两个端点
3 Points（三点）	在系统提示下，输入 3P，然后依次输入圆周上的三个点
Tangent，Tangent，Radius 相切，相切，半径	在系统提示下，输入 TTR（或 T），分别选择两个相切对象。最后输入半径
Tangent，Tangent，Tangent 相切，相切，相切	在系统提示下，依次选择三个相切的对象

例 4－1　绘图 4－3 所示的平面图形。

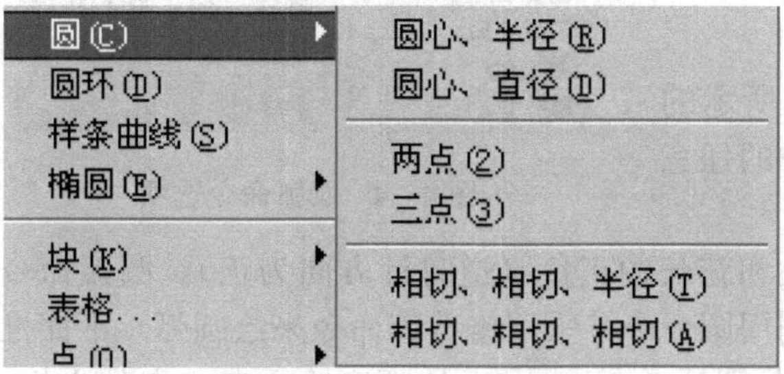

图 4－2　画圆的下拉菜单

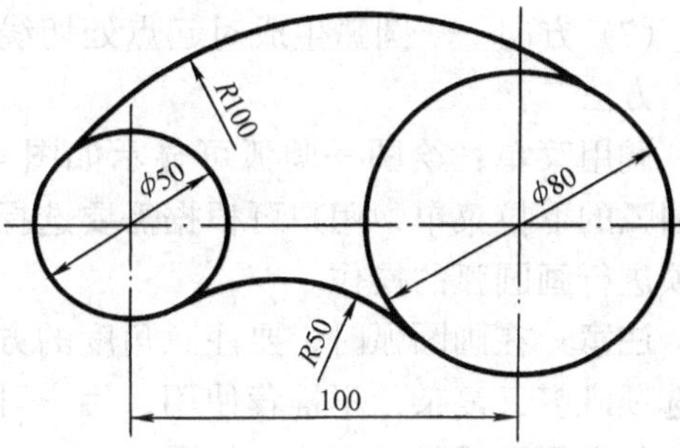

图 4－3　画圆命令的应用

绘图方法步骤：

（1）按前面所述建立一个新文件并建立 5 个图层，分别按规定设置线型和颜色，先将第 5 层设为当前层，单击【确定】按钮。

（2）调用画直线命令画 3 条细点画线并使左右中心距为 100mm。

（3）调用画圆命令分别画直径为 50 和 80 的圆。

（4）调用画圆命令→输入 T→回车→分别选择工具条中的图标，将光标移至已画好的圆周上且最好是目测切点位置，单击鼠标左键→输入半径 50→回车。

（5）调用画圆命令→输入 T→回车→分别选择工具条中的图标，将光标移至已画好的圆周上且最好是目测切点位置，单击鼠标左键→输入半径 100→回车。

（6）调用修剪命令（建议用图标），修剪多余的图线。

（7）调用打断命令分别将两个圆断开。

（8）调用多段线编辑命令分别将两个圆加粗（多段线编辑的方法将在下面第九个问题介绍）。

三、圆弧命令

1. 功能

可以根据已知条件，用多种方法画圆弧。

2. 操作方法

方法一：

调用

（1）命令行：ARC。

（2）图标：在“绘制”工具栏中。

采用以上任一方法后，命令行提示：arc 指定圆弧的起点或［圆心（CE）］：→用户可根据需要选择选项中的任意一项并按命令行的提示操作。

3. 命令选项

（1）起点——圆弧起点或第一点。

（2）圆心——圆弧的圆心。

（3）端点——圆弧的终点或最后一点。

（4）长度——代表圆弧的弦长。

（5）半径——圆弧半径。

（6）角度——弧心角。

（7）方向——圆弧生成时起点处切线方向。

方法二：

调用菜单：绘图→圆弧可显示如图 4－4 所示的画圆弧的下拉菜单，用户可根据需要选择其中的任意一项进行画圆弧的操作。

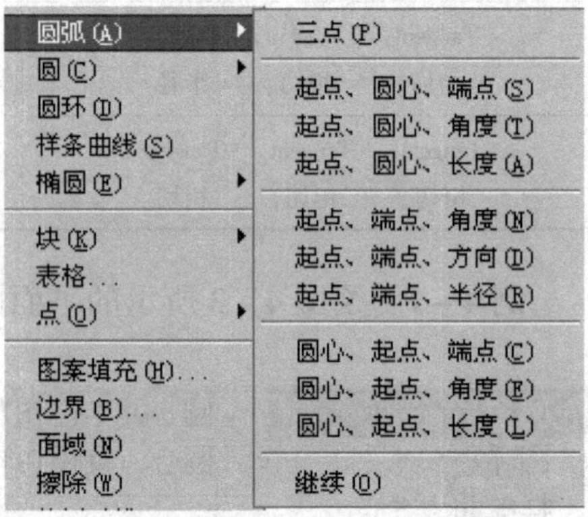

图 4－4　圆弧命令选项

注意：在画圆弧时，要注意角度的方向性和弦长的正负（逆时针方向为正）。圆弧命令的选项既多又复杂，不推荐使用，用户可以利用圆命令并采用修剪等命令来绘圆弧。下面推荐三种常用画圆弧的方法，如图 4－5 所示。分别按 P1、P2、P3 的顺序输入三个点的坐标，即依次输入圆弧的三个点的坐标可画出如图 4－5a 所示的圆弧；依次输入圆弧的起点、圆心、端点三个点的坐标可画出如图 4－5b 所示的圆弧；依次输入圆弧的圆心、起点、端点三个点的坐标可画出如图 4－5c 所示的圆弧。

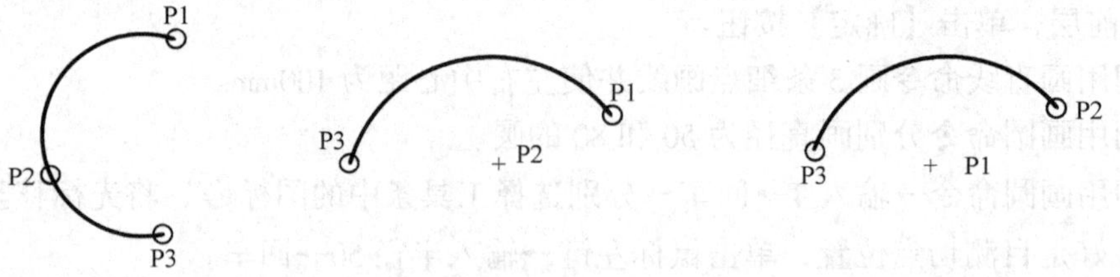

a)　　b)　　c)

图 4－5　常用圆弧的画法

a）三点画圆　b）起点、圆心、端点画圆　c）圆心、起点、端点画圆

四、多段线命令

1. 功能

用该命令可生成多段线。多段线是一个对象，可包含许多直线和圆弧，同一条线可有不同的宽度。

2. 操作方法

调用

(1) 命令行：PLINE。

(2) 菜单：绘图→多段线。

(3) 图标：在“绘图”工具栏中。

在任选上述一种方法后，命令行提示：指定起点：→输入起点坐标→回车，接着命令行又提示：[圆弧（A）/闭合（C）/半宽度（H）/长度（L）/放弃（U）/宽度（W）]：→输入W→回车→命令行提示：指定起点宽度〈0.0〉：→输入起点线宽度↙→命令行提示：输入终点线宽度→输入终点线宽度（此时终点线宽度默认起点线宽度值，若线宽度一致，可直接回车）→命令行提示：指定下一点或［圆弧（A）/闭合（C）/半宽（H）/长度（L）/放弃（U）/宽度（W）］：→输入终点坐标↙。

注意：

(1) 若要画圆弧，则要在输入终点坐标前输入 ARC（或 A）；执行该命令后，每输入一个终点的坐标，都会画出一个与前一个圆弧相切的圆。

(2) 若要画一段直线与圆弧相切，则要输入字母 L 按回车键后，再输入直线的终点坐标。

(3) 在执行多段线命令过程中，输入字母 U 按回车键后，会把刚画的一段或几段线取消。

(4) 在执行多段线命令过程中，输入字母 CL 按回车键后，会在多段线最后一段的终点和第一段的起点间连一段直线，把多段线封闭。

例 4－2 用多段线命令绘图 4－6 的平面图形。

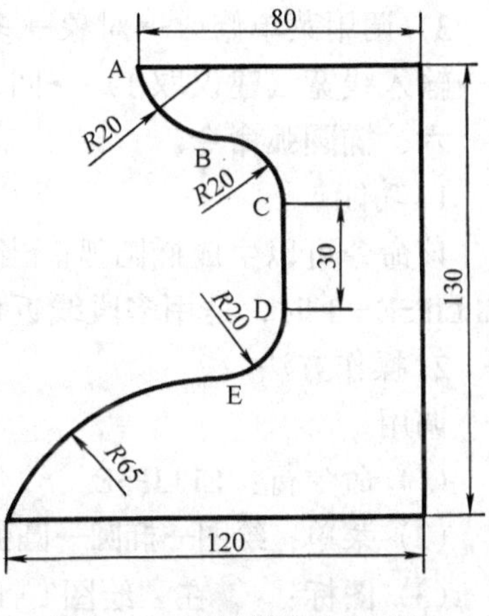

图 4－6 多段线命令的应用

绘图方法步骤：

(1) 新建一个图形文件并按要求设置线型、颜色。

(2) 用多段线命令绘长度分别为 120、130、80 的直线：单击图标→输入 100，100↙（选左下角为起点）→输入 W↙→输入 1↙→↙→输入 120↙→输入 130↙→输入 80↙（用“直接的距离输入法”）。

(3) 用圆弧命令绘圆弧 AB：输入 A↙→输入 CE↙→输入@20，0（圆心）↙→输入@0，－20↙。

(4) 用圆弧命令绘圆弧 BC：输入@20，－20↙。

(5) 绘直线 CD：输入 L↙→输入 30↙。

(6) 绘圆弧 DE：输入 A↙→输入@－20，－20↙。

(7) 绘圆弧 *R*65：输入 CL↙。

五、椭圆命令

1. 功能

该命令可以生成椭圆或椭圆弧。当系统变量 PELLIPSE = 0 时，生成真正的椭圆或椭圆弧；当系统变量 PELLIPSE = 1 时，是用多段线近似生成的椭圆。

2. 操作方法

调用

（1）命令行：ELLIPSE。

（2）菜单：绘图→椭圆（图 4－7）。

（3）图标：在“绘图”工具栏中。

在任选上述一种方法后，可根据需要采用下列方法操作：

（1）采用轴、终点画图时，命令行提示：指定椭圆的轴端点或［圆弧（A）/中心（C）：→输入轴端点 1 的坐标→回车→命令行提示：指定轴的另一个端点：→输入同一轴另一端点的坐标→命令行提示：指定另一条半轴长度或［旋转（R）］：→输入另一轴半轴值→回车。

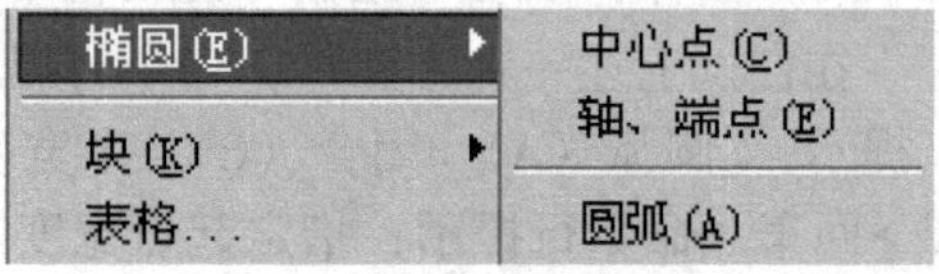

图 4－7　画椭圆的下拉菜单

（2）采用中心点画图时，在命令行输入字母 C 回车后，命令行提示：指定椭圆的中心：→输入中心坐标→回车→命令行提示：指定轴的端点：→输入轴端点坐标（或半轴值）→回车→命令行提示：指定另一条半轴长度或［旋转（R）］：→输入另一轴的半轴值→回车。

说明：

用多段线画椭圆的方法：

1）输入 PELLIPSE→回车→命令行提示：输入 PELLIPSE 的新值〈0〉：→输入 1→回车（若不进行此操作，则不能对椭圆或椭圆弧进行编辑）。

2）按画椭圆的方法画椭圆。

3）调用菜单修改→对象→多段线→将光标移至椭圆周上→单击鼠标左键→输入 W→回车→输入线宽（建议取 1）→回车。

六、椭圆弧命令

1. 功能

该命令可以生成椭圆弧。当系统变量 PELLIPSE = 0 时，生成真正的椭圆弧；当系统变量 PELLIPSE = 1 时，是用多段线近似生成的椭圆弧。

2. 操作方法

调用

（1）命令行：ELLIPSE。

（2）菜单：绘图→椭圆→圆弧（图 4－8）。

（3）图标：在“绘图”工具栏中。

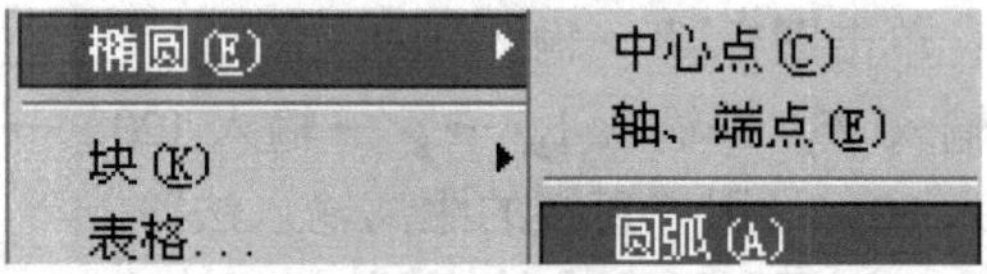

图 4－8　画椭圆弧的下拉菜单

在任选上述一种方法后，命令行提示：指定椭圆弧的轴端点或［中心（C）］：→输入轴端点 1 的坐标→回车→命令行提示：指定轴的另一个端点：→输入同一轴另一端点的坐标→命令行提示：指定另一条半轴长度或［旋转（R）］：→输入另一轴半轴值→回车→命令行提示：指定起始角度或［参数（P）］：→输入起点角度→回车→命令行提示：指定终止角度或［参数（P）/包含角度（I）］：→输入终点角度→回车。

采用中心点画图时，在命令行输入字母 C 回车后，命令行提示：指定椭圆弧的中心：→输入中心坐标→回车→命令行提示：指定轴的端点：→输入轴端点坐标（或半轴值）→回车→命令行提示：指定另一条半轴长度或［旋转（R）］：→输入另一轴的半轴值→回车→命令行提示：指定起始角度或［参数（P）］：→输入起点角度→回车→命令行提示：指定终止角度或［参数（P）/包含角度（I）］：→输入终点角度→回车。

说明：

1）当角度逆时针为正时，从椭圆弧长轴的第一个轴端点坐标和椭圆中心的连线作为角的始边，在执行该命令后，会画出从任意起始角度到终止角度之间的椭圆弧。由于椭圆弧命令应用的机会较少，不做详细介绍。

2）用多段线画椭圆弧的方法与用多段线画椭圆的方法相同。

七、正多边形命令

1. 功能

用该命令可绘制边数在 3～1024 之间的正多边形。

2. 操作方法

调用

（1）命令行：POLYGON。

（2）菜单：绘图→多边形。

（3）图标：在“绘制”工具栏中。

采用上述任一种方法后，命令行提示：Polygon 输入边的数目（正多边形的边数）：→输入正多边形的边数→回车→命令行又提示：指定多边形的中心点［或边（E）］：→输入多边形的中心坐标→回车→命令行提示：输入选项［内接于圆（I）/外切于圆（C）］：→输入字母 I（内接）或 C（外切）→回车→命令行提示：指定圆的半径→输入圆的半径→回车。

注：也可在输入正多边形的边数回车后→输入 E→回车→输入边长的起点坐标→回车→输入边长的第二个端点的坐标（或输入边长值）→回车。

例 4－3　作一个圆的内接和外切正六边形（图4－9）。

绘图步骤：

（1）按要求建立图层、设置线型、颜色、绘中心线。

（2）画圆：单击画圆的图标：→输入半径 50↙。

（3）画内接正六边形：单击画正多边形的图标：→输入 6↙→指定多边形的中心↙→输入字母 I↙→指定圆的半径 50↙。

（4）画外切正六边形：单击画正多边形的图标→输入 6↙→指定多边形的中心↙→输入字母 C↙→指定圆的半径 50↙。

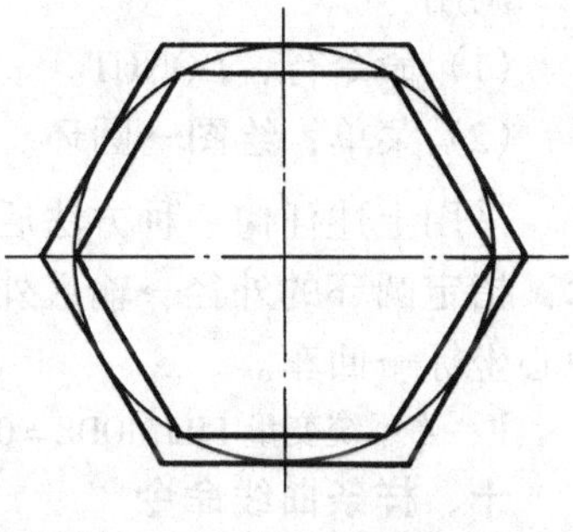

图 4－9　正多边形命令的应用

八、矩形命令

1. 功能

画矩形。

2. 操作方法

调用

（1）命令行：RECTANG。

（2）菜单：绘图→矩形。

（3）图标：在→“绘图”工具栏中。

采用上述任一种方法后，命令行提示：指定第一个角点或［倒角（C）/标高（E）/圆角（F）/厚度（T）/宽度（W）］：此时输入其中的一个选项，可绘出不同的图形。

注：1）若输入 W→回车→输线宽值→回车→输起点坐标→回车→输对角点坐标→回车（默认线宽值为0时画细实线），此时绘出一个矩形（图 4 – 10a）。

2）若输入 C→回车→输入 X 方向的倒角尺寸→回车→输入 Y 方向的倒角尺寸→回车→输入起点坐标→回车→输入对角点坐标→回车。此时绘出一个 4 个角都倒角的矩形，如图 4 – 10b 所示。

3）若输入 F→回车→输圆弧半径→回车→输入起点坐标→回车→输入对角点坐标→回车。此时绘出一个 4 个角都倒圆的矩形，如图 4 – 10c 所示。

4）如果要用多段线画图，并要倒角或倒圆，应在输入起点坐标前键入 W→回车→输入线宽值→回车；若四个角要倒角或倒圆，应先在输入起点坐标前输入字母 C 或 F→按提示分别输入 X、Y 方向的倒角尺寸或圆弧半径后，再输入起点坐标→输入对角点的坐标。

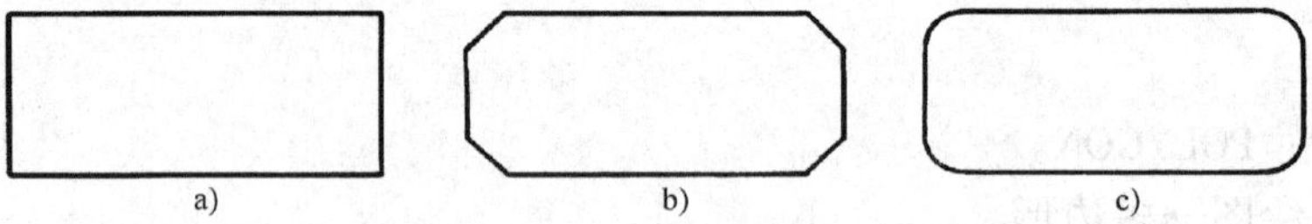

图 4 – 10　矩形命令的应用

九、圆环命令

1. 功能

该命令可以生成空心或实心的圆环，也可生成实心填充的圆，如图 4 – 11 所示。

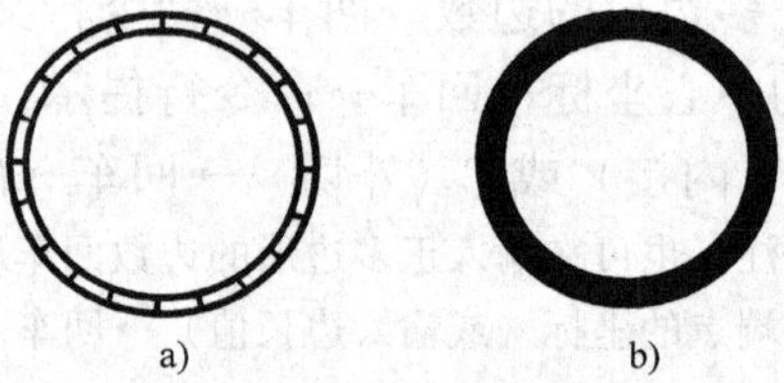

图 4 – 11　圆环命令的应用

a）空心圆环　b）实心圆环

2. 操作方法

调用

（1）命令行：DONUT。

（2）菜单：绘图→圆环。

采用上述任何一种方法后，命令提示：指定圆环的内径→输入内径数值→回车→命令提示：指定圆环的外径→输入外径数值→回车→命令提示：指定圆环的中心点〈退出〉→输入中心坐标→回车。

注：当系统变量 FILLMODE = 0 时，生成空心圆环；当系统变量 FILLMODE = 1 时，生成实心圆环。

十、样条曲线命令

1. 功能

执行该命令，可以通过空间一系列给定点，生成光滑的曲线（样条曲线）。最早在造船工业得到广泛应用，也可用于绘局部视图、局部剖视图、局部放大图时画波浪线。

2. 操作方法

调用

（1）命令行：SPLINE。

（2）菜单：绘图→样条曲线。

（3）图标：在“绘图”工具栏中图。

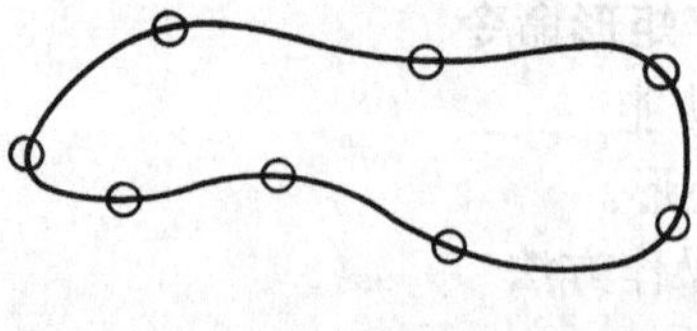

图 4 – 12　样条曲线

采用上述任何一种方法后，输入一系列点，便会将这些点连成光滑的曲线，如图 4 – 12 所示。

十一、画点命令

1. 功能

根据需要改变点的样式和大小。

2. 操作方法

（1）调出“点样式”对话框

1）命令行：DDPTYPE。

2）菜单：格式→点样式。

采用上述任何一种方法后，显示图 4－13 所示“点样式”对话框，根据需要来选择点的样式和大小（改变%前的数值），再将光标移至所选的点样式处单击鼠标左键，最后单击【确定】按钮。

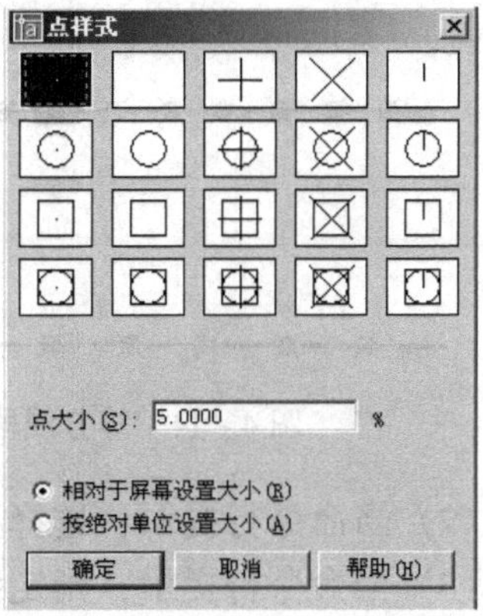

图 4－13　“点样式”对话框

（2）调用

1）命令行：POINT。

2）菜单：绘图→点。

3）图标：在“绘图”工具栏中。

采用上述任何一种方法，都可以按设置要求画出点。

十二、定数等分命令

1. 功能

该命令能把一个线形对象（如直线、圆弧、多段线）分成几个相等的部分。（要用非小圆点进行标记）。

2. 操作方法

（1）调用菜单：格式→点样式显示点样式对话框，并选择其中某一种点样式。

（2）输入 DIVIDE→回车或调用菜单：绘图→点→定数等分。

（3）当命令行提示：选择要定数等分的对象：用光标拾取对象。

（4）当命令行提示：输入线段数目或［块（B）］：→输入等分数→回车。

例 4－4　分别把如图 4－14 所示中的一条直线和一条多段线各分成 10 等份。

操作方法

1）首先要设立点样式，然后从命令行中输入 DIVIDE（等分）命令→回车。

2）当命令行提示：选择要定数等分的对象时，用光标拾取对象。

3）当命令行提示：输入线段数目或［块（B）］：时→输入等分数（10）→回车。

十三、定距等分命令

1. 功能

自一个线形对象所指端点开始，每一指定单位标一个标记。与等分命令不同的是，测量命令不一定等分线型对象。

2. 操作方法

（1）调用菜单：格式→点样式（显示点样式对话框，并选择其中某一种点样式并确定点的尺寸）。

（2）输入 MEASURE 回车或调用菜单：绘图→点→定距等分。

（3）当命令行提示：选择要定距等分的对象时，用光标拾取对象。

（4）当命令行提示：指定线段长度或［块（B）］：→输入每一单位数值→回车。

例 4－5　把一直线或一多段线分成 60mm 一段，如图 4－15 所示。

操作方法

(1) 输入 MEASURE 按回车键。

图 4-14　等分线段

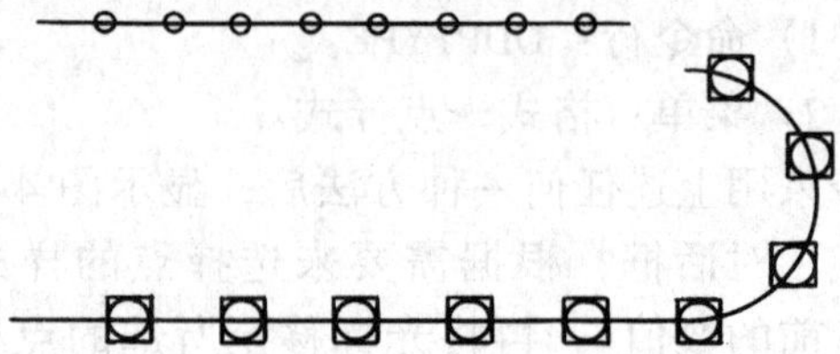

图 4-15　测量命令的应用

(2) 当命令行提示：选择要定距等分的对象时，用光标拾取对象。

(3) 当命令行提示：指定线段长度或［块（B）］：→输入 60→回车。

注：采用上述两个命令，也可以用来画电气、电子符号，即快又方便（可先把电子、电气符号做成块）。

十四、边界命令

1. 功能

利用该命令，能方便快捷的计算封闭的多边形或面域的面积和周长。

2. 操作方法

调用

(1) 命令行：BOUNDARY。

(2) 菜单：绘图→边界。

例 4-6　求如图 4-16 所示正方形与三角形公共部分图形面积。

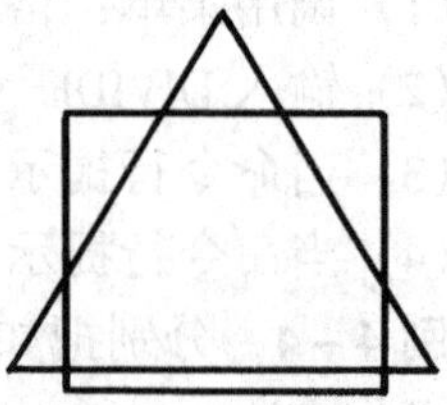

图 4-16　面域的面积和周长

操作方法

(1) 调用：绘图→边界（显示“边界创建”对话框）→单击按钮→提示：选取内部点→在图形内拾取一点（图形边界变为虚线）→回车。

(2) 调用：工具（T）→查询（Q）→列表显示（L）→用拾取靶拾取原选定的边界→回车（此时，在文本窗口显示图形中与该边界有关的内封闭多边形的面积、周长信息）。

十五、表格命令

1. 功能

利用该命令，能方便快捷的绘制表格。

2. 操作方法

调用

(1) 命令行：TABLE。

(2) 菜单：绘图→表格。

(3) 图标：在“绘图”工具栏中。

在任选上述一种方法后，将会显示如图 4-17 所示的“插入表格”对话框，用户可以根据需要，输入表格的行数和列数及行高、列宽。若对表格样式要进行修改，可单击对话框中的按钮，将显示如图 4 – 18 所示的“表格样式”对话框。若选择“新建”或“修改”选项，将显示如图 4 – 19 所示的“新建表格样式”对话框，用户可以根据需要对表格样式进行修改。

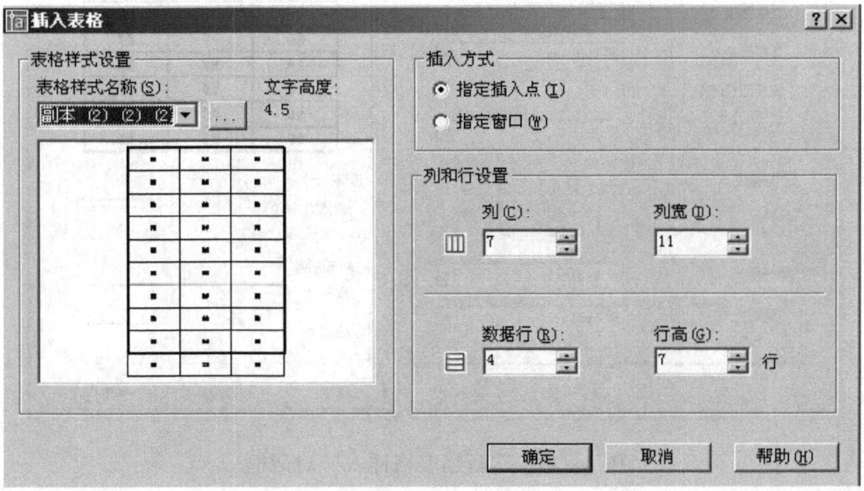

图 4 – 17　“插入表格”对话框

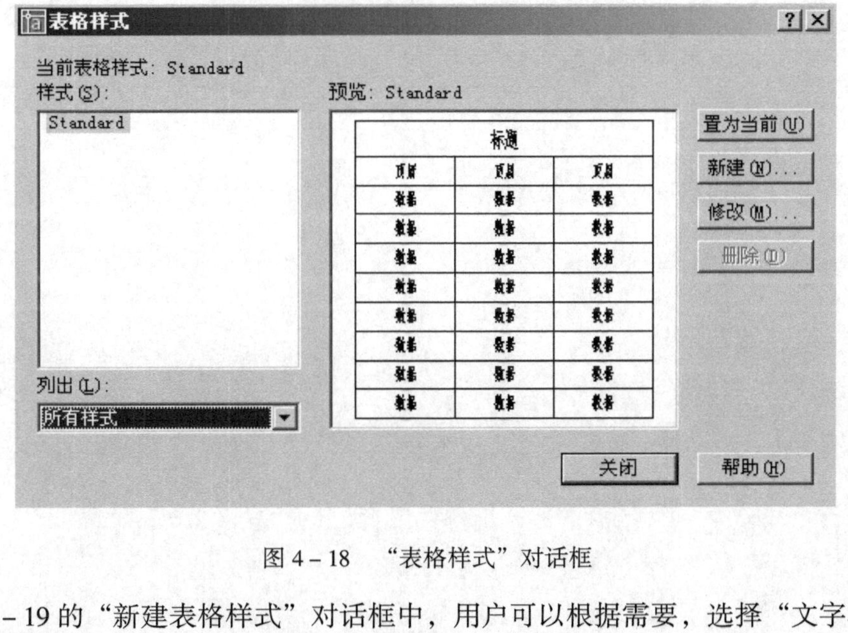

图 4 – 18　“表格样式”对话框

在图 4 – 19 的“新建表格样式”对话框中，用户可以根据需要，选择“文字样式”、“文字高度”、“文字颜色”、“对齐方式”、“栅格线宽”、“栅格颜色”、“表格方向”等内容。完成相关选项的选择后，单击【确定】按钮，再次显示如图 4 – 18 所示的“表格样式”对话框，→单击【置为当前】按钮→单击【关闭】按钮。此时再次显示如图 4 – 17 所示的“插入表格”对话框→单击【确定】按钮。当命令行提示：指定插入点时→在图形窗口确定插入点并可以在表格中输入文本→单击【确定】按钮。

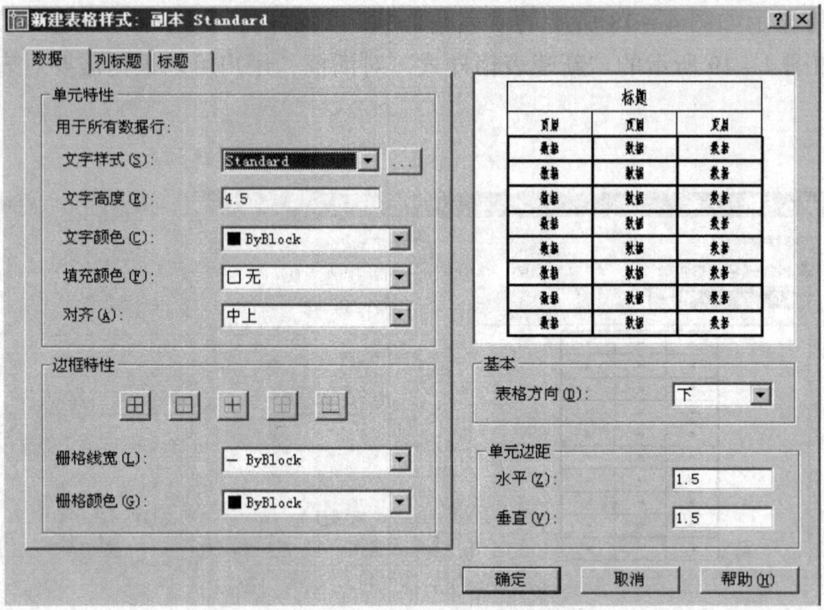

图 4-19　“新建表格样式”对话框

注：在插入表格后，用户还可以根据需要对表格的行高、列宽进行修改（选中表格后，用夹点命令进行编辑）。

第五章　对 象 捕 捉

第一节　概　　述

对象捕捉（Object Snap）是 AutoCAD 中精确定点位的方法，也是计算机绘图和手工绘图的重要区别之一。只要是 AutoCAD 提示输入点或调用有关命令之后时，都可以使用对象捕捉方式（不能在命令状态下直接使用）。对象捕捉在精确作图中具有特殊作用，它能提高绘图精度和速度，简化作图过程。

用户使用对象捕捉可以从对象捕捉工具栏上选取（对象捕捉工具栏如图 5－1 所示），也可以从快捷（光标）菜单（SHIFT 键＋鼠标右键显示如图 5－2 所示菜单）选取。

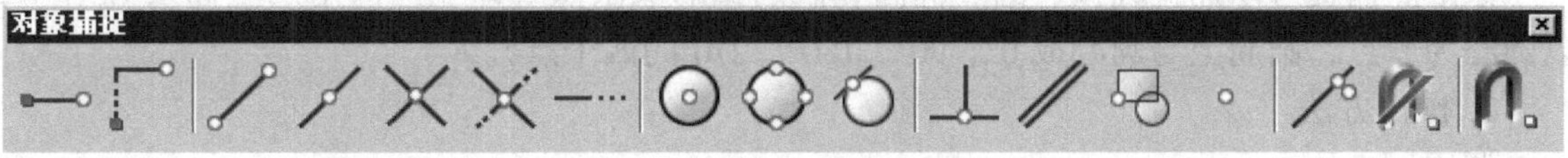

图 5－1　对象捕捉工具栏

第二节　对象捕捉方式

一、端点捕捉

1. 功能

端点捕捉可以捕捉圆弧、线段、复合线和射线等的端点。捕捉到的端点是距拾取对象位置最近的端点，用户应尽量靠近该端点选取对象。

2. 操作方法

调用

1）命令行：END。

2）菜单：光标菜单（图 5－2）。

3）图标：在对象捕捉工具栏中。

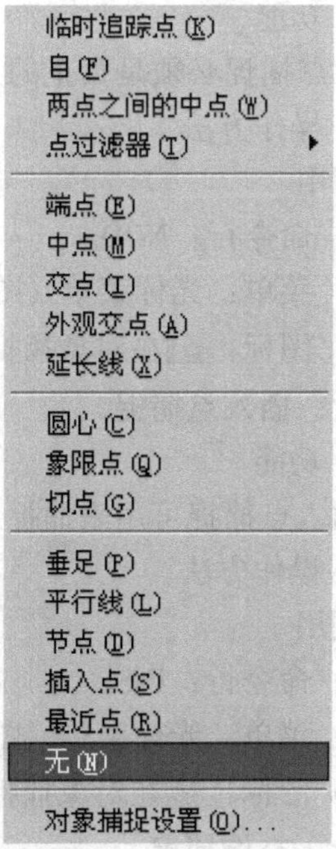

图 5－2　光标菜单

二、中点捕捉

1. 功能

中点捕捉可以捕捉圆弧、椭圆弧、线段、复合线和 3D 实体等的中点。用户在对象任何位置选取都可以捕捉到该对象的中点。

2. 操作方法

调用

1）命令行：MID。

2）菜单：光标菜单（图 5－2）。

3）图标：在对象捕捉工具栏中。

三、圆心捕捉

1. 功能

圆心捕捉可以捕捉圆弧、圆、椭圆和椭圆弧的圆心。在选择对象时，用户必须取对象的弧线（不能点取弧线的中心位置）。

2. 操作方法

调用

1）命令行：CEN。

2）菜单：光标菜单（图 5－2）。

3）图标：在对象捕捉工具栏中。

四、象限点捕捉

1. 功能

象限点捕捉可以捕捉圆弧、圆、椭圆和椭圆弧的象限点（即在当前用户坐标系 USC 中，以圆心为原点，圆周上与圆心成 0°、90°、180°、270°的四个点）。

2. 操作方法

调用

1）命令行：QUA。

2）菜单：光标菜单（图 5－2）。

3）图标：在对象捕捉工具栏中。

五、节点捕捉

1. 功能

节点捕捉必须是真正的点对象才能捕捉，即只能捕捉真正的点。

2. 操作方法

调用

1）命令行：NOD。

2）菜单：光标菜单（图 5－2）。

3）图标：在对象捕捉工具栏中。

六、插入点捕捉

1. 功能

插入点捕捉可用来捕捉属性、图块、图像、图形和文本的插入点。

2. 操作方法

调用

1）命令行：INS。

2）菜单：光标菜单（图 5－2）。

3）图标：在对象捕捉工具栏中。

七、交点捕捉

1. 功能

交点捕捉可以捕捉圆弧、圆、椭圆、椭圆弧、直线、复合线、射线、样条曲线、构造线等中的任意两种对象间的交点（光标拾取靶应移到要捕捉的交点上）。

2. 操作方法

调用

1）命令行：INT。

2）菜单：光标菜单（图 5-2）。

3）图标：在对象捕捉工具栏中。

八、外观交点捕捉

1. 功能

外观交点捕捉可以捕捉圆弧、圆、椭圆、椭圆弧、直线、复合线、射线、样条曲线、构造线等中的任意两种对象的外观交点（针对 3D 空间对象而言，在 3D 空间中两个对象并不真正相交，但从视图观察效果来看存在一个交点）。

2. 操作方法

调用

1）命令行：APP。

2）菜单：光标菜单（图 5-2）。

3）图标：在对象捕捉工具栏中。

九、垂足捕捉

1. 功能

垂足捕捉可以捕捉从一个点到其他对象的法线的垂足点。这些对象包括圆弧、圆、椭圆、椭圆弧、直线、复合线、射线、样条曲线、构造线等。

2. 操作方法

调用

1）命令行：PER。

2）菜单：光标菜单（图 5-2）。

3）图标：在对象捕捉工具栏中。

十、切点捕捉

1. 功能

切点捕捉可以捕捉与圆弧、圆、椭圆、椭圆弧相切的切点。

2. 操作方法

调用

1）命令行：TAN。

2）菜单：光标菜单（图 5-2）。

3）图标：在对象捕捉工具栏中。

十一、捕捉到平行线

1. 功能

可以用于捕捉与所画直线平行的直线。

2. 操作方法

调用

1）命令行：PAR。

2）菜单：光标菜单。

3）图标：在对象捕捉工具栏中。

十二、捕捉到延长线

1. 功能

可以用于捕捉到圆弧或直线的延长线。

2. 操作方法

调用

1）命令行：EXT。

2）菜单：光标菜单。

3）图标：在对象捕捉工具栏中。

第三节　自 动 捕 捉

所谓自动捕捉，就是当用户把光标移到一个对象上，系统自动捕捉到该对象上符合条件的几何特征点，显示出相应的捕捉标记。如果把光标移到捕捉点上多停留一会，系统还会显示该捕捉的提示。这样用户在选点之前，可以游览和确认捕捉点。因此，当有多个符合条件的特征点时，就不会捕捉到错误的点，为用户提供了方便，提高了绘图效率。

当对象上有多个符合条件的捕捉点时，把光标移到该对象上，可按 TAB 键，循环选择该对象上所有符合条件的自动捕捉点。在默认设置中，当用户输入对象捕捉，或打开运行对象捕捉，系统会自动打开自动捕捉。用户可显示“自动捕捉对话框”（图 5－3），根据需要进行设置。

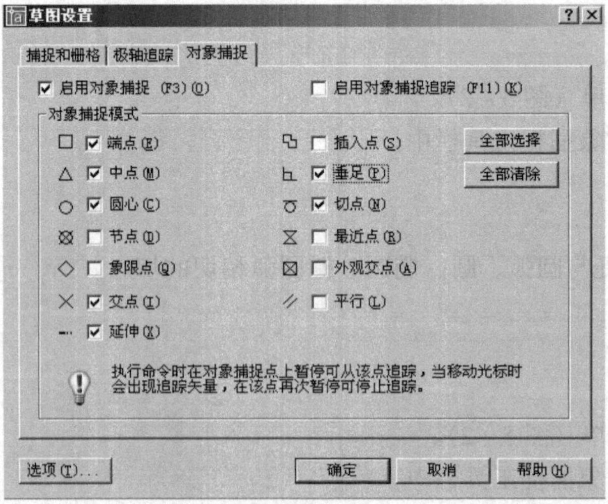

图 5－3　“草图设置”对话框

一、设置自动捕捉项目

调用

（1）命令行：OSNAP。

（2）菜单：工具→草图设置。

（3）图标：在对象捕捉工具栏中。

采用上述任何一种方法都会显示“草图设置”对话框（图 5-3）。

二、运行对象捕捉

在作图过程中，有时需要连续用某种捕捉方式选取一系列对象。这样在每选一个对象时都要先选择捕捉方式就显得繁琐。AutoCAD 2005 为我们提供了一种运行对象捕捉方式，只要定点位时，就自动打开设定的捕捉方式，不需用户再去选取。

1. 运行对象捕捉对话框选项的设置

（1）单击图 5-3“草图设置对话框”中的“对象捕捉”选项，在对象捕捉设置对话框的“选择设置区”中，用户可根据需要选择对象捕捉模式，设定一个或多个运行对象捕捉，只要将光标移到所选取的检查盒前单击鼠标左键（即在所要选择项前出现“√”），再单击【确定】按钮。

（2）若要删除某个或多个运行对象捕捉，只需将光标移到相应的检查盒处单击鼠标左键，使检查盒变为空白即可。如果要删除所有的运行对象捕捉，单击“运行对象捕捉”对话框中的“全部清除”选项卡后单击【确定】按钮。

（3）当需要全部选择时，可单击【全部选择】选项卡后，单击【确定】按钮。

2. 运行对象捕捉的打开/关闭

可以用以下方法来快速打开/关闭运行对象捕捉（选项卡凹进为打开，凸出为关闭）。

方法一：单击状态条中的对象捕捉。

方法二：按 Ctri + F 键或按 F3 键。

3. 选项对话框中的有关选项说明

单击图 5-3“草图设置”对话框中的【选项（T）…】按钮，会显示如图 5-4 所示的“选项”对话框。

（1）标记——该检查盒可用来打开/关闭自动捕捉标记，用来表示对象捕捉的类型和指示捕捉点的位置。当拾取靶经过某个对象时，该对象上符合条件的捕捉点就会出现相应的标记。

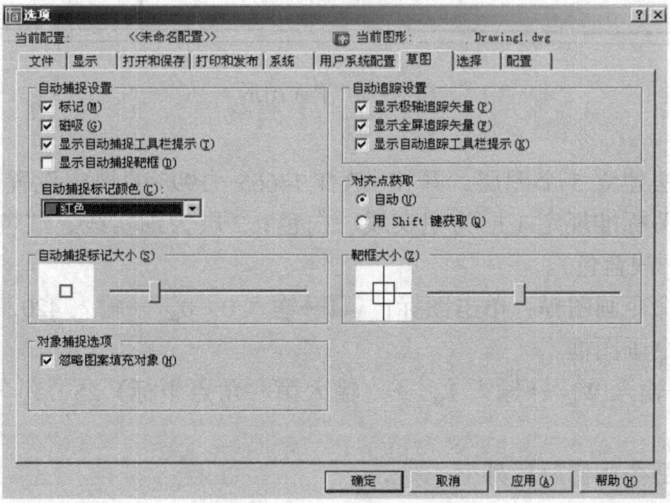

图 5-4 “选项”对话框

（2）磁吸——该检查盒可用来打开/关闭捕捉磁吸。捕捉磁吸把拾取靶锁定在捕捉点上。

（3）捕捉提示——该检查盒可用来打开/关闭捕捉提示。捕捉提示是系统自动捕捉到一个捕捉点后，显示出该捕捉点的文字说明。

（4）显示靶框——该检查盒可用来打开/关闭拾取靶。当选择了对象捕捉模式后，用户可以选择是否在光标的中心显示拾取靶。

（5）标记大小——控制标记的大小，拖动滑动条就可以任意改变标记的大小。

（6）标记颜色——显示标记的当前颜色。用户可从标记颜色列表中任选其中的一种。

（7）靶框大小——控制靶框的大小，拖动滑动条就可以任意改变靶框的大小。

三、综合应用举例

用A3图幅，比例1:1绘如图5-5所示的平面图形。

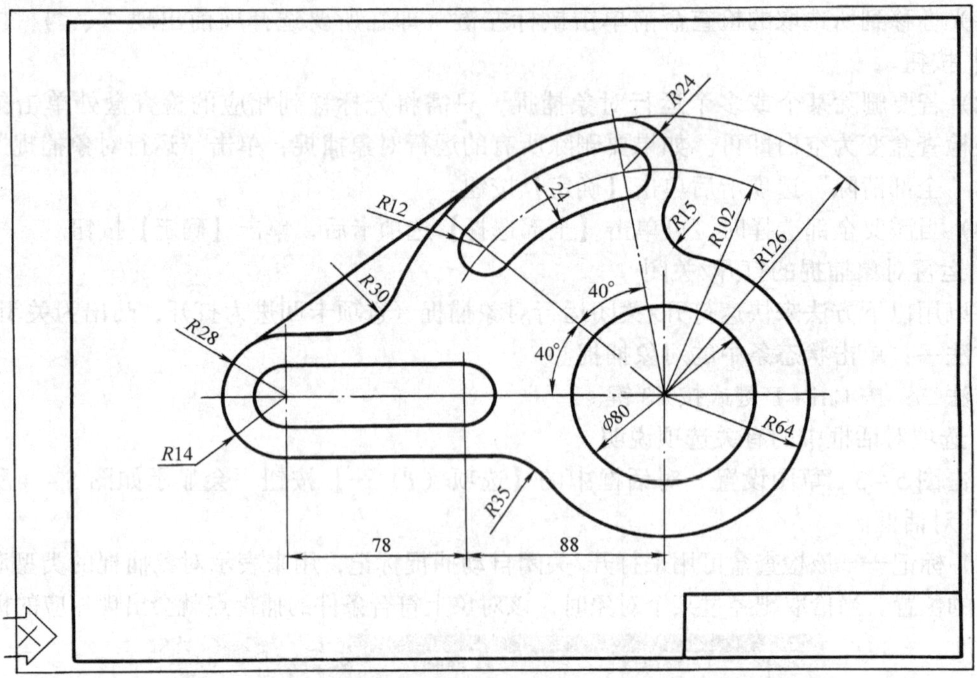

图5-5　平面图形

绘图方法步骤

首先按正确方法建立5个图层，并按GB/T 14665—1998的规定设置颜色、线型。画图框、标题栏（按有关标准规定1层为粗实线、白色；2层为细实线、红色；4层为虚线、黄色；5层为点画线、浅蓝色）。

（1）利用矩形命令画图幅：单击图标：→输入0，0↙→输入420，297↙。

（2）用矩形命令画图框

单击图标→输入W↙→输入1↙→（输入第一角点坐标）25，5↙→（输入对角点坐标）415，292↙。

（3）用复合线命令画标题栏外框

单击图标→输入295，5↙→输入W↙→输入1↙→输入1↙→输入28↙→输入120↙。

（4）画中心线

1）画水平中心线：输入 80，120↙→输入 350，120↙。

2）由左向右画垂直中心线

单击图标→输入 120，80↙→输入 80↙。

输入 198，80↙→输入 80↙→输入输入 286，50↙→输入 130↙。

3）画两条 40°角度中心线

单击图标→捕捉要画的点画线的端点→输入@130 < 140↙。单击图标→捕捉要画的点画线的端点→输入@135 < 100↙。

（5）用圆命令画 *R*102 的中心线。

（6）用圆命令分别画 *R*64、*R*40、两个 *R*12、*R*24、*R*126、两个 *R*14、*R*28（选 1 层为当前层）。

（7）用圆弧命令（圆心、起点、终点）画连段腰形圆弧。

单击图标→输入 C→回车→捕捉交点后逆时针画弧。

（8）用画直线命令分别画 *R*28、*R*14 的两条切线。

（9）用圆命令中的 TTR 画连接弧 *R*35、*R*30、*R*15。

（10）用画直线命令画 *R*28 与 *R*126 的外公切线。

（11）分别用修剪或删除命令进行修剪。

（12）用 PEDIT（多段线编辑）命令加粗可见轮廓线。

注意：画中心线时最好不计算绘图坐标，直接目测画出一条水平中心线和一条垂直中心线，为作图的基准线。待画完图形后，再用偏移、修剪、夹点、移动命令进行编辑，读者可大胆尝试。

第六章　图形编辑与修改命令

第一节　概　　述

图形编辑是指对已有图形对象进行删除、移动、旋转、缩放、复制、参数修改及其他修改操作。AutoCAD 具有强大的图形编辑功能，在设计绘图中发挥了重要作用。它可以帮助用户合理构造与组织图形，保证作图准确度，减少重复的绘图操作，从而提高设计绘图效率。编辑命令一般先选择编辑对象（即构造选择集）再对选择集实施编辑操作。

构造选择集的常用方法有：

输入编辑命令后出现的提示为：“选择对象:”，在选择过程中，选中的对象醒目显示（即改用虚线显示），表示已加入选择集。常用的选择对象及操作方法有：

（1）直接拾取对象：将拾取靶直接移到对象上，单击鼠标左键。

（2）L（Last）：选择作图过程中最后生成的对象。

（3）ALL：选择图中冻结或加锁图层中以外的全部对象。

（4）W（Window）：窗口方式，选择全部位于矩形窗口内的所有对象（此时窗口自左上至右下为细实线线框）。

（5）C（Crossing）：窗交方式，即除选择全部位于矩形窗口内的所有对象外，还包括与窗口四条边界相交的所有对象（此时窗口自右上至左下为虚线线框）。

（6）WP（Wpolygon）：围圈方式，即构造一个任意的封闭多边形，在圈内的所有对象被选中。

（7）CP（Cpolygon）：圈交方式，即圈内及和多边形边界相交的所有对象被选中。

（8）F（Fence）：栏选方式，即画一条多段折线，像一个栅栏，与多段折线各边相交的所有对象被选中。

（9）P（Previous）：选择上一次生成的选择集。

（10）R（Remove）：把构造选择集的加入模式转换为从已选中的对象中移出对象的撤除模式，其提示转换为：“撤除对象:”，在该提示下，亦可使用构造选择集的多种方式。

（11）A（Add）：把撤除模式转换为加入模式，其提示恢复为：“选择对象:”

（12）U（Undo）：放弃前一次选择操作。

（13）回车：结束构造选择集的过程。

第二节　常用的编辑命令

一、放弃命令

1. 功能

取消上一次命令操作。

2. 操作方法

调用

(1) 命令行：U。

(2) 菜单：编辑→放弃。

(3) 图标：在“标准工具栏”中。

注：U 命令不能取消：PLOT、SAVE、OPEN、NEW、COPYCLIP 等命令。

二、重做命令

1. 功能

重做刚用 U 命令所放弃的命令操作。

2. 操作方法

调用

(1) 命令行：REDO。

(2) 菜单：编辑→重做。

(3) 图标：在“标准工具栏”中。

注：连续使用 U 命令的操作，只有最后放弃的一个操作可用 REDO 重做。

三、剪切命令

1. 功能

将对象复制到剪贴板并从图中删除此对象。

2. 操作方法

调用

(1) 命令行：CUTCLIP。

(2) 菜单：编辑→剪切。

(3) 图标：在“标准工具栏”中。

(4) 光标菜单：结束任何绘图命令后，在绘图区单击鼠标右键，在显示的光标菜单中选择“剪切”。

在选择要剪切的对象后，执行上述任一种方法。

四、粘贴命令

1. 功能

将对象粘贴到剪贴板中。

2. 操作方法

调用

(1) 命令行：PASTECLIP。

(2) 菜单：编辑→粘贴。

(3) 图标：在“标准工具栏”中。

(4) 光标菜单：结束任何绘图命令后，在绘图区单击鼠标右键，在显示的光标菜单中选择“粘贴”。

在选择要粘贴的对象后单击图标，再确定粘贴位置，最后执行上述任一种方法。

五、用夹点命令快速编辑图形

对象夹点为图形的编辑提供了简捷、方便的方法。在夹点功能有效时（系统的默认设置），只要用光标拾取对象，该对象就进入选择集，并显示该对象的夹点（对象本身的一些特殊点），用户可用夹点来移动、拉伸（缩短）、镜像、旋转、复制对象。

操作方法：

（1）在命令状态下，将光标移到要编辑的对象上（不能运行对象捕捉），单击鼠标左键，便显示如图 6－1 所示的夹点（温点）。

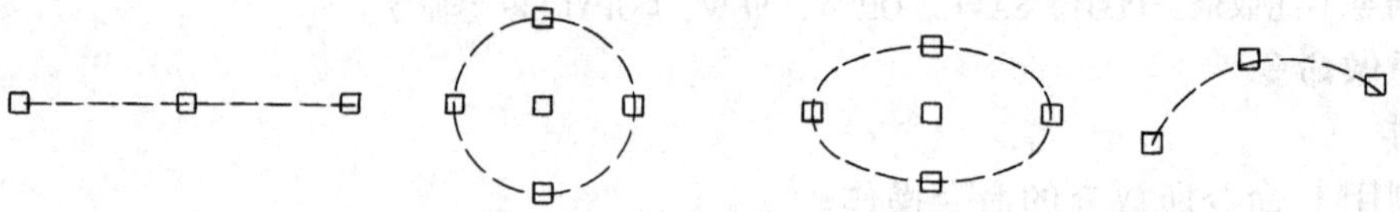

图 6－1　对象的夹点

（2）在对象上拾取一个温点（此点变为热点），被选中的热点（线段的中点、圆心或平面图形的任一点），可作为拉伸点、复制的基准点等，此时进入编辑状态。同时命令行提示：指定拉伸点或［基点（B）/复制（C）/放弃（U）/退出（X）］。

或当在对象上拾取一个温点后，单击鼠标右键会显示如图 6－2 所示光标（快捷）菜单，用户可根据需要选择光标菜单中的相关选项（或按回车键），再按命令窗口的提示编辑对象。

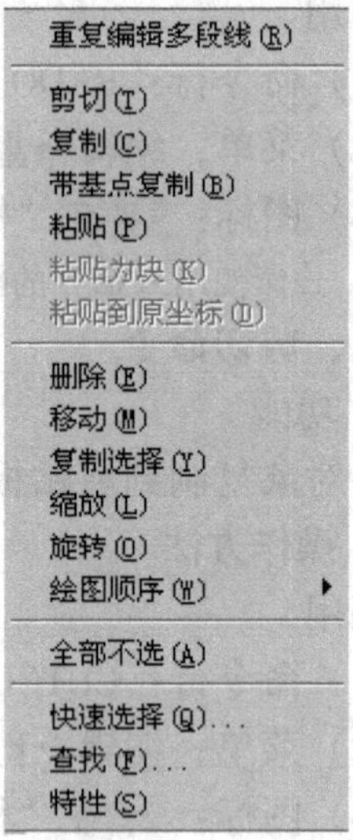

图 6－2　夹点光标菜单

1）拉伸（缩短）对象　拾取温点后，命令行提示：指定拉伸点或［基点（B）/复制（C）/放弃（U）/退出（X）］→可按需要输入相应伸（缩）、放大或缩小的数值（或用光标定位）后，按两次 Esc 键。

2）移动对象　拾取温点后从光标菜单中选择移动（或按 1 次回车键），命令行提示：指定移动点或［基点（B）/复制（C）/放弃（U）/退出（X）］，可按需要输入移动到新点的坐标数值（或用光标定位）后，按两次 Esc 键。

3）旋转对象　拾取温点后从光标菜单中选择旋转（或按 2 次回车键）命令行提示：指定旋转角度或［基点（B）/复制（C）/放弃（U）/参照（R）/退出（X）］→输入 B→回车→命令行提示：指定基点→确定基点（确定旋转中心）→命令行提示：指定旋转角度或［基点（B）/复制（C）/放弃（U）/参照（R）/退出（X）］→输入旋转角度→回车→按两次 Esc 键。

4）比例缩放对象　拾取温点后从光标菜单中选择比例（或按 3 次回车键）命令行提示：指定比例因子或［基点（B）/复制（C）/放弃（U）/参照（R）/退出（X）］→输入 B（基点为缩放中心）→回车→确定基点→输入比例因子→回车→按两次 Esc 键。

5）镜像复制对象　拾取温点后从光标菜单中选择镜像（或按 4 次回车键）命令行提示：指定第二点或［基点（B）/复制（C）/放弃（U）/退出（X）］→输入 B→回车→输 C（镜像复制）→回车→输入镜像线的第二点→回车→按两次 ESC 键。

第三节　常用的修改命令

一、删除命令

1. 功能

删除选中的对象。

2. 操作方法

调用

（1）命令行：ERASE。

（2）菜单：修改→删除。

（3）图标：在“修改”工具栏中。

在任选上述一种方法后，根据需要选择构造选择集的方法进行编辑［推荐使用直接拾取对象、窗口方式（W）、窗交方式（C）］。

二、恢复命令

1. 功能

恢复上一次用删除命令所删除的对象，并用于恢复键块后所消失的图形。

2. 操作方法

键入 OOPS（只对上一次删除命令有效，并不影响在使用删除命令后使用的其他绘图命令）。

三、复制命令

1. 功能

复制选定的对象，并可作多重复制。

2. 操作方法

调用

（1）命令行 COPY。

（2）菜单：修改→复制。

（3）图标：在“修改”工具栏中。

在选用上述任一种方法后命令行提示：选择对象（构造选择集）→用户选择要复制的对象→回车后提示：指定基点或位移→确定基点（可用光标定位、坐标值定位、对象捕捉等方法准确定位）→命令行提示：指定位移的第二点或（用第一点做位移）→确定位移的第二点（即对象复制后基点的位置）→回车。

例 6－1　将图 6－3a 的图形，复制到图 b 中且中心通过图 b 的中心 A。

操作方法：

1）启动复制命令（可单击图标）。

2）选择要复制的对象后按 ENTER 键。

3）捕捉基点（可单击图标捕捉圆心）。

4）指定位移的第二点即捕捉图 b 中的 A 点（可单击图标捕捉交点）。

5）按 ENTER 键。

四、镜像命令

1. 功能

生成原对象的轴对称图形，该轴称为镜像线，镜像时可删除原图形，也可以保留原图形（镜像复制）。

2. 操作方法

调用

（1）命令行：MIRROR。

（2）菜单：修改→镜像。

（3）图标：在“修改”工具栏中。

在选用上述任一种方法后命令行提示：

选择对象（构造选择集）→选择要镜像的对象→回车→命令行提示：确定镜像线第一点→用户确定镜像线第一点→命令行提示确定镜像线第二点→用户确定镜像线第二点→命令行提示：是否删除源对象？［是（Y）/否（N）］〈N〉→（若不删除原图形直接回车，若要删除原图形，应键入字母 Y 后再回车）。

注意：为了使镜像后图形中的文本便于阅读，故在调用镜像命令前，将系统变量 MIRRTEXT 的值设置为 0（如图 6－4b 所示“镜像”两个字）。

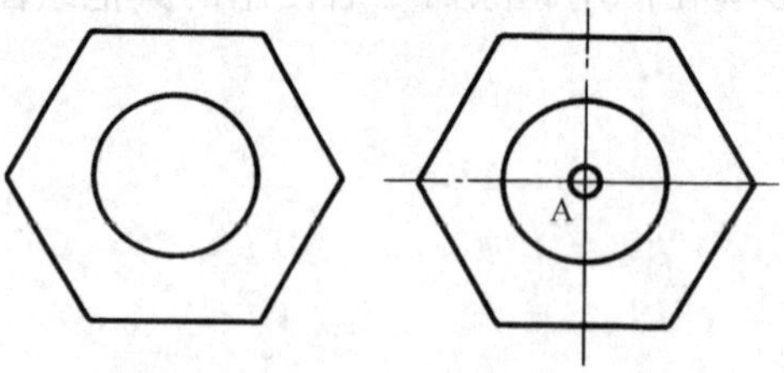

a)　　b)

图 6－3　复制命令的应用图

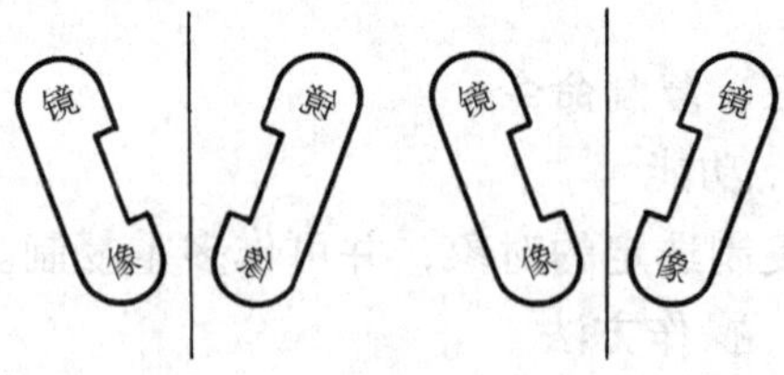

a)　　b)

图 6－4　镜像命令的应用

五、阵列命令

1. 功能

对选定对象做矩形或环形阵列式复制。

2. 操作方法

调用

（1）命令行：ARRAY。

（2）菜单：修改→阵列。

（3）图标：在“修改”工具栏中。

在选用上述任一种方法后，显示“阵列对话框”（图 6－5），用户可根据需要在对话框中选择阵列方式，并在对应项目中输入相关数值后，单击选项按钮选择对象→单击【确定】按钮。

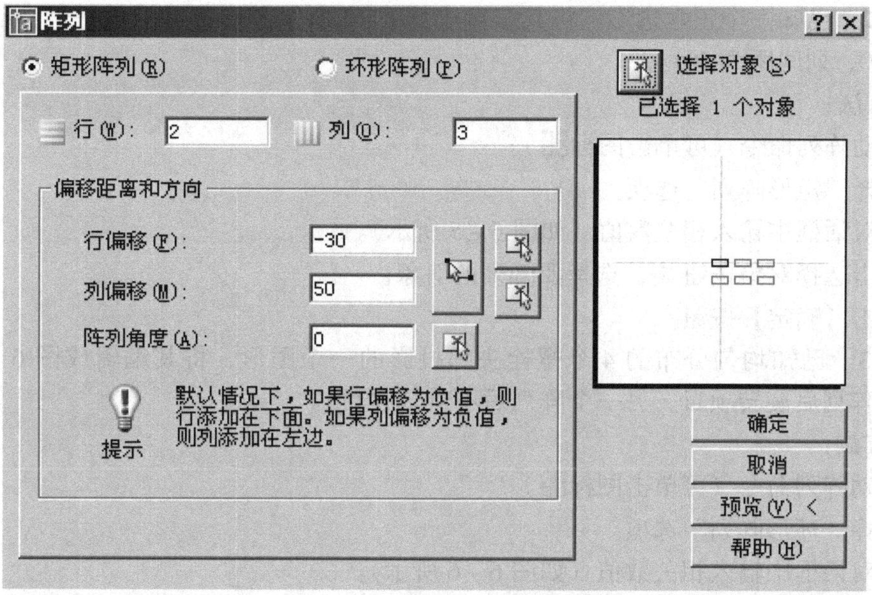

图 6-5 矩形阵列对话框

注：在矩形阵列时，行偏移、列偏移是指相同的点位之间的距离，沿坐标轴正向排列为正，否则为负。

若要环形阵列，则应在“阵列对话框”中选择“环形阵列”（图 6-6），并在对应项目中输入相关数值（输入阵列项目的总数（包括原对象）、填充角度）→单击选项按钮选择对象→选择中心点（环形阵列中心）→单击【确定】按钮。

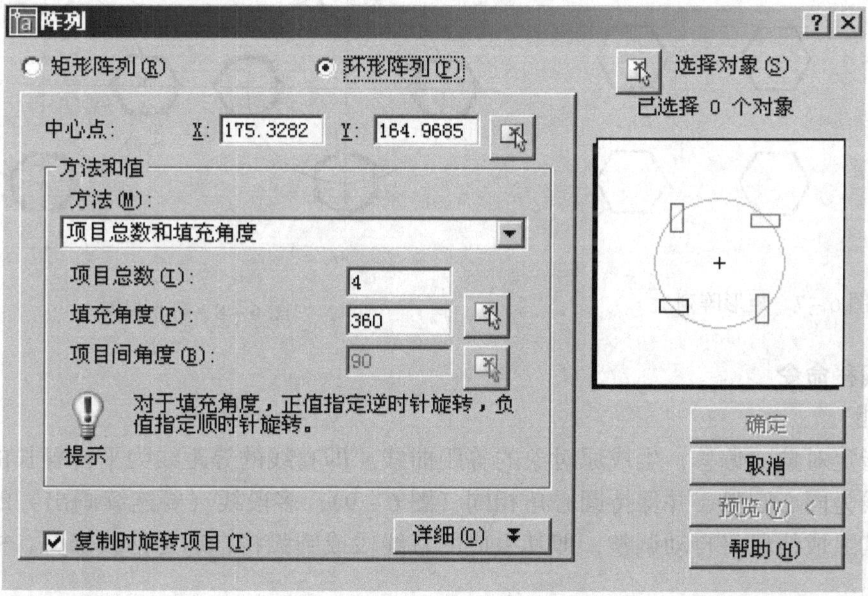

图 6-6 环形阵列对话框

注：若对象阵列后不旋转，则不选择“环形阵列对话框”中的“复制时旋转项目”选项（即不显示“√”），单击“详细”按钮，在对话框中不选择“设为对象的默认值”选项（即不显示“√”），而是要单击“拾取基点”按钮，选择要阵列对象的基点（即阵列对象的中心点），便得到如图 6-8b 所示的图形。

例 6-2 已知一个正六边形，将其编辑成图 6-7 所示图形（左上角一个为已知的，其行间距为 30，列间距为 50）。

操作方法：

1）启动阵列命令（可单击图标）。

2）选择“矩形阵列”选项。

3）在对话框中输入相关数值（如图 6-5 所示）。

4）单击选择对象按钮，选择要阵列的对象。

5）单击【确定】按钮。

例 6-3 已知均匀分布的 4 个螺栓头部投影的一个图形，将其编辑成图 6-8 的图形（其中一个阵列后旋转项目，另一个阵列后不旋转项目）。

操作方法：

1）启动阵列命令（可单击图标）。

2）选择“环形阵列”选项。

3）在对话框中输入相关数值（如图 6-6 所示）。

4）单击选择对象按钮，选择要阵列的对象。

5）选择环形阵列中心点。

6）单击【确定】按钮。

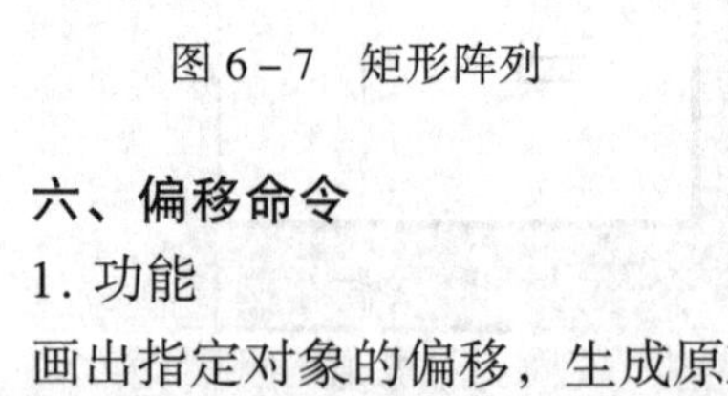

图 6-7　矩形阵列

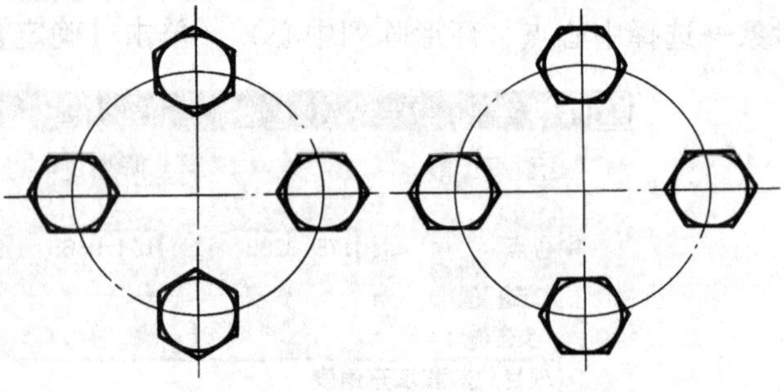

图 6-8　环形阵列

六、偏移命令

1. 功能

画出指定对象的偏移，生成原对象的等距曲线。即直线的等距线为平行等长的线段，圆弧的等距线为同心圆弧，并保持圆心角相同（图 6-9）；多段线（要连续画出）的等距线为多段线，其组成线段将自动调整，即其组成的直线段或圆弧将自动延伸或修剪，构成另一条多段线。

2. 操作方法

调用

（1）命令行：OFFSET。

（2）菜单：修改→偏移S。

(3) 图标：在“修改”工具栏中。

在选用上述任一种方法后命令行提示指定偏移距离或［通过（T）］〈1.0000〉：输入偏移距离值→回车→命令行提示：选择要偏移的对象或〈退出〉→选择要偏移的对象→命令行提示指定点以确定偏移所在一侧：→将“+”光标移至所要偏移的方向→单击左键→命令行提示选择要偏移的对象或〈退出〉：→（若仍要偏移可重复上述操作；若按回车键则结束编辑）。

例6-4 已知图6-9a用偏移命令将其编辑为图b的形式（偏移距离为5mm）。

操作方法：

1）用多段线命令绘出图6-9a。

2）单击图标→输入偏移距离5→回车。

3）选择要偏移的对象。

4）将“+”光标移至所要偏移的方向→单击鼠标左键（重复6次）。

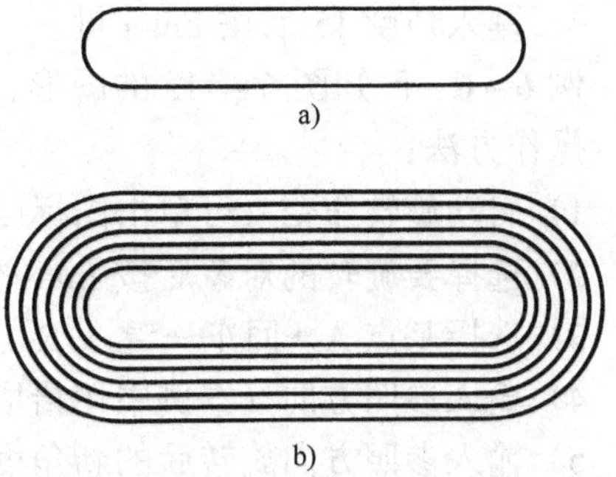

图6-9 偏移命令的应用

七、移动命令

1. 功能

平移指定的对象。

2. 操作方法

调用

(1) 命令行：MOVE。

(2) 菜单：修改→移动V。

(3) 图标：在“修改”工具栏中。

在选用上述任一种方法后命令行提示：选择对象→选择对象（构造选择集）→回车→命令行提示：指定基点或位移→选择基点→命令行提示：指定位移的第二点或（用第一点作位移）→键入移动的矢量后回车（也可移动光标定位后单击左键）。

八、旋转命令

1. 功能

绕指定中心旋转指定的对象。

2. 操作方法

调用

(1) 命令行：ROTATE。

(2) 菜单：修改→旋转R。

(3) 图标：在“修改”工具栏中。

在选用上述任一种方法后命令行提示选择对象：→选择对象（构造选择集）→回车→命令行提示指定基点：→选定基点（旋转中心）→命令行提示指定旋转角度或［参照（R）］：

1）若不选参照角度，直接键入旋转角（逆时针为正）→回车。

2）若选参照角度，则键入R→回车→键入参照角度（在不知参照角度值的情况下，可选择被旋转对象中的两点）→回车→键入新的角度（在不知旋转角度值的情况下，可确定对象旋转后的另一点）→回车。

例 6 – 5 已知图 6 – 10a 的图形，将其旋转成如图 6 – 10b 所示的图形。

操作方法：

1）启动旋转命令（可单击图标）。

2）选择要旋转的对象后按 Enter 键。

3）选择基点 A。

4）键入角度 15°后按 Enter 键。

例 6 – 6 已知图 6 – 11a 的图形，将其旋转成如图 6 – 11b 所示的图形。

操作方法：

1）启动旋转命令（可单击图标）。

2）选择要旋转的对象后按 Enter 键。

3）选择基点 A→回车→键入 R（选择参照方式）后按 Enter 键。

4）输入参照方向（本例中用拾取 A、B 两点来确定参考角）。

5）输入参照方向旋转后的新角度（本例中用拾取 C 点来确定角度）。

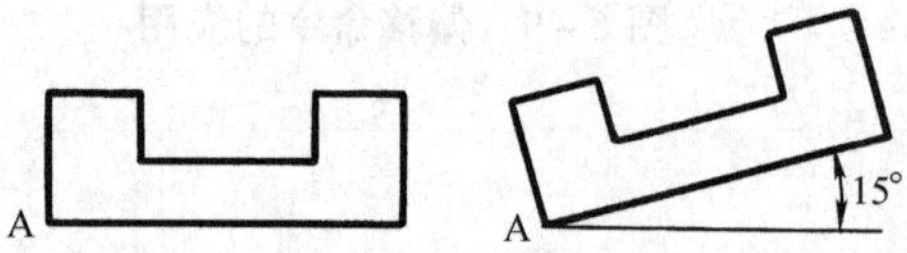

a)　　b)

图 6 – 10　按角度值旋转

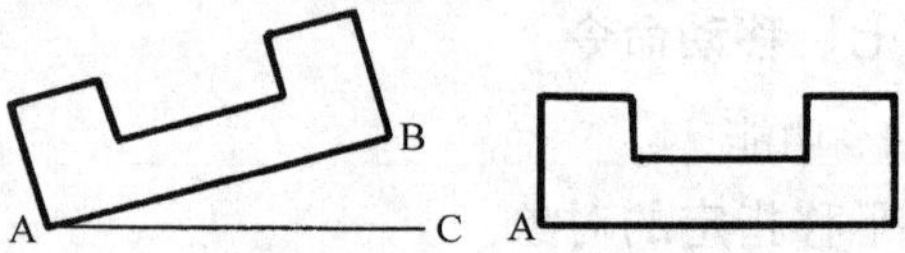

a)　　b)

图 6 – 11　按参照方式旋转

九、比例缩放命令

1. 功能

把选定对象按指定不动点进行比例缩放。

2. 操作方法

调用

（1）命令行：SCALE。

（2）菜单：修改→比例缩放L。

（3）图标：在“修改”工具栏中。

在选用上述任一种方法后命令行提示：选择对象：→选择对象（构造选择集）→回车→命令行提示：指定基点：→选择基点（选基准点，即不动点）→命令行提示：指定比例因子或［参照（R）］：

1）若已知缩放比例，则直接键入比例因子（大于 1 或小于 1 的数）。

2）若不知缩放比例，可用参照方式键入 R→回车→命令行提示指定参考长度（在对象中拾取参照的原某一元素的长度）→命令行提示指定新长度：→键入新的长度→回车。

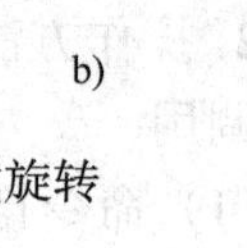

a)　b)

图 6 – 12　比例缩放

例 6 – 7 已知图 6 – 12a 的图形，将其放大一倍成如图 6 – 12b 所示的图形。

操作方法：

1）启动比例缩放命令（可单击图标▣）。

2）选择要缩放的对象后按 Enter 键。

3）选择基点 A。

4）输入比例因子 2 按 Enter 键。

十、对齐命令

1. 功能

把选定对象用平移和旋转的操作达到与指定位置对齐。

2. 操作方法

调用

（1）命令行：ALIGN。

（2）菜单：修改→三维操作→对齐<u>L</u>。

在选用上述任一种方法后命令行提示选择对象：→选择对象（构造选择集）→回车→命令行提示指定第一个源点→选定第一个源点→命令行提示指定第一个目标点→选定第一个目标点→命令行提示：指定第二个源点→选定第二个源点→命令行提示：指定第二个目标点→选定第二个目标点→命令行提示指定第三个源点或〈继续〉→回车（在三维对齐中要选第三点）→命令行提示是否基于对齐点缩放对象？［是（Y）/否（N）］〈否〉：（根据需要键入 Y 或 N）→回车。

例 6－8 已知图 6－13a 的图形，将其编辑成如图 6－13b 所示的图形。

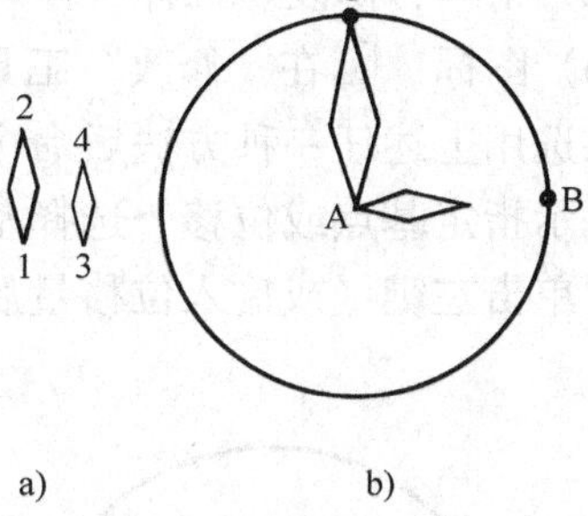

图 6－13 对齐命令的应用

操作方法：

1）画一个半径等于图 6－13a 中 AB 的圆。

2）启动对齐命令。

3）选择要对齐的对象后按 Enter 键。

4）选定第一个源点（选择源点 1）。

5）选定第一个目标点（选择圆心 A）。

6）选定第二个源点（选择源点 2）。

7）选定第二个目标点（捕捉象限点 C）→回车。

8）键入 Y 后按回车键。

9）用同样的方法编辑小指针（键入 N 后按回车键）。

十一、拉长命令

1. 功能

延长或缩短直线段，圆弧段（圆弧段用圆心角控制）。

2. 操作方法

调用

（1）命令行：LENGTHEN。

（2）菜单：修改→拉长<u>G</u>。

在选用上述任一种方法后，命令行提示选择对象或［增量（DE）百分数（P）全部（T）/动态（Dy）］：此时可根据需要选项进行操作（注意：拾取靶的位置应移到要延长的方向一端）。

3. 各选项的运用

（1）延长定值　键入 DE→回车→输入所要延长的数值→回车→用拾取靶拾取要延长的对象→回车。

（2）延长或缩短后为原对象的百分数　键入 P→回车→输入所要延长或缩短的百分数→回车→用拾取靶拾取要延长（缩短）的对象→回车。

（3）延长或缩短后为一个定值　键入 T→回车→输入对象延长或缩短后的数值→回车→用拾取靶拾取对象。

（4）直接延长（缩短）　键入 DY→回车→用拾取靶拾取要延长（缩短）的对象→移动光标到对象所要延长（缩短）的位置→单击左键→回车。

十二、拉伸命令

1. 功能

局部拉伸或移动选定的对象，本命令必须用到窗交方式或圈交方式选取对象，完全位于窗内或圈内的对象将发生移动，与边界相交的对象将产生拉伸或压缩变化（编辑时，应留有不动的对象，若全部选中目标，将不能拉伸，只能移动）。

2. 操作方法

调用

（1）命令行：STRETCH。

（2）菜单：修改→拉伸（伸展H）。

（3）图标：在“修改”工具栏中。

在选用上述任一种方法后命令行提示：选择对象→选择对象（构造选择集）→回车→命令行提示指定基点或位移→选择基点→命令行提示指定位移的第二点→选择位移或拉伸后的点位后单击左键（或输入位移量后回车）。

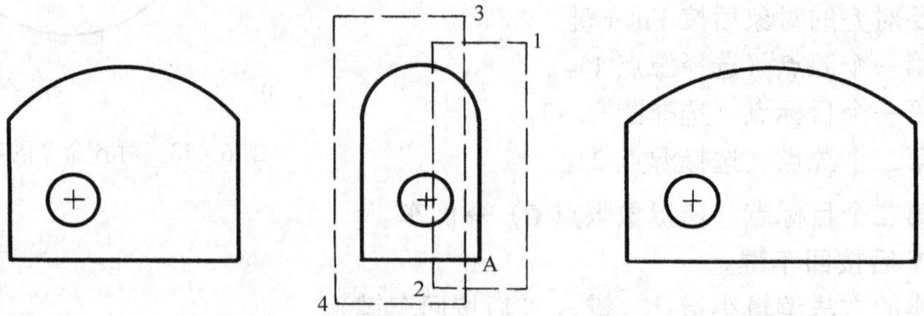

图 6－14　拉伸命令的应用

注意：对象变形的规则如下：

1）直线段：窗口外的端点不动，窗口内的端点移动，使直线变动。

2）圆弧段：窗口外的端点不动，窗口内的端点移动，变形过程中保持弦长不变。

3）复合线：分段控制其移动或变形，不改变其宽度、切线和曲线捏合等有关信息。

4）二维填充：窗口外的顶点不动，窗口内的顶点移动。

5）圆和文本：若圆心或文本基点在窗口外，则不变动。如图 6－14b 所示中的圆心不在窗口内，圆不随拉伸移动）；若圆心或文本基点在窗口内，则圆或文本移动（图 6－14a）中的圆心在窗口内，圆随拉伸移动）。

十三、修剪命令

1. 功能

在指定剪切边界后，可连续选择被切边进行修剪。

2. 操作方法

调用

（1）命令行：TRIM。

（2）菜单：修改→修剪T。

（3）图标：在“修改”工具栏中。

在选用上述任一种方法后命令行提示：选择对象→选择对象→回车→命令行提示：选择要修剪的对象或［投影（P）/边（E）/放弃（U）］→用拾取靶拾取要修剪的对象→回车（图6-15）。

注：若要快速修剪，可用窗交方式构造选择集→回车→用拾取靶拾取要修剪的对象。

十四、延伸命令

1. 功能

在指定边界线后，可连续选择要延伸的对象，延伸到与边界线相交。

2. 操作方法

调用

（1）命令行：EXTEND。

（2）菜单：修改→延伸D。

（3）图标：在“修改”工具栏中。

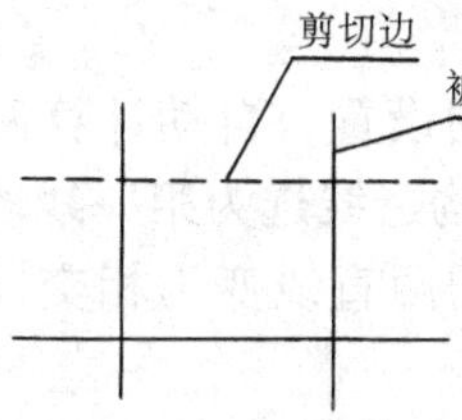

图6-15　修剪命令的应用

a)　b)

图6-16　延伸命令的应用

在选用上述任一种方法后命令行提示：选择边界的边…选择对象：→选择边界边（图6-16a中被选中的对象成显示虚线）→回车→命令行提示：选择要延伸的对象或［投影（P）/边（E）/放弃（U）］→选择延伸对象（图6-16a中分别用拾取靶拾取）→回车。

十五、断开命令

1. 功能

切掉对象的一部分或将对象切断成两个。

2. 操作方法

调用

（1）命令行：BREAK。

（2）菜单：修改→断开K。

（3）图标：在“修改”工具栏中。

在选用上述任一种方法后→拾取对象的第一断开点→拾取对象的第二断开点（该点可以不在对象上，会自动捕捉最近的点，建议编辑圆时朝设置的角度方向拾取）。

十六、倒圆角命令

1. 功能

在直线、圆弧、圆间按指定半径作圆角，也可对复合线倒圆角（图 6–17）。

2. 操作方法

调用

(1) 命令行：FILLET。

(2) 菜单：修改→圆角 F

(3) 图标：在“修改”工具栏中。

在选用上述任一种方法后命令行提示：选择第一个对象或［多段线（P）/半径（R）/修剪（T）］→键入 R→回车→命令行提示：指定圆角半径→输入圆角半径→回车→命令行提示：选择第一个对象或［多段线（P）/半径（R）/修剪（T）］→拾取第一个对象→命令行提示：选择第二个对象→拾取第二个对象。

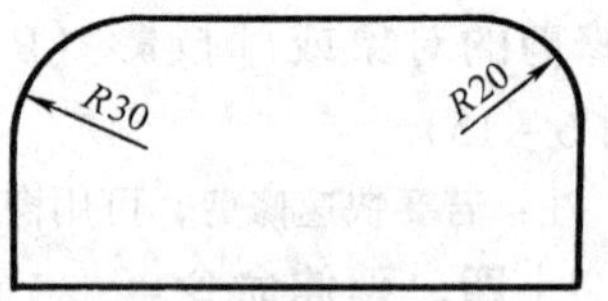

图 6–17　倒圆角命令的应用

注意：

1）当选修剪（TRIM）即键入 T 回车后，提示为：“修剪（T）/不修剪（N）/〈修剪〉:”，如键入 N 后回车，则倒圆角时将保留原线段，即不修剪也不延伸。

2）对二维复合线的倒圆角，要在命令行提示后键入 P，再用拾取靶拾取对象，只能在相邻的直线段间倒圆角。如果两条直线段之间已经有了过渡圆弧，将忽略这个弧段，重新生成全线上各个直线段的圆角。

3）对两平行的直线、射线、构造线，它忽略当前圆角半径的设置，自动计算两平行线的距离来确定圆角半径，并从第一线段的端点作半圆，但不能把构造线选为第一线段。

4）当将倒角半径 R 设为 0 时，按正常操作后能将原不相交的两直线变为相交（应在修剪状态）。

5）当其中一条边距为 0 或角度为 0 时，无法倒角。

十七、倒角命令

1. 功能

对两条直线边倒棱角，倒棱角的参数可用两种方法确定（图 6–18）。

(1) 距离方法：由第一倒角距和第二倒角距确定。

(2) 角度方法：由对第一直线的倒角距和倒角角度确定。

2. 操作方法

调用

(1) 命令行：CHAMFER。

(2) 菜单：修改→倒角C。

(3) 图标：在“修改”工具栏中。

在选用上述任一种方法后→命令行提示：选择第一条直线或［多段线（P）/倒角距（D）/角度（A）修剪（T）/方法（M）/多个（U）］→键入 D→回车→输入第一倒角边数值

→回车→输入第二倒角边数值→回车→选择第一条直线→选择第二条直线。

注意：

(1) 当命令行提示：多段线（P）/倒角距（D）/角度（A）修剪（T）/方法（M）〈选择第一条直线〉→键入M后又提示：倒角距（D）/角度（A）〈〉：（提示用户当前的倒角方法）→此时若键入D，则为距离方法；若键入A，则为角度方法。

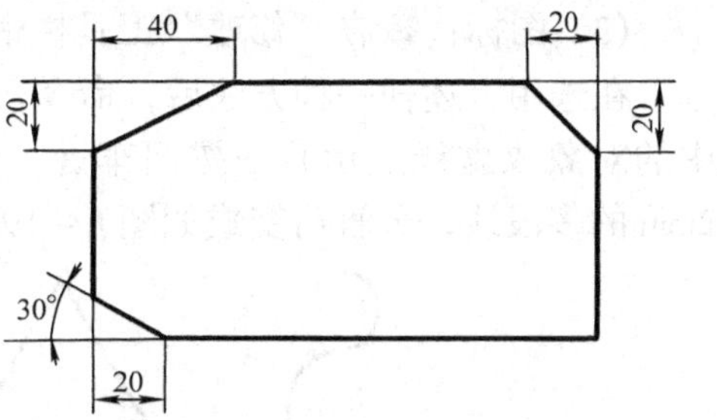

图6-18　倒角命令的应用

(2) 当选修剪（TRIM）即键入T回车后，提示为："修剪（T）/不修剪（N）/〈修剪〉："，如键入N后回车，则倒角时将保留原线段，即不修剪也不延伸。

(3) 对二维复合线的倒角，要在命令行提示后键入P，再用拾取靶拾取对象，此时只能在相邻的直线段间倒角，如果两条直线段之间已经有了过渡圆弧，则该圆弧保留不倒角。

(4) 当其中一条边距为0或角度为0时，无法倒角。

十八、多段线编辑命令

1. 功能

用于对二维多段线、三维多段线、二维网络的编辑，它包括修改线段宽、曲线拟合，多段线合并和顶点编辑等。

2. 操作方法

调用

(1) 命令行：PEDIT。

(2) 菜单：修改→对象→多段线。

(3) 图标：在修改工具栏中。

在选用上述任一种方法后，命令行提示：选择多段线（多条M）→用拾取靶拾取对象。命令行提示：是否将其转换为多段线？〈Y〉→回车后又提示：输入选项【闭合（C）/合并（J）/宽度（W）/编辑顶点（E）/拟合（F）/样条曲线（S）/非曲线化（D）/线型生成（L）/放弃（U）】：→键入W→回车→命令行提示：指定所有线段的新宽度：→根据需要输入线段的新宽度→回车（此时只编辑一个对象，若要一次编辑多个对象，应在拾取对象前输入字母m→回车）。

若要将多个对象编辑成一个对象，则应在提示：【闭合（C）/连接（J）/宽度（W）/编辑顶点（E）/拟合（F）/样条曲线（S）/非曲线化（D）/线型生成（L）/放弃（U）】后，键入J（表示连接）→回车→回车（此时所编辑的对象中相邻两个对象必须有公共端点或切点）。如选中的对象不是多段线，则出现提示：所选对象不是多段线的提示。

十九、分解命令

1. 功能

用于将整体对象分解为若干个单一的对象。便于对二维多段线、三维多段线、块等分解后进行编辑。

2. 操作方法

调用

（1）命令行：EXPLODE。

（2）菜单：修改→分解（X）。

（3）图标：在“修改”工具栏中。

在选用上述任一种方法后，命令行提示：选择对象→用户选择要分解的对象（此时被选中的对象成虚线显示）→按回车键。如图 6－19a 所示的原各为一个整体对象且线宽都为 2mm 的多段线，分解后变成如图 6－19b 所示的各为三个对象且线宽都为默认线宽的图形。

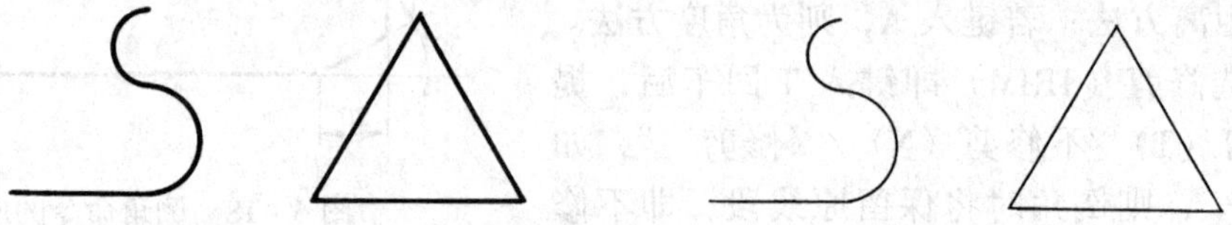

a)　　　　b)

图 6－19　多段线分解前后对比

a）分解前　b）分解后

第七章　文　　字

第一节　概　　述

文字是工程图样中不可缺少的一部分。为了完整地表达设计思想，除了正确地用图形表达物体的形状、结构外，还要在图样中标注尺寸、注写技术要求、填写标题栏等。这些内容都要注写文字或数字。AutoCAD 2005 提供了很强的文字处理功能，支持 True Type 字体传统和扩展的字符格式等，AutoCAD 2005 中文版还提供了符合国家标准的汉字和西文字体，使工程图样中的文字清晰、美观，增强图形的可读性。本章着重介绍文字的标注和编辑方法。

第二节　建立文字样式

在图形中书写文字时，首先要确定采用的字体文件、字符的高宽比及放置方式，这些参数的组合称为样式。默认的文字样式名为 STANDARD，用户可以建立多个文字样式，但只能选择其中一个为当前样式（汉字和字符 ϕ，应分别建立文字样式和字体），且样式名与字体名要一一对应。建立文字样式可按以下方法操作。

一、新建文字样式

（1）命令行：STYLE。

（2）菜单：格式→文字样式。

（3）图标：A在“样式”工具栏中。

采用上述任何一种方法后，显示如图 7-1 所示的“文字样式”对话框。

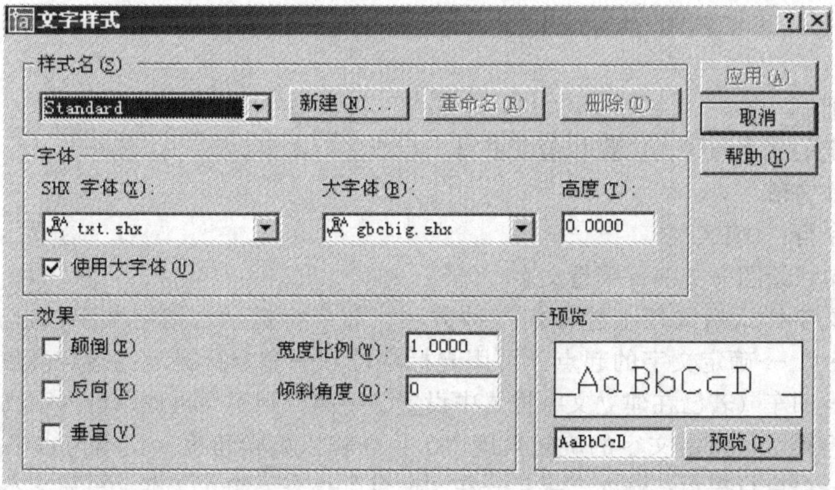

图 7-1　“文字样式”对话框

单击“新建”按钮显示如图 7－2 所示的“新建文字样式”对话框→单击【确定】按钮便建立了一个新的文字样式名。

二、设置字体名和高度

（1）在“字体名”列表中（图 7－3）选择字体名称，确定字体高度（若写单行文本，可在命令窗口输入字高），用户还可以根据需要选择字体的效果。

（2）单击【应用】按钮→单击【关闭】按钮。其中有正式类型：TT（True Type）和 AutoCAD 特有类型。（建议汉字字体设 TT 仿宋 GB2312，字符字体设 txt.shx）。

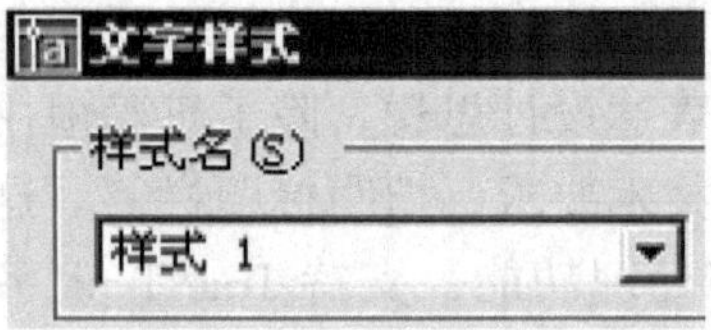

图 7－2 “新建文字样式”对话框

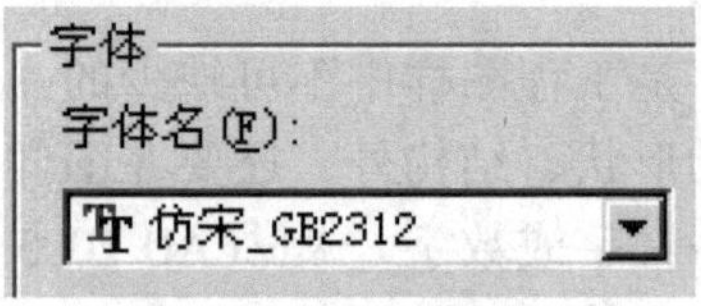

图 7－3 “字体名”列表

第三节 特殊字符

在图形中书写文字时，除了可以输入汉字、英文字符、数字和常用符号外，AutoCAD 2005 还提供了控制码及部分特殊字符。如圆的直径符号、度数符号、正负公差符号等。这些符号不能直接从建盘输入，要使用控制码设置，控制码的定义见表 7－1。

表 7－1 代码和字符

代码	定义	输入实例	输出结果
%%o	文字上划线开关	%%o123.5	123.5
%%u	文字下划线开关	%%u123.5	123.5
%%d	书写“度”的符号	123.5%%d	123.5°
%%p	书写“正负公差”的符号	%%p123.5	±123.5
%%c	书写“圆直径”的符号	%%c123.5	ϕ123.5

第四节 建立动态文字

一、功能

可按指定的文字样式、位置和角度书写一行或多行文字。

二、操作方法

（1）命令行：DTEXT。

（2）菜单：绘图→文字→单行文字。

在建立文字样式后采用上述任何一种方法，命令行提示：指定文字的起点或［对正（J）/样式（S）］→确定文字的起点（可用光标定位）→命令行提示：指定高度〈0.0000〉：→输入字高→回车（若已在建立文字样式中设置了字高，则不会再提示输入字高，可直接回车）→命令行提示：指定文字的旋转角度〈0〉：→输入旋转角度（文本与水平正方向的夹角）→回车→命令行提示：输入文字：→在“命令”状态下输入文本（写完文本后按两次回车键）。

注：当需要在规定宽度内书写文本时，应按下面的方法操作：

调用：绘图→文本→单行文本→键入 J（对正）→回车→键入 A（对齐）或 F（调整）→回车→用光标定文本底线起点和终点→输入全部文本→按两次回车键。

采用这种方法，不需要输入文字的高度和角度，字高取决于字符串的长度，输入的文本按样式设定的宽度因子均匀分布在起点和终点之间。

第五节　多行文字标注与编辑

命令在多行文字编辑器中建立段落文字，如零件图中的技术要求等。此编辑器可以方便地输入文字，同时还可以使用不同的字体和字体样式，并能识别和替换大小写。此外，用户还可以用光标定出一个矩形框来确定文本的方向和行宽。

一、功能

在多行文字编辑器中建立段落文字。

二、多行文字的标注

调用

（1）命令行：MTEXT。

（2）菜单：绘图→文字→多行文字（图 7－4）。

（3）图标：A在绘制工具栏中。

在建立文字样式后采用上述任何一种方法，当命令行提示：指定第一角点时，将光标移至要写文本的起点单击左键→命令行提示：指定对角点［高度（H）/对正（J）/行距（L）/旋转（R）/样式（S）/宽度（W）：→将光标往右下角移动，确定文本横向范围（此时图形窗口显示如图 7－5 所示带有箭头的矩形框）→单击左键（或键入 W→回车→拖动鼠标确定每行文本的终点位置后单击左键）都会显示如图 7－6 所示的“多行文字编辑器”对话框。在文本区输入文本后，单击【确定】按钮。

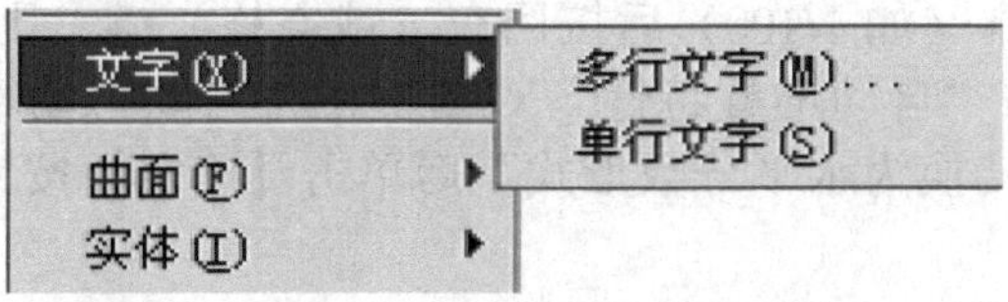

图 7－4　多行文字菜单

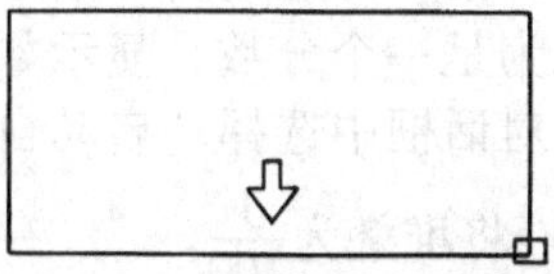

图 7－5　确定文字横向范围

注：适应水平方向逐行书写文本。

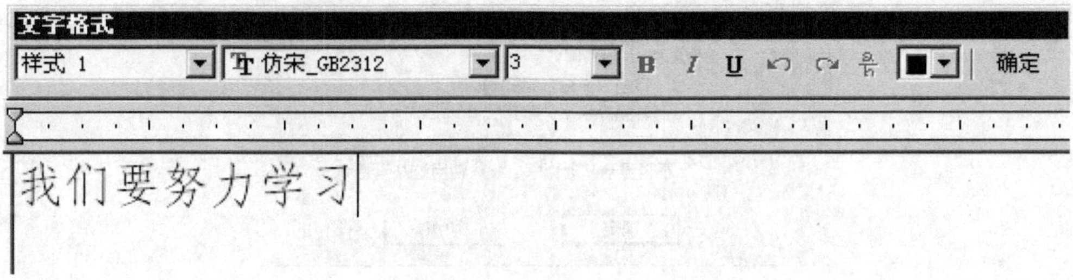

图 7－6　“多行文字编辑器”对话框

三、编辑文字

文字对象可以复制、镜像、移动、旋转、删除。其操作方法同前面所述的图形编辑方法类似。在多行文字编辑器的文本区，单击鼠标右键，会显示如图 7－7 所示光标菜单，在光标菜单中，用户可根据需要选择其中的选项，对文本进行编辑。若在如图 7－7 所示光标菜单中选择“符号”，选项，则会显示如图 7－8 所示的“符号菜单”，用户可根据需要选择其中的符号。下面主要介绍文字的堆叠和编辑方法。

图 7－7　光标菜单

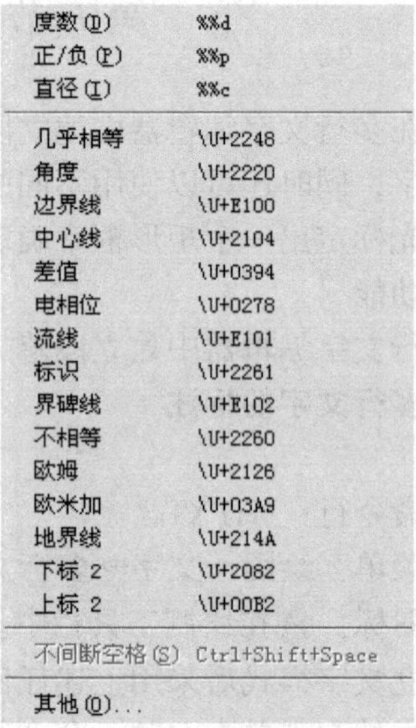

图 7－8　符号菜单

1. 堆叠文字

（1）在如图 7－6 所示的“多行文字编辑器”对话框中，用户可先用斜分数形式输入分式文本（如 H7/f6），用光标选中分式文本，再单击按钮，即可以创建堆叠文本$\frac{H7}{f6}$。

（2）用户可先用斜分数形式输入分式文本（如 1/100）后按回车（或空格）键，则 AutoCAD 认为是一个分数，显示如图 7－9 所示的“自动堆叠特性”对话框，将启动自动堆叠功能。在对话框中选择“启动自动堆叠”和“转换为水平分数形式”后单击【确定】按钮，此时 1/100 将堆叠为$\frac{1}{100}$。

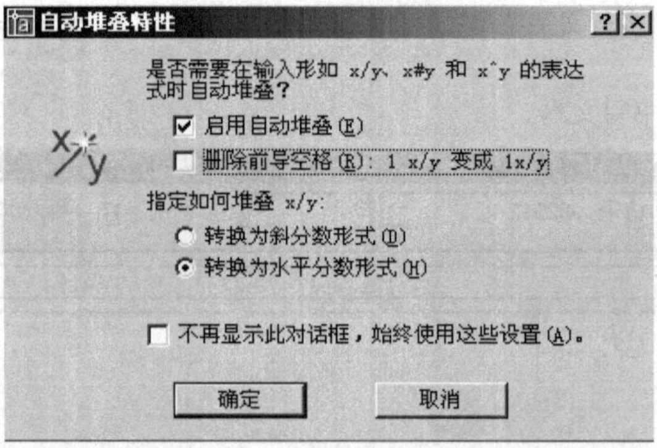

图 7－9　“自动堆叠特性”对话框

2. 查找和替换文字

选择如图 7 – 7 所示的“查找和替换”选项，则显示如图 7 – 10 所示“查找和替换”对话框，可在该对话框的“查找内容”中输入要被替换的文字，在“替换为”中输入要替换的文字，单击“替换”或“全部替换”按钮，此时文本按要求被替换了。如图 7 – 10 所示中可将“我”字替换为“你”字。若要区分字母的大小写，可选择如图 7 – 7 所示光标菜单中的“改变大小写”项。

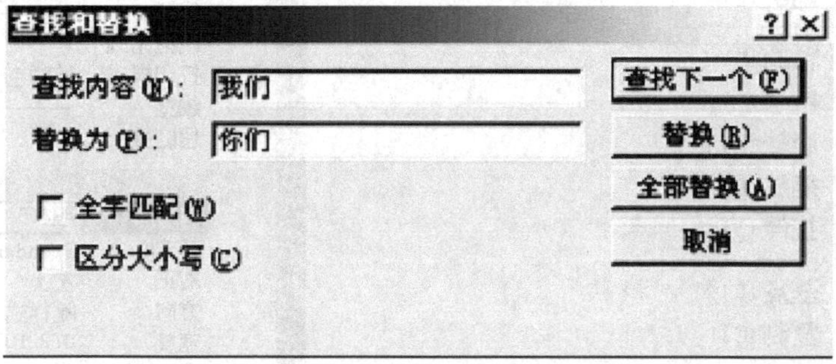

图 7 – 10 “查找和替换”对话框

3. 修改文字

方法一：

调用

(1) 命令行：DDEDIT。

(2) 菜单：修改→对象→文字→编辑。

采用上述任何一种方法，命令行提示：〈选择注释对象〉/放弃（U)：时，选择要修改的一行文字（即用拾取靶指向此行，单击鼠标左键)，若所编辑的文本是用单行文字格式书写的，则显示如图 7 – 11 所示的“编辑文字”对话框，可在其中进行修改后，单击【确定】按钮。

注意：若要继续修改，可重复上述操作；若输入 U 后按回车键，则撤消最后一次的操作；若要结束命令退出对话框，则按“回车”键。若文字是由多行文本建立的，则显示如图 7 – 6 所示的“多行文字编辑器”对话框；用户可按前面所介绍的方法对文本进行修改和编辑。

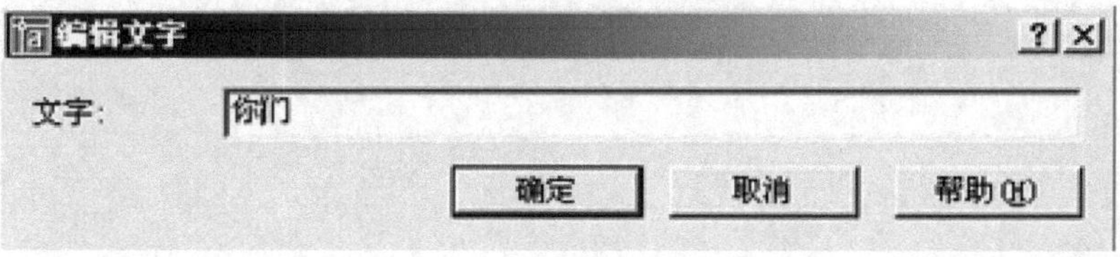

图 7 – 11 “编辑文字”对话框

方法二：

(1) 将光标移至要修改的文本处，单击鼠标左键。

(2) 选中要修改文本处的提示小方框，单击鼠标右键。

(3) 在显示的光标菜单中（图 7 – 12)，选择“特性”项。

(4) 在显示的“特性”对话框中（图 7 – 13)，选择“文字”选项中的“内容”，在其中修改或编辑有关内容；若文本是由多行文字建立的，要单击“特性”对话框中“内容”选项后的[...]，在“多行文字编辑器”对话框中编辑后，单击确定按钮，再关闭“特性”对话框。

（5）按 Esc 键。

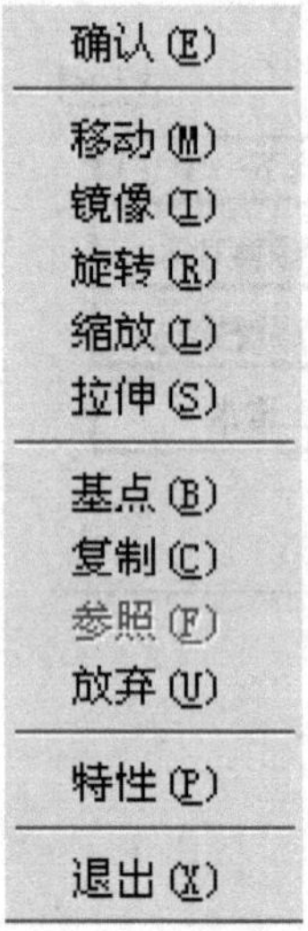

图 7－12　光标菜单

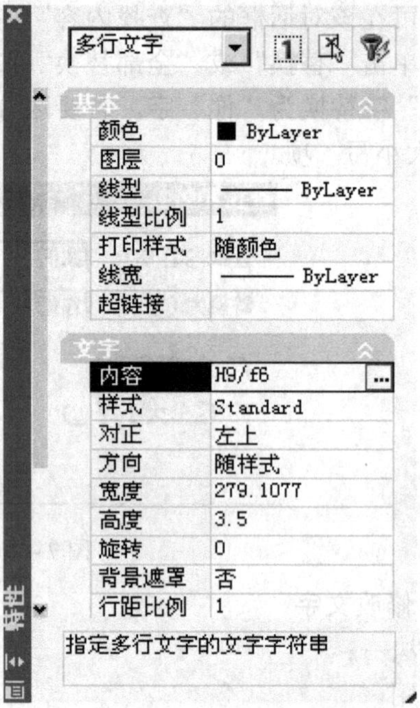

图 7－13　“特性”对话框

第八章　图 案 填 充

第一节　概　　述

AutoCAD 的图案填充功能可用于绘制剖面符号或剖面线，表现表面纹理或涂色，它应用在绘制机械图、建筑图、地质构造图等各类图样中。

第二节　图案填充命令

一、功能

用对话框操作来实施图案填充。

二、操作方法

调用

(1) 命令行：BHATCH。

(2) 菜单：绘图→图案填充（H）。

(3) 图标：在“绘制”工具栏。

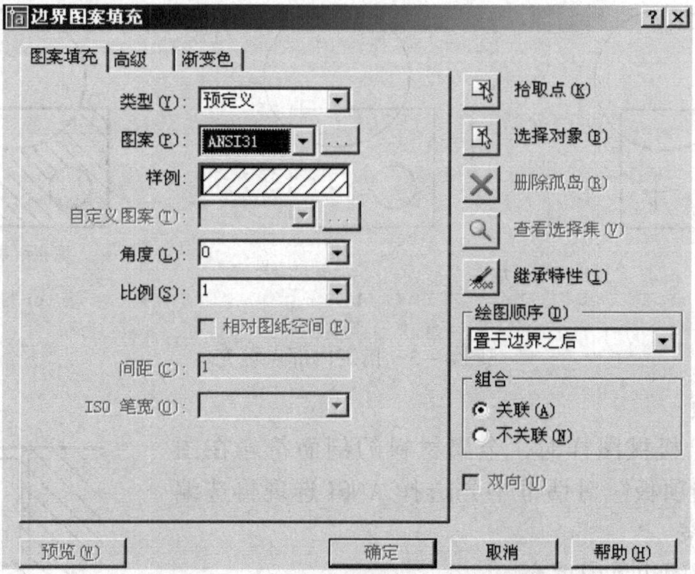

图 8-1　“边界图案填充”对话框

采用上述任何一种方法后显示如图 8-1 所示的“边界图案填充”对话框→选择“图案填充”选项卡，将光标移至“样例”框中→单击鼠标左键便显示如图 8-2 所示的“填充图案选项板”对话框。在该对话框的“ANSI”、“ISO”、“其他预定义”选项卡中共提供了 68 种图案供用户选择→用户选择图案后单击【确定】按钮（再次显示图 8 - 1 对话框）→单击【拾取点（K）】按钮→将光标移入要填充的区域后单击左键，此时被选中的区域边界呈虚线显示（也可以单击【选择对象（B）】按钮，用拾取靶分别拾取要填充区域的边界），如图 8 - 3b 所示→回车（再次显示图 8 - 1 对话框）→单击【预览（W）】按钮（预览填充效果）→回车→单击【确定】按钮（也可以直接单击【确定】按钮）。

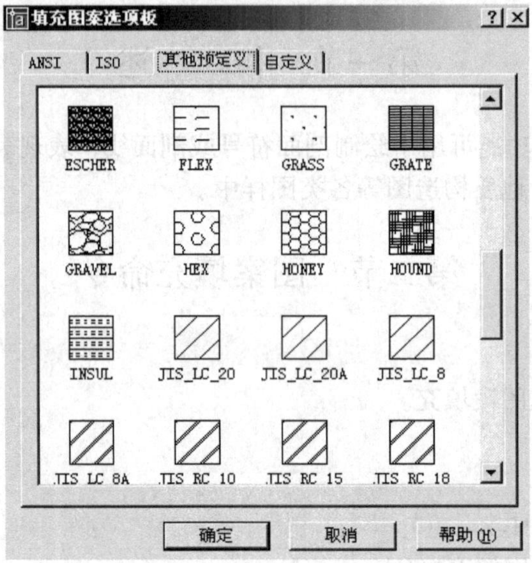

图 8 - 2 “填充图案选项板”对话框

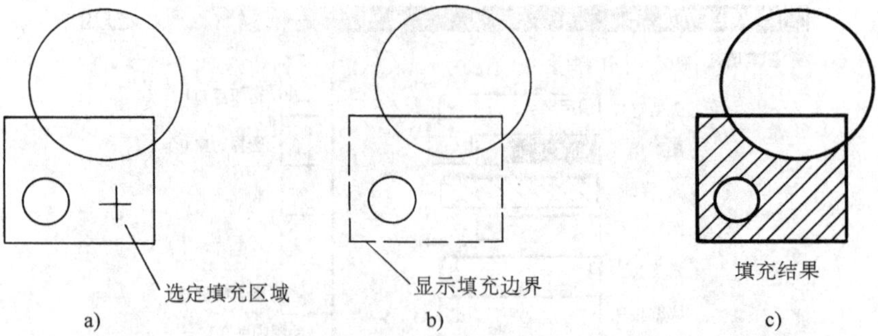

图 8 - 3 指定内部点填充

三、注意事项

（1）用户在绘机械图样时，金属材料的剖面符号在图 8 - 2 “填充图案选项板” 对话框中先选择 ANSI 选现再选编号为 ANSI31 的图案。

（2）只能在封闭边界内填充。

（3）螺孔剖开后剖面线的画法。在画好全部轮廓线后，采用 “拾取点” 法确定填充区域时，应选中全部要填充的区域（若所画图形外框未封闭，应先画出辅助线使图形成封闭状态），待画完剖面线后再删除辅助线，如图 8 - 4 所示。

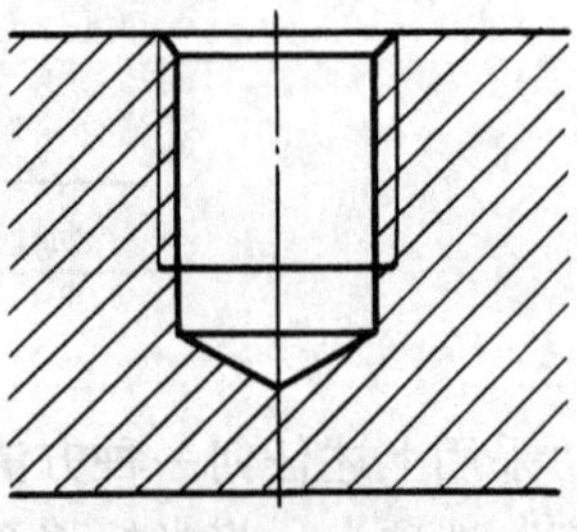

图 8 - 4 螺孔剖开后剖面线的画法

(4) 修改“边界图案填充”对话框中的“比例（S)”系数，可改变剖面线之间的距离（系统默认现有剖面线的比例系数为1)。

(5) 修改“边界图案填充”对话框中“角度（L)”的值，可改变剖面线的角度（系统默认现有剖面线的角度为0°，且与水平线向右成45°，若要使剖面线方向与水平线向左成45°，应将“角度（L)”框中的值改变成90°或-90°)。

(6) 关于高级选项的选择

如果填充需要进行高级选项，应在图8-1“边界图案填充”对话框中选择“高级”选项，在显示的“高级选项对话框”的“孤岛检测样式”选项中，根据需要选择“普通”、“外部”、“忽略”，如图8-5所示。再按上述图案填充操作方法步骤进行。

注：孤岛是指出现在填充区内的封闭边界。

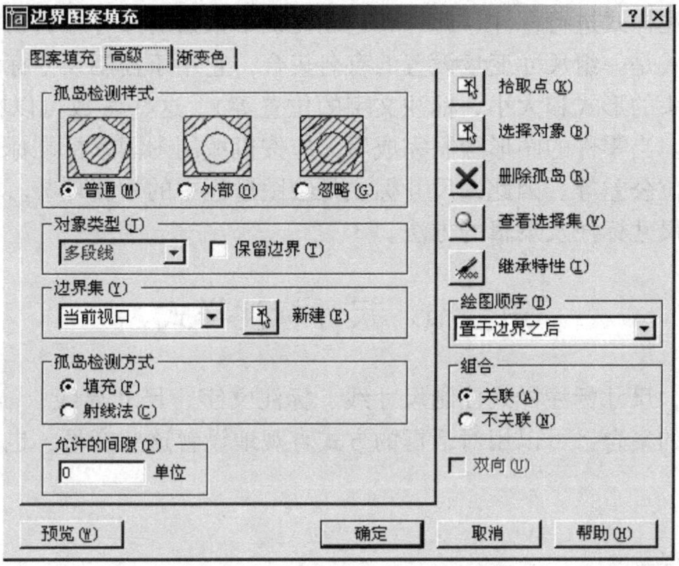

图8-5 “高级选项”对话框

高级选项中孤岛的三种检验方式所产生的填充效果如图8-6所示。

1) 普通：由外部边界向里填充。即由外向里，内部截面（孤岛）的个数若为奇数就填充，若为偶数则不填充（断开填充)，如图8-6a所示。

2) 外部：由外部边界向里填充。即只对外部区域填充，内部区域断开填充如图8-6b所示。

3) 忽略：忽略所有内部对象，填充外部边界所围成的全部区域，如图8-6c所示。

(7) 出现在填充区内的封闭边界（孤岛）和字符串的外框，都不会填充（图8-7)。

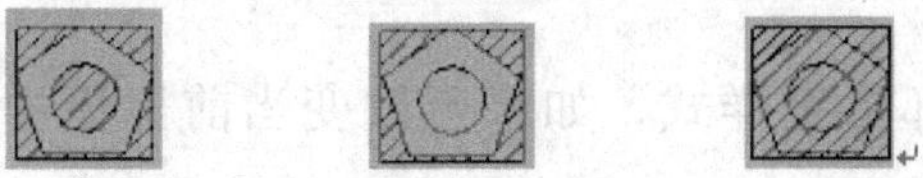

a) b) c)

图8-6 孤岛检测样式

a) 普通 b) 外部 c) 忽略

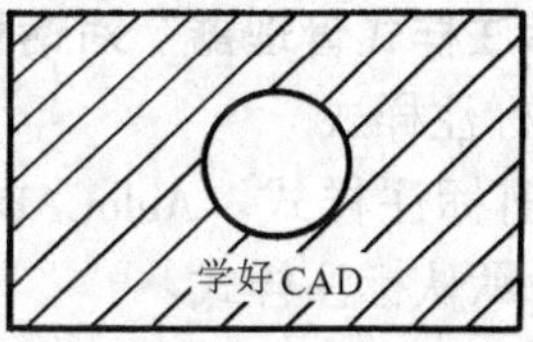

图8-7 高级选项的应用

第九章　尺寸标注

第一节　概　述

尺寸标注是零件加工、制造、装配的重要依据。尺寸描述了零件各部分的真实大小和相对位置关系，尺寸标注包括标注尺寸和注释。AutoCAD 的尺寸标注采用半自动方式，系统按图形的测量值和标注样式进行标注，此外，它还提供了很强的尺寸编辑功能。

尺寸标注的样式是一组尺寸变量设置的有名集合，它用于控制尺寸标注的外观形式（尺寸线间的距离、箭头的形式和大小、标注文字的位置等）。这些参数可以在有关对话框中十分直观地进行修改。当零件的图形绘制完成后，应按机械制图国家标准标注零件各部分的尺寸、尺寸公差、形位公差等。因此，尺寸标注是绘图过程中的重要环节。本章主要介绍尺寸标注样式的设置、尺寸标注及编辑的方法。

第二节　尺寸标注样式

在尺寸标注时，尺寸标注样式控制尺寸线、标注文字、尺寸界线、箭头的外观和方式。它是一组系统变量的集合，可以用对话框的方式直观地设置这些变量，也可以在命令行中设置变量的值。

一、功能

建立尺寸标注样式。

二、启动命令的方法

调用

（1）命令行：DDIM。

（2）菜单：格式→标注样式D。

　　　　　标注→样式S。

（3）图标：在标注工具栏中。

采用上述任何一种方法后，显示如图 9－1 所示的“标注样式管理器”对话框。在该对话框中设置尺寸标注的构成要素和设置标注格式。

三、“标注样式管理器”对话框有关选项的功能

1．当前标注样式

显示当前标注样式。AutoCAD 对所有的标注都指定样式，如果不改变当前标注样式，ATADARD 为默认标注样式。

2．样式

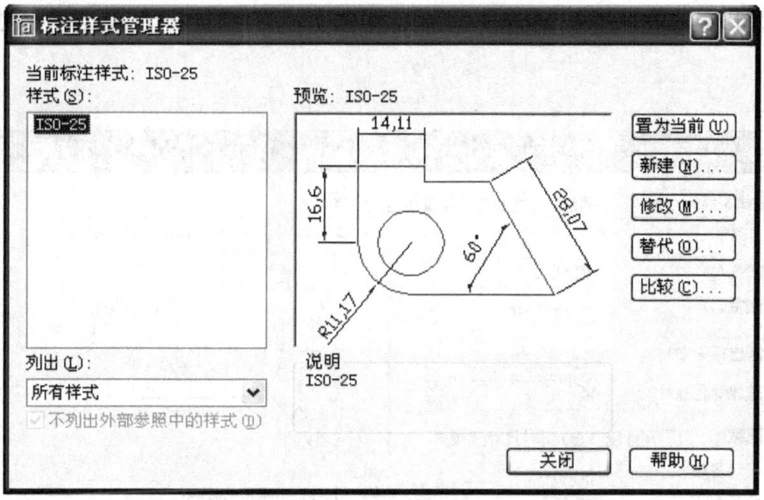

图 9－1 “标注样式管理器”对话框

显示当前图形的所有标注样式。当显示此对话框时，ATADARD 突出显示当前标注样式。在“列出”下方的列表中选项控制显示标注样式。若要设置其他样式为当前标注样式，可以从该样式列表中选择用户所需要的样式并将其设为“置为当前”。

3. 新建

显示“创建新标注样式”对话框，如图 9－2 所示。在此对话框中，用户可以为新标注样式命名，设置新标注样式的基础样式和显示应用新样式的标注样式。用户可以为新样式命名，建议用户用基础样式创建新样式名，这样只需要修改其中部分特性，从而节省设置时间。在图 9－2“创建新标注样式”对话框中，选择“继续”（或直接选择图 9－1“标注样式管理器”对话框中的“修改”或“替代”）后，会显示如图 9－3 所示的“修改标注样式”对话框。用户可根据需要分别选择其中的各项，对相关变量进行设置。

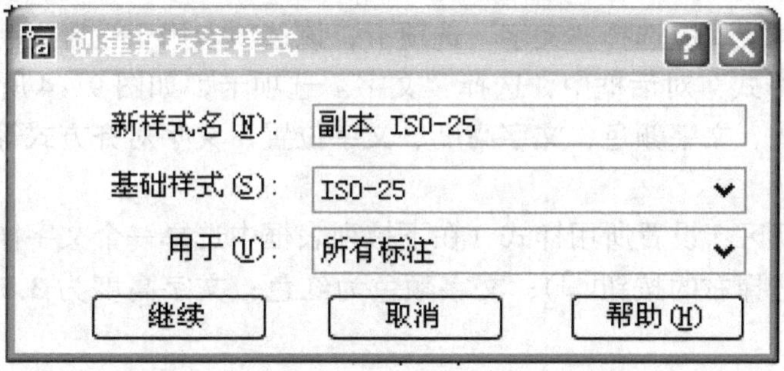

图 9－2 “创建新标注样式”对话框

四、建立尺寸标注样式（DDIM）

在如图 9－3 所示“修改标注样式”对话框中，设有“直线和箭头”、“文字”、“调整”、“主单位”、“换算单位”、“公差”六个选项卡，用户可根据需要分别选择其中的各项，对相关变量进行设置。

1. 设置尺寸标注的构成要素

在图 9－3“修改标注样式”对话框，选择左上角“直线和箭头”选项卡，用户可根据需要分别设置尺寸线、尺寸界线有关项数值、颜色，在复选框中直接选择尺寸线终端形式图案等。

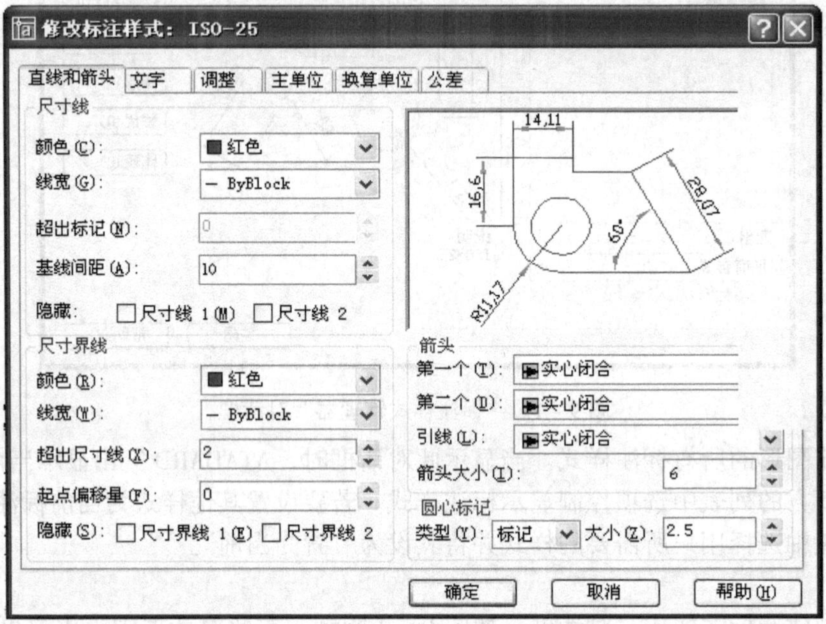

图 9-3 “修改标注样式”对话框

建议：将尺寸线“基线间距”设为 10，尺寸界线中的“颜色”设为红色，“超出尺寸”设为 2，“起点偏移量”设为 0，“箭头”均设为实心闭合（用户可根据需要在复选框中选择第一端和第二端的箭头形式），“箭头大小”设为 6。

2. 设置标注文字样式

设置标注文字样式，应选择“文字”选项卡，该选项卡用于设置文字的格式和大小。在图 9-3“修改标注样式”对话框中，选择“文字”选项卡，如图 9-4 所示，用户可根据需要分别设置文字样式、文字颜色，文字高度、文字位置、文字对齐方式等。

建议：

（1）在文字外观区：设置所用样式（在下拉列表框中选择一个文字样式，要创建和修改标注文字样式，可选择右的按钮…）；文字颜色为红色；文字高度为 3.5（文字高度应根据要求设定）。

（2）在文字位置区：“垂直（V）”项设为“上方”，“水平（Z）”项设“置中”；“从尺寸线偏移（O）”项设为“2”。

（3）在文字对齐区：选择“与尺寸线对齐”（默认项），注角度时应设“水平”。

3. 设置文字和箭头的位置

选择“调整”选项卡，显示如图 9-5 所示“替代当前样式”对话框，用户可根据需要分别设置文字和箭头的位置等。对话框中有关选项的功能分别为：

（1）调整选项区

1）文字或箭头——为默认项，文字和箭头会自动选择最佳位置。

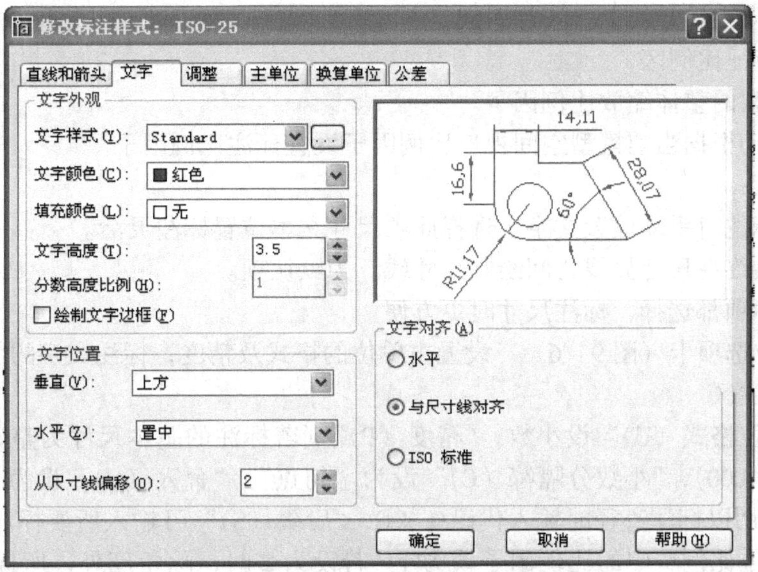

图 9－4　“文字选项卡”对话框

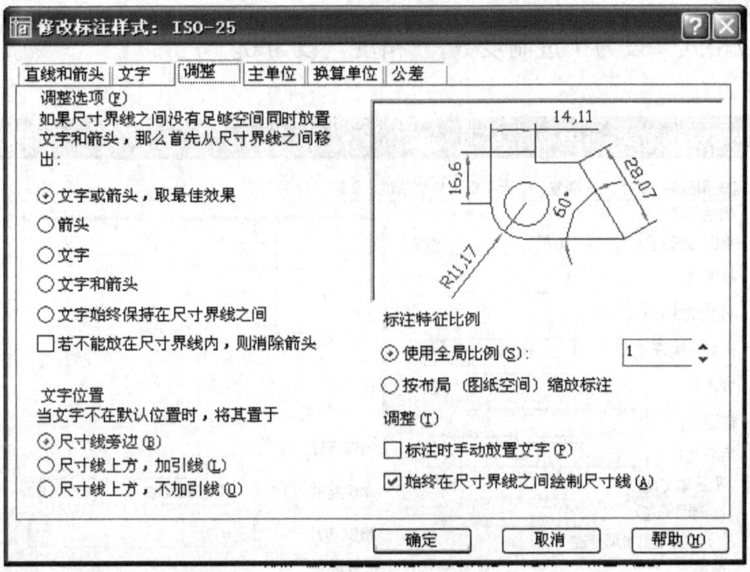

图 9－5　“替代当前样式”对话框

2）箭头——优先将箭头移至尺寸界线外。

3）文字——优先将文字移至尺寸界线外面。

4）文字和箭头——如空间不足，则将文字和箭头都放在尺寸界线之外（为标注方便，建议选择取此项）。

隐藏箭头复选框——如不能将文字和箭头放在界线内，则隐藏箭头。

(2) 调整文字位置区

1）将文字放在尺寸线旁。

2）将文字放在尺寸线上，加引线。

3）将文字放在尺寸线上，不加引线。

（3）标注特征比例区

1）尺寸元素的整体缩放比例因子。

2）系统自动根据当前模型空间视口比例因子设置标注比例因子。

调整选项区：

第一项为标注时手动放置文字。选择此项尺寸文本位置标注灵活。

第二项为始终在尺寸界线之间绘制尺寸线。为默认项。

注意：若两项都选择，标注尺寸时更方便。

（4）主单位选项卡（图 9–6） 设置主单位的格式及精度，标注文字的前缀和后缀。

1）线性标注区。

建议：“单位格式（U）”设小数，“精度（P）”（若标注的基本尺寸为整数设 0，若要标极限偏差应设 0.000），“小数分隔符（C）”设为“句点”，“舍入（E）”设为 1.0（取整数），“前缀（X）”可用以标注直径时输入代码%%C，“后缀（S）”可输入所要标注尺寸的公差带代号，“测量单位比例”中的比例因子设为 1（若设为 2 时，除角度外，所标注的尺寸为图形尺寸的 2 倍），前导、后续中消零，取整数时可不选择。

2）角度标注区。

建议：“单位格式”设为十进制度数，“精度”设为 0。

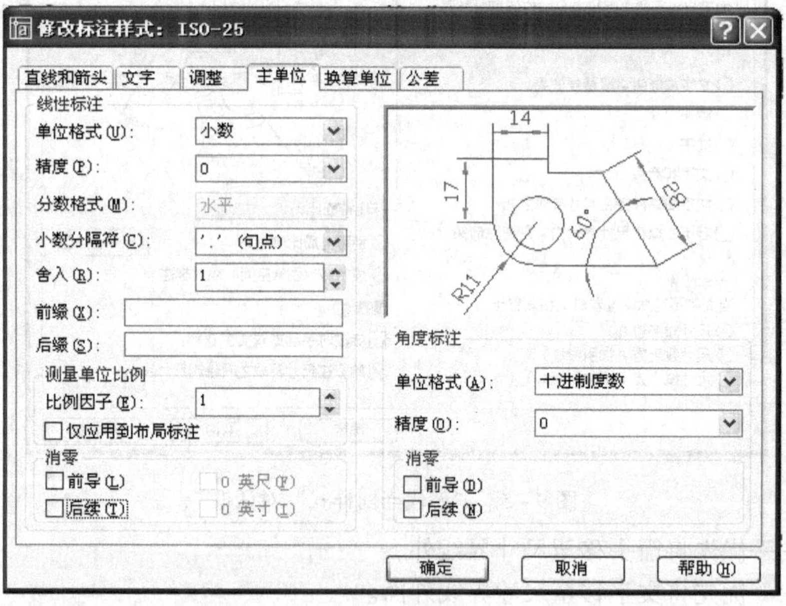

图 9–6 “主单位选项卡”对话框

（5）换算单位选项卡 设置换算单位的格式和精度。

此选项卡大部分内容与主单位选项卡相同。在标注尺寸时，应选择不显示换算单位。

（6）公差选项卡 控制公差的格式及显示（图 9–7）。

方式（M）：有5种公差形式即无公差、对称公差、极限偏差、极限尺寸、基本尺寸供用户根据需要选择（若不标注公差，此项应选择“无”）。

精度（P）：精确到千分位（0.000）。

上偏差（V）

下偏差（W）

高度比例（H）：设为0.67（因为极限偏差数字的字体应比基本尺寸字体小一号）。

垂直位置（S）：对齐方式有上、中、下三种选择（若要标极限偏差应设“下部”）。

消零：当其中一个偏差为0时，在“消零”选项中选择“后续”。

其他选项与主单位选项卡中的相同。

在完成以上设置单击【确定】按钮后，返回“标注样式管理器”对话框（若以此样式为当前样式，则单击【当前】按钮后关闭对话框）。

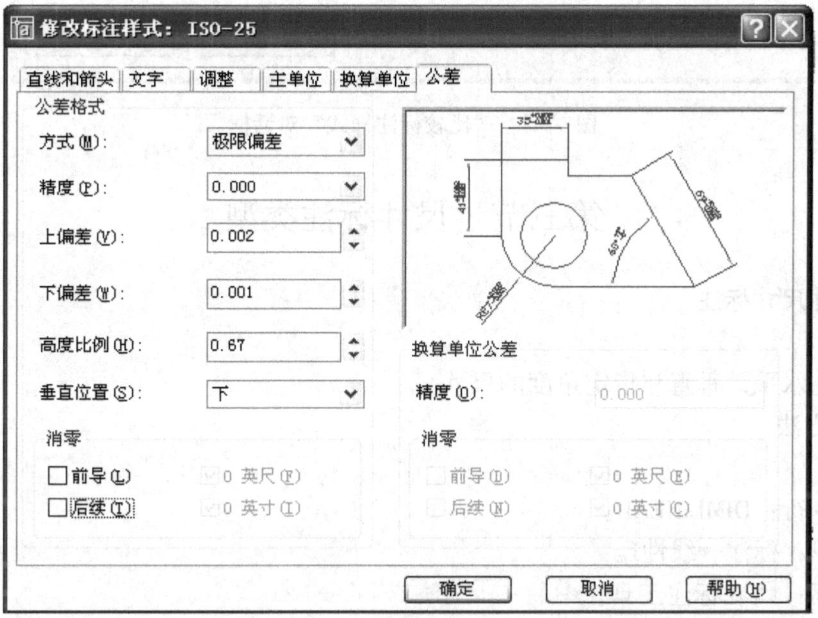

图9－7 “公差选项卡”对话框

4．“标注样式管理器”对话框中其他选取项含义

（1）“修改”单击该按钮，可修改选定的尺寸标注类型。修改样式后，将影响前面的标注。

（2）“替代”单击该按钮，可设置替代样式。用替代样式修改尺寸，将不影响前面样式标注的尺寸。

（3）“比较”单击该按钮，则打开“比较标注样式”对话框进行比较（图9－8）。对两个样式进行比较（在比较栏中输要比较的样式，在“与（W）”栏中输对照的样式，则在区别栏中显示不同点），当无比较样式时，则显示某样式的全部特性（在“与（W）”栏中选择“无”）。在“标注样式管理器”对话框中，光标放在样式名上，单击鼠标右键，显示对话框，可设置当前、重命名或删除。

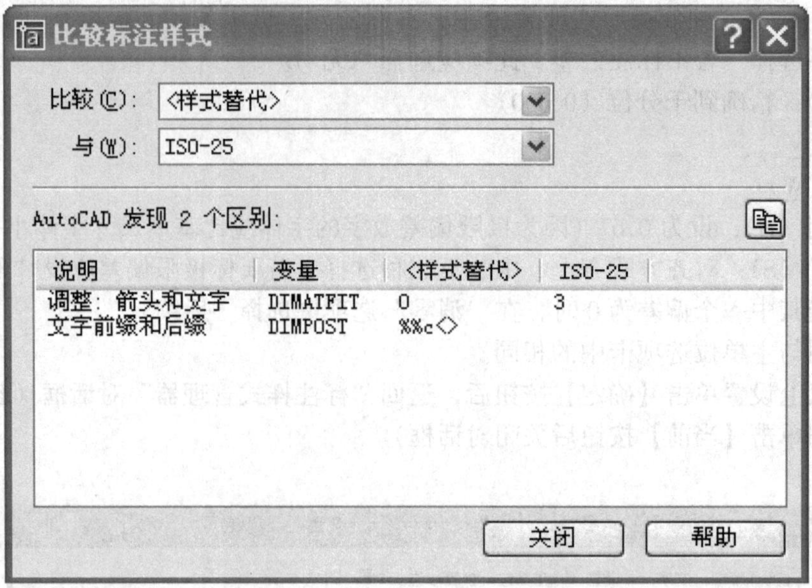

图 9-8 “比较标注样式”对话框

第三节 尺寸标注类型

一、线性尺寸标注

1. 功能

用于标注水平、垂直和指定角度的尺寸。

2. 操作方法

调用

(1) 命令行：DIMLINEAR。

(2) 菜单：标注→线性L。

(3) 图标：在标注工具栏中。

采用上述任何一种方法后，命令行提示：指定第一条尺寸界线起点或〈选择对象〉→用捕捉端点或交点的方法拾取第一条尺寸界线起点→命令行提示：指定第二条尺寸界线起点→用捕捉端点或交点的方法拾取第二条尺寸界线的起点（也可以直接回车，用拾取靶拾取所标尺寸的线段）→命令行提示：指定尺寸线位置（多行文字（M）/文字（T）/角度（A）/水平（H）/垂直（V）/旋转（R））时→移动鼠标使尺寸位于合适位置→单击左键（尺寸为测量值，若要改变文本内容，应按提示根据需要先键入对应的字母再键入文本内容）(图 9-9)。

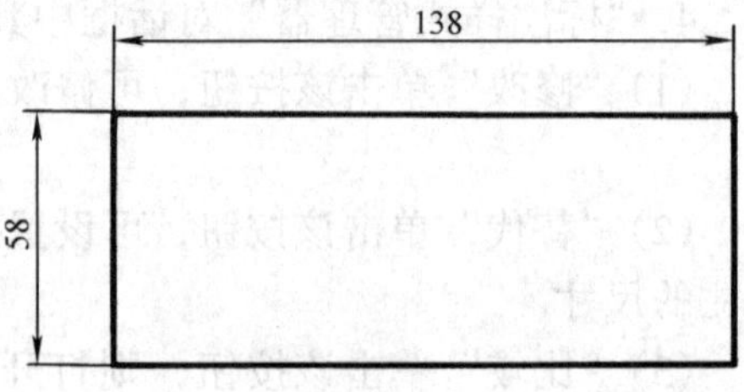

图 9-9 线性尺寸标注

二、角度尺寸标注

1. 功能

建立圆、圆弧或线的角度尺寸标注。

2. 操作方法

调用

（1）命令行：DIMANGULAR。

（2）菜单：标注→角度A。

（3）图标：在标注工具栏中。

采用上述任何一种方法后，当命令行提示：选择圆弧、圆、直线或〈指定顶点〉时标注角度尺寸有下列两种方法（图9－10）：

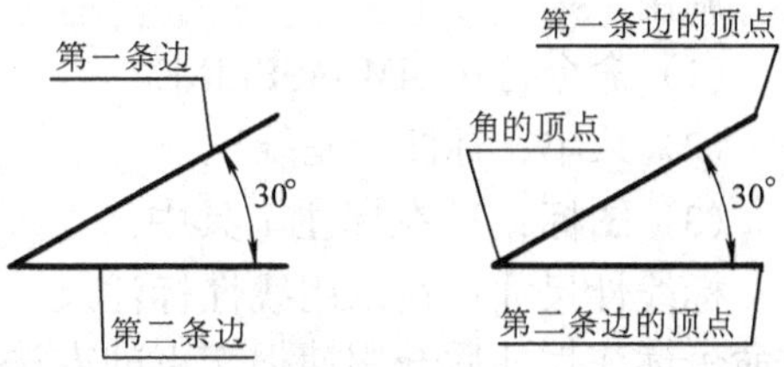

图9－10　角度尺寸标注

方法一：按回车键→指定角的顶点（可直接用拾取靶拾取所标角度的顶点）→命令行提示：指定角的第一个端点：→直接用拾取靶拾取所标角度的第一个端点→命令行提示：指定角的第二个端点：→直接用拾取靶拾取所标角度的第二个端点→移动鼠标使尺寸位于合适位置→单击鼠标左键（尺寸为测量值，若要改变文本内容，应按提示根据需要先键入对应的字母再键入文本内容）。

方法二：可直接用拾取靶拾取所标角度的第一条边→命令行提示：选择第二条直线→直接用拾取靶拾取所标角度的第二条边→移动鼠标使尺寸位于合适位置→单击鼠标左键。

注：标注角度尺寸时，应先设置文字对齐方式为“水平”。

三、连续尺寸标注

1. 功能

基于上一个或选择的尺寸标注连续进行线性、角度尺寸标注，它将所选择的尺寸界线或者上一个尺寸标注的第二尺寸界线作为自己的第一条尺寸界线，用户直接指定第二个尺寸界线的起点，尺寸线按前一尺寸线的定位点放置，如图9－11所示。

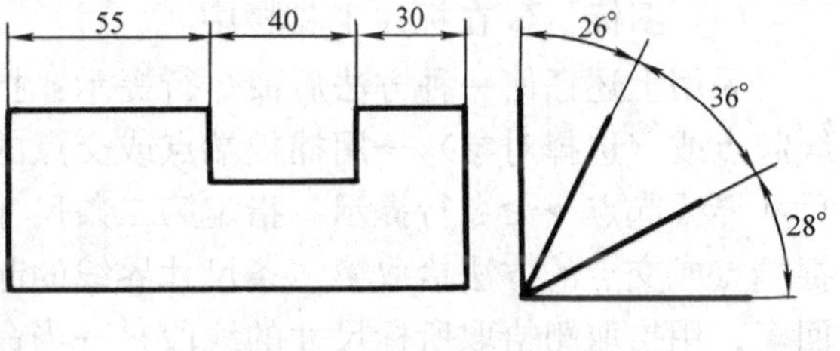

图9－11　连续尺寸标注

2. 操作方法

调用

（1）命令行：DIMCONTINUE。

（2）菜单：标注→基线标注C。

（3）图标：在标注工具中。

标线性尺寸：在采用线性标注尺寸命令标注尺寸后，命令行提示：指定第二条尺寸界线起点或［放弃（U）/选择（S）］〈选择〉→用捕捉端点或交点的方法拾取第二条尺寸界线起点，直到标注完连续尺寸标注后按回车键结束连续尺寸标注。

标角度：在采用角度标注尺寸命令标注尺寸后（标注时第一个角度的第二条边才是下一角度的起始边）→命令行提示：指定第二条尺寸界线起点或［放弃（U）/选择（S）］〈选择〉→用捕捉端点或交点的方法拾取第二条尺寸界线起点，直到标注完连续尺寸标注后按两次回车键结束连续尺寸标注。

四、基线尺寸标注

1. 功能

基于上一个或选择的标注连续进行线性、角度尺寸标注，它将指定尺寸界线或者前一个尺寸的第一尺寸界线作为自己的第一条尺寸界线，尺寸线方向平行，尺寸线与选择的或前一尺寸偏移指定的距离。

2. 操作方法

调用

（1）命令行：DIMBASELINE。

（2）菜单：标注→基线B。

（3）图标：在标注工具中。

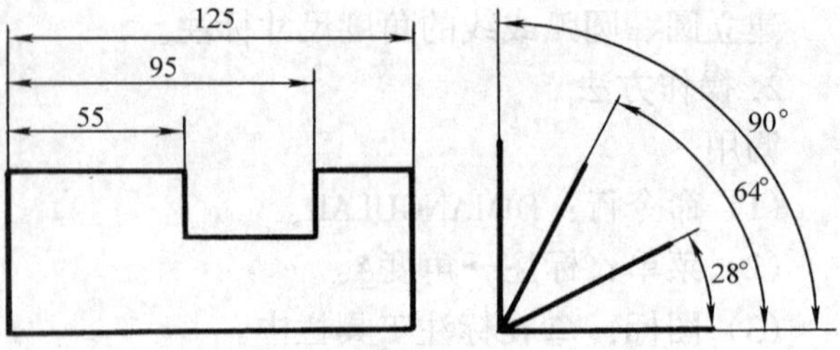

图 9－12　基线尺寸标注

标线性尺寸：在采用线性标注尺寸命令标注尺寸后→用捕捉交点的方法分别拾取第一条尺寸界线起点和第二条尺寸界线的起点→再调用基线尺寸标注命令→命令行提示：指定第二条尺寸界线起点或［放弃（U）/选择（S）］〈选择〉→选择第二条尺寸界线起点，直到标注完基线尺寸标注后按两次回车键结束基线尺寸标注。

标角度：在采用角度标注尺寸命令标注尺寸后→再调用基线尺寸标注命令→命令行提示：指定第二条尺寸界线起点或［放弃（U）/选择（S）］〈选择〉→选择第二条尺寸界线起点，直到标注完基线尺寸标注后按两次回车键结束基线尺寸标注。

五、对齐标注

1. 功能

尺寸线与尺寸界线原点边线相平行的尺寸标注。

2. 操作方法

调用

（1）命令：DIMALIGNED。

（2）菜单：标注→对齐G。

（3）图标：在标注工具栏中。

采用上述任何一种方法后命令行提示：指定第一条尺寸界线起点或〈选择对象〉→用捕捉端点或交点的方法拾取第一条尺寸界线起点→命令行提示：指定第二条尺寸界线起点→用捕捉端点或交点的方法拾取第二条尺寸界线的起点（也可以直接回车，用拾取靶拾取所标尺寸的线段）→当命令提示：指定尺寸线位置或［多行文字（M）/文字（T）/角度（A）］时，移动鼠标使尺寸位于合适位置→单击左键（图 9－13）。

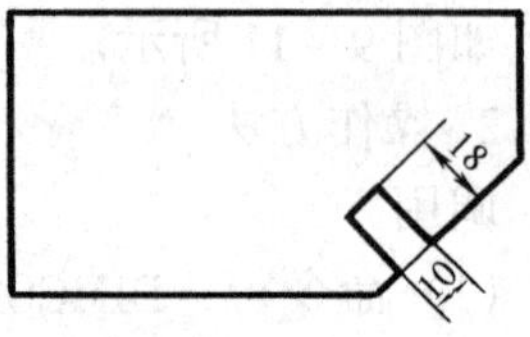

图 9－13　对齐标注

注意：尺寸为测量值，若要改变文本内容，应按提示根据需要先键入对应的字母按回车键后再键入文本内容（其中 M 为多行文本、T 为单行文本）。

六、半径尺寸标注

1. 功能

标注圆弧的半径尺寸。

2. 操作方法

调用

（1）命令行：DIMRADIUS。

（2）菜单：标注→半径R。

（3）图标：在标注工具栏中。

采用上述任何一种方法后命令行提示：选择圆或圆弧→用拾取靶拾取所标尺寸的圆弧→命令行提示：指定尺寸线位置或［多行文字（M）/文字（T）/角度（A）］时，移动鼠标使尺寸位于合适位置→单击左键（图9－14），

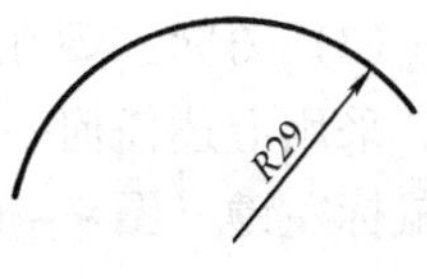

图9－14　半径标注

注意：尺寸为测量值，若要改变文本内容，应按提示根据需要先键入对应的字母按回车键后再键入文本内容（其中M为多行文本、T为单行文本，在“调整”选项中，选择文字和箭头）。

七、直径尺寸标注

1．功能

标注圆的直径尺寸。

2．操作方法

调用

（1）命令行：DIMDIAMETER。

（2）菜单：标注→直径D。

（3）图标：在标注工具栏中。

采用上述任何一种方法后命令行提示：选择圆或圆弧→用拾取靶拾取所标尺寸的圆周→命令行提示：指定尺寸线位置或［多行文字（M）/文字（T）/角度（A）］时，移动鼠标使尺寸位于合适位置→单击鼠标左键（图9－15）。

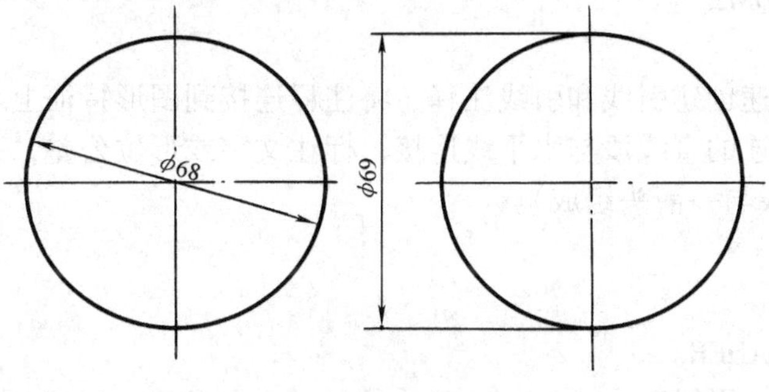

图9－15　直径标注

注意：尺寸为测量值，若要改变文本内容，应按提示根据需要先键入对应的字母按回车键后再键入文本内容（其中M为多行文本、T为单行文本，在“调整”选项中，选择“文字和箭头”）。

八、圆心标记

1．功能

可单独使用标记圆心位置；也可在标注半径和直径尺寸时，要将尺寸线放在圆或圆弧外侧增加圆心标记。

2．操作方法

调用

（1）命令行：DIMCENTER。

（2）菜单：标注→圆心标记M。

(3) 图标：在标注工具栏中。

采用上述任何一种方法后命令行提示：选择圆弧或圆→用拾取靶拾取所标注的圆周→单击鼠标左键（图 9－16 为圆心标记前后对比）。

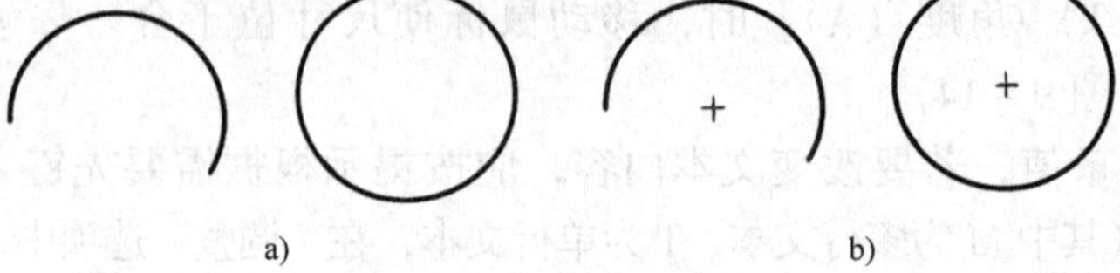

图 9－16　圆心标记

a）标记前　b）标记后

说明：在圆心标记区，控制直径、半径尺寸的圆心标记及中心线的外观。类型有三种：无（不创建圆心、中心线标记）、标记（圆心标记）、直线（中心线标记）。可以在图 9－3“修改标注样式”对话框中的右下方选择类型和大小，如图 9－17 所示。

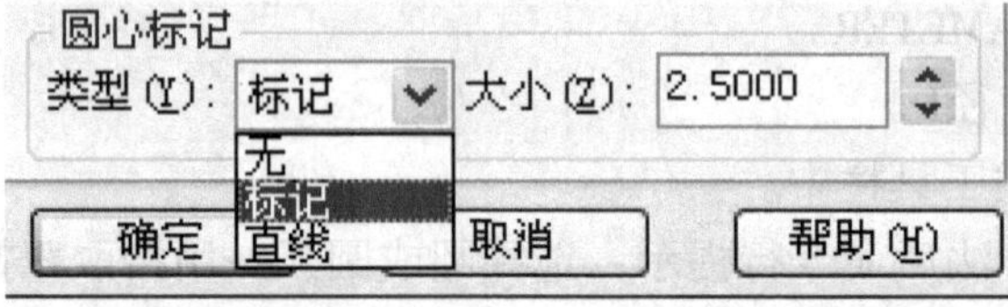

图 9－17　“圆心标记”对话框

九、快速引出线标注

1. 功能

使用该命令可快速创建引线和引线注释，将注释连接到图形特征上。它从被注释的对象特征开始，用一组相连的直线段与水平线连接，标注文字或形位公差，并在起始端绘出箭头（是由直线和一水平线与一箭头组成）。

2. 操作方法

调用

(1) 命令行：LEADER。

(2) 菜单：标注→引线E。

(3) 图标：在标注工具栏中。

采用上述任何一种方法后命令行提示：指定第一条引线点或［设置（S）］〈设置〉→按回车键显示如图 9－18 所示“引线设置”对话框→在对话框的“注释”选项中设“注释类型”为“多行文字”并在“多行文字选项”中设为“提示输入宽度”；在“引线和箭头”选项（图 9－19）中设引线为“直线”、若标注倒角，应将“箭头”设为“无”；在“附着”选项（图 9－20）中设“最后一行加下划线”→单击【确定】按钮→选引线的起点→选引线的下一点→回车→输入文本宽度→回车→输入文字（也可继续回车，在多行文本编辑器中书写）→回车→回车。

3. 引出线标注的应用

(1) 标注小圆、小圆弧的尺寸　在如图 9－18 所示“引线设置”对话框按要求设置后→单击图标，命令行提示：指定第一条引线点或［设置（S）］〈设置〉→确定引线的起点→命令行提示：指定下一点→确定引线的下一点→命令行提示：指定文字宽度→输入文字宽度后按回车键→命令行提示：输入注释文字的第一行〈多行文字（M）〉→按回车键显示图9－21“多行文字编辑器”对话框→在对话框中输入文本→单击【确定】按钮（图9－22）。

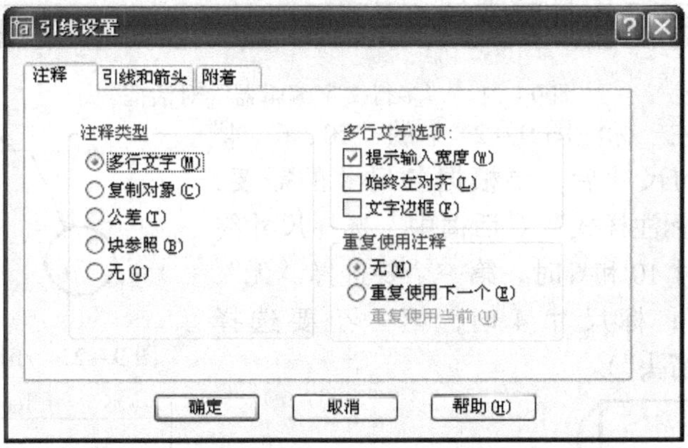

图9－18　“引线设置”对话框的“注释”选项

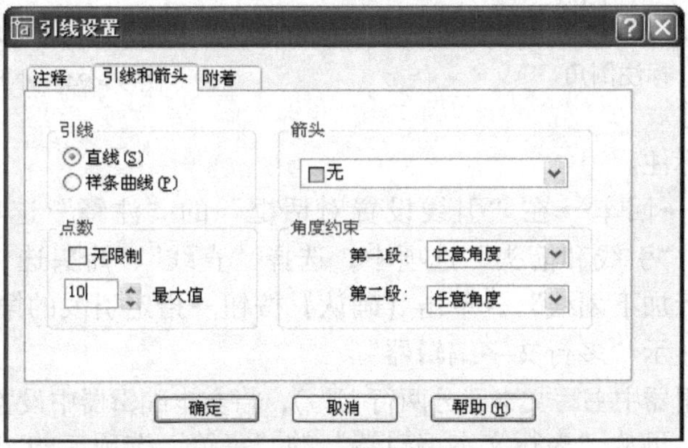

图9－19　“引线设置”对话框的“引线和箭头”选项

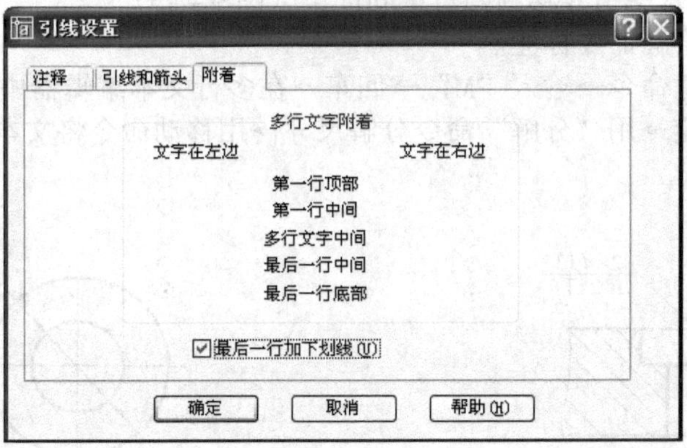

图9－20　“引线设置”对话框的“附着”选项

（2）标注倒角　图9－23中倒角尺寸的操作方法基本与标注小圆、小圆弧的尺寸相同，此时应将“箭头”设为“无”。

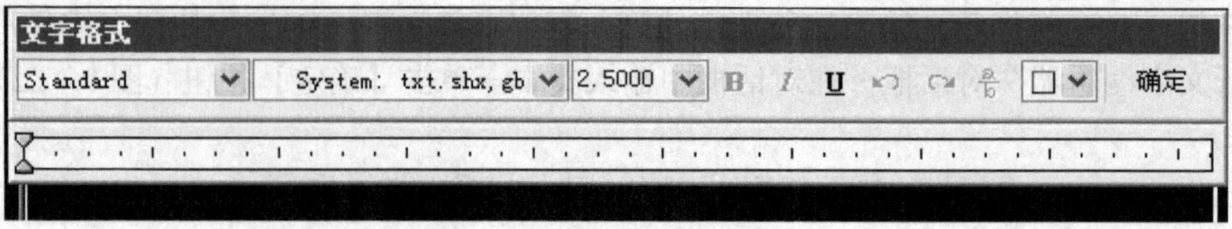

图 9-21 “多行文字编辑器”对话框

(3) 小尺寸的标注 标注图 9-24 中的“10、6、4”尺寸时，在标注 50 的尺寸后，要根据各尺寸的需要，分别在图 9-3“修改标注样式”对话框中，选择尺寸终端的形式（其中标尺寸 10 和 6 时，第一个要选择“无”，第二个选择“小点”；标尺寸 4 时，第一个要选择“无”，第二个选择“箭头”）。

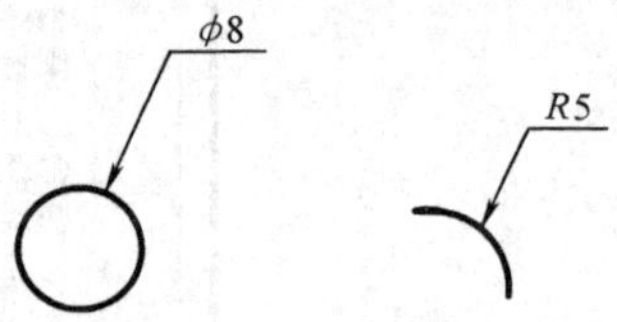

图 9-22 小圆、小圆弧的尺寸标注

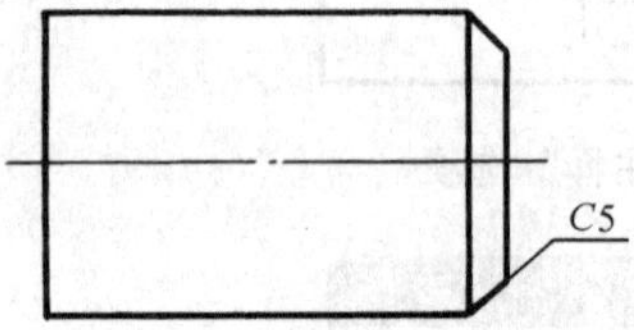

图 9-23 标注倒角

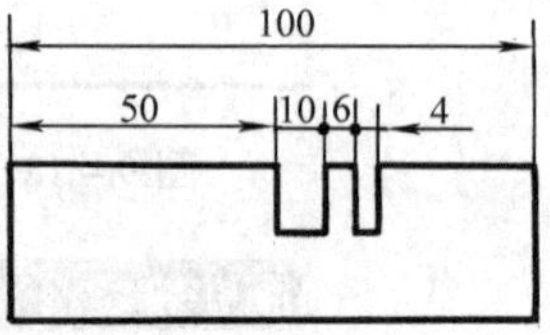

图 9-24 小尺寸的标注

(4) 旁注沉孔尺寸。

方法一：用引线标注。

1) 调用引线命令→回车→在“引线设置对话框”的“注释”选项中，选择“多行文字”、“输入宽度”；在“引线和箭头”选项中，选择“直线”、箭头选“无”；在“附着”选项中，选择“最后一行加下划线”→单击【确认】按钮→指定引线的第一点→指定引线的第二点→回车→回车→显示“多行文字编辑器”。

2) 在多行文本编辑器中书写文本（分两行书写），将文本编辑器中设置字体为 Txt.Shx。

表示锪平的符号，可从“多行文本编辑器”的“字符”选项卡的“符号”下拉菜单“其他”中进行选择，设置其中字体为“GDT”，从中选出锪平和深度符号，复制、粘贴好即可。

3) 用拉伸命令把水平引线移到两行中间即可（图 9-25）。

方法二：用标注直径命令标注。

调用标注直径尺寸命令→输入“M”→回车→在多行文本编辑器中书写两行文字并复制锪平和深度符号→确定→用“分解”命令分解尺寸→用移动命令将文本移到合适的位置（图 9-26）。

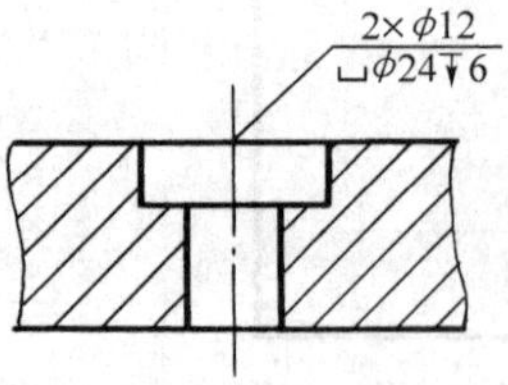

图 9-25 沉孔尺寸标注（一）

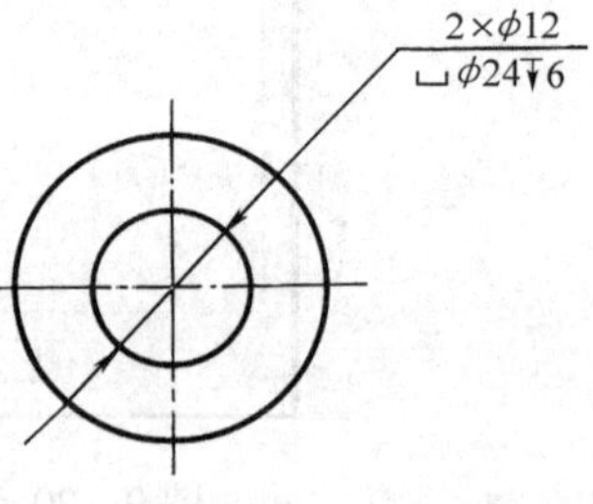

图 9-26 沉孔尺寸标注（二）

十、公差标注

1. 标注公差带代号

例 9-1　在图 9-27 图形中标注尺寸 ϕ128H6。

图 9-27　标注公差带代号

在正确建立尺寸标注样式的基础上，可用下列三种方法之一进行标注。

方法一：在执行线性尺寸标注命令后，输入 T→回车→按要求输入文本（即输入%%C128H6）→回车→用光标定位后单击鼠标左键。

方法二：在执行线性尺寸标注命令后→用拾取靶拾取对象→键入 M→回车→在“文字格式”中（图 9-28）的〈〉符号前面输入特殊字符%%C，后面输入代号 H6→单击【确定】按钮。

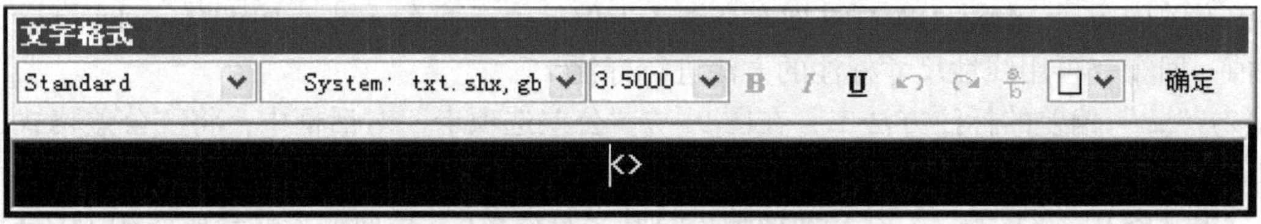

图 9-28　“文字格式”对话框

方法三：首先应在图 9-6“主单位选项卡”对话框的“前缀”选项中键入 %%C，在“后缀”选项中键入 H6，在图 9-7“公差选项卡”对话框中“公差格式”选项的“方式”中要选择“无”。→执行线性尺寸标注命令→命令行提示：指定第一条尺寸界线起点或〈选择对象〉→用捕捉端点或交点的方法拾取第一条尺寸界线起点→命令行提示：指定第二条尺寸界线起点→用捕捉端点或交点的方法拾取第二条尺寸界线的起点（也可以直接回车，用拾取靶拾取所标尺寸的线段）→命令行提示：指定尺寸线位置（多行文字（M）/文字（T）/角度（A）/水平（H）/垂直（V）/旋转（R））时→移动鼠标使尺寸位于合适位置→单击左键。

2. 标注极限偏差

例 9-2　在已绘制好的图形中标注极限偏差图（9-29）。

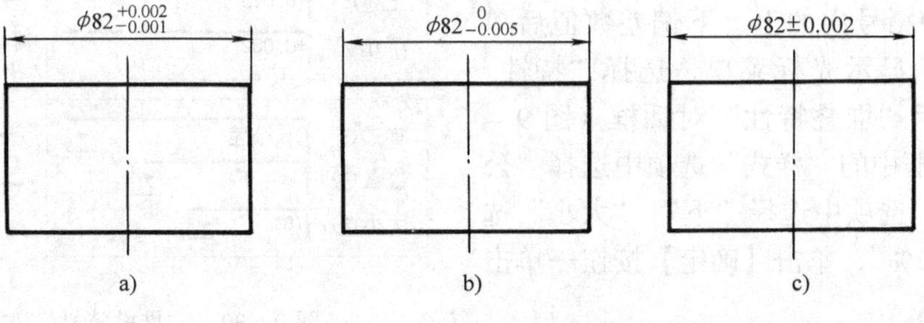

图 9-29　标注极限偏差

在基本尺寸后标注上、下偏差值，首先应在图 9-6“主单位选项卡对话框”的“前缀”选项中键入%%C，在图 9-7 公差选项卡对话框的“公差格式”栏中选择“极限偏差”、“精度”选择“0.000”，分别在上、下偏差框中输入上、下偏差数字，如图 9-29a 所示尺寸，应在上偏差框中输入 0.002、下偏差框中输入 0.001，（系统认默上偏差为正值、下偏差为负值偏差；当下偏差为正值或上偏差为负值时，都要在偏差值前加一个“-”号）→设置偏差字高（因为偏差字体高度应比基本尺寸字体高度小一号字，建议设偏差“高度比例”为0.67）→设置对齐方式在“垂直位置”选项中选择“下”→单击【确定】按钮（显示对话框）→单击【置为当前】按钮→单击【关闭】按钮→再用线性尺寸标注的方法进行标注。

注：当其中一项偏差为0时（图9-29b），还应在“后续”中选择“消零”。

若要标注对称偏差，如图9-29c中 $\phi82\pm0.002$ 的尺寸，应在“公差选项卡”对话框公差格式选项的“方式”中选择“对称”项。在“上偏差”栏中输入偏差数字，对齐方式在“垂直位置”选项中选择“中”，偏差“高度比例”设为1→单击【确定】按钮→单击【关闭】按钮→再用线性尺寸标注的方法进行标注。

说明：

（1）可以用修改系统变量的方法标注不同的上、下偏差数值，在按上述方法设置标注极限偏差有关内容后，键入DIMTP→回车→输入上偏差值→回车→键入DIMTM→回车→输入下偏差值→回车→再用线性尺寸标注的方法进行标注。

（2）“±”偏差的标注方法二：在图9-7“公差选项卡”对话框中，将“公差格式”栏中的方式选为“无”后，用线性尺寸标注的方法进行标注→输入M→回车→在“多行文字编辑器”中（图9-28）的〈〉符号前面输入特殊字符%%C，后面输入代号%%p0.002→单击【确定】按钮→移动鼠标使尺寸位于合适位置→单击左键。

3. 在基本尺寸和公差带代号后面标注上、下偏差数值

例9-3 标注极限偏差 $\phi24k6\left(^{+0.015}_{+0.002}\right)$。

（1）在调用线性尺寸标注后，当命令行显示：[多行文字（M）/文字（T）/角度（A）/水平（H）/垂直（V）/旋转（R）]：时输入字母“M”，显示“多行文字编辑器”对话框。在对话框中先删除符号“〈〉”，再输入文本%%C24K6（+0.015/+0.002）（此时要选用TXT.SHX字体或其他西文字体和设置尺寸数字的高度）。

（2）按住鼠标左键，选中括号内的上、下偏差数值后单击鼠标右键，选择“堆叠”选项，图标为 $\frac{a}{b}$（此时括号内的上、下偏差以上、下分数书写形式显示）。

（3）选中括号内的上、下偏差数值后单击鼠标右键，显示光标菜单，选择“特性”选项后，显示“堆叠特性”对话框（图9-30），在对话框中的“样式”选项中选择“公差”、“位置”选项中选择“下”、“大小”选项中选择“70%”，单击【确定】按钮→单击【确定】按钮。

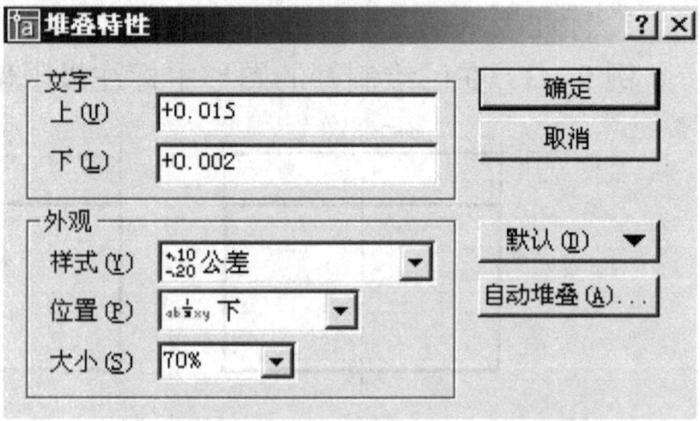

图9-30 “堆叠特性”对话框

4. 在装配图中的标注

例9-4 标注 $\phi30H7/f6$。

方法一：在对话框中设置。

在图9-7“公差选项卡”对话框中，将“公差格式”栏中的方式选为“无”后，→在“主单位选项卡”对话框中的“前缀”栏中输入%%C，在“后缀”栏中输入H7/f6→设“测量单位比例系数”为1→单击【确定】按钮→单击【关闭】按钮→执行线性尺寸标注命令。

方法二：在多行文本编辑器中书写。

执行线性尺寸标注命令后→用拾取靶拾取对象→键入 M→回车（显示如图 9－31 所示）→在文本编辑器中的〈〉符号前面输入特殊字符%%C，后面输入代号 H7/f6→单击【确定】按钮。

图 9－31 “文字格式”对话框

方法三：在命令行中书写。

执行线性尺寸标注命令后，用拾取靶拾取对象→输入 T→回车→输入%%C30H7/f6→回车→移动鼠标使尺寸位于合适位置→单击左键。

说明：

（1）角度公差的标注与线性公差的标注方法相同。

（2）如果要将配合代号标注成$\frac{H7}{f6}$形式，在文本编辑器中的〈〉符号前面输入特殊字符%%C，后面输入代号 H7/f6→按中鼠标左键，选中 H7/f6→单击 按钮→单击【确定】按钮。

5. 形位公差的标注方法

调用引线命令→命令行提示：指定第一条引线点或［设置（S）］〈设置〉→按回车键显示“引线设置”对话框（图 9－32）→在“注释”选项对话框中选“公差”→“引线和箭头”选项对话框中选“直线”和“封闭的箭头”→单击【确定】按钮→命令行提示：指定第一条引线点或［设置（S）］〈设置〉→确定引线起点→命令行提示：指定下一点→确定下一点→命令行提示：指定下一点→确定下一点→显示“形位公差”对话框（图 9－33）→单击“符号”选项框，显示“特征符号”对话框（图 9－34）→选择形位公差符号→在“形位公差”框中输入公差值→在“基准”框中输入基准符号→单击【确定】按钮。

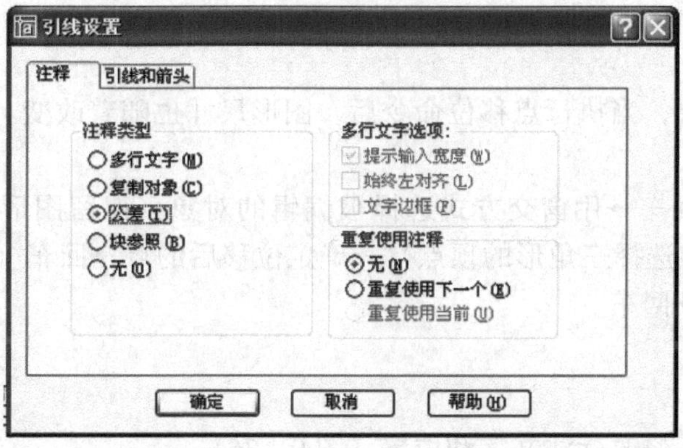

图 9－32 “引线设置”对话框

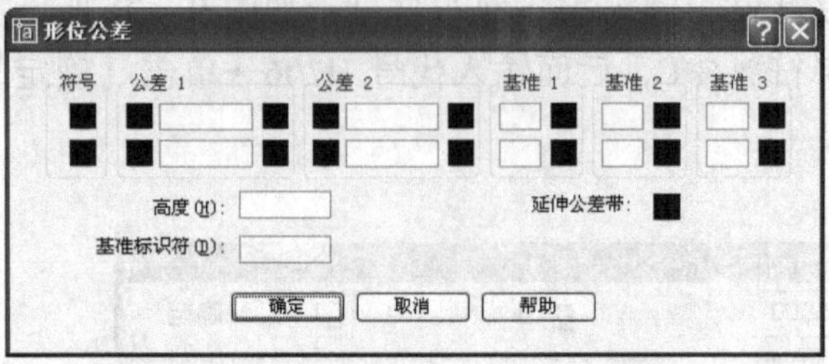

图 9－33 “形位公差”对话框

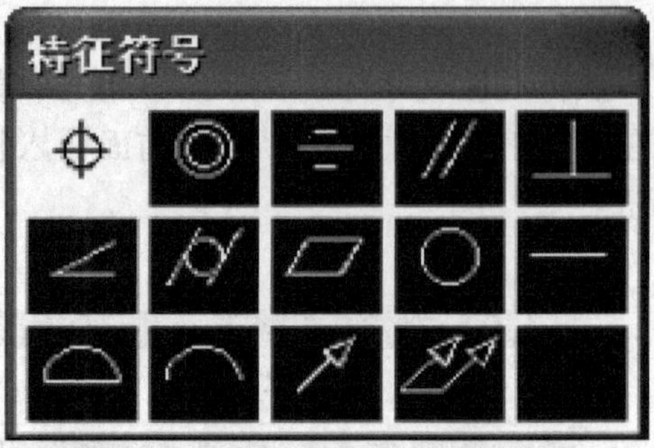

图 9－34 形位公差“特征符号”对话框

说明：

(1) 形位公差对话框中可设置一处两项标注，单击图 9－33 中左边的“符号”方框，会重新显示对话框一次，可标注两项内容。

(2) 形位公差“特征”符号对话框中只能设置一处两项，要进行一处多项（三项以上）标注时，要单独创建形位公差标注框格及内容，可单击图标，显示如图 9－33 所示的“形位公差”对话框，再单击图中左边的“符号”方框，会显示图 9－34 形位公差“特征符号”对话框，按要求选择形位公差符号→输入形位公差数值（若要标 ϕ，应单击公差前的“方框”）→在“基准”框中输入基准符号（形状公差不需要输入基准符号）→单击【确定】按钮→移动鼠标，将其移到指定位置后单击左键。

(3) 当框格要垂直放置时：用引线命令先画好直线→单击公差图标→再按说明（2）的方法完成有关内容的选择输入数值→用旋转命令、移动命令将其移动到引线端部。

(4) 当选择的符号需要修改时，可单击所要修改的符号后，再单击图 9－34 形位公差“特征符号”对话框右下角的空白格，可删除已选取的项目重新选择新的符号。

(5) 形状公差基准符号的画法（右图所示）

建议：圆圈的直径为 $\phi=2h$，基线的长为 $2h$，基线的宽度约为 d。字母 A 高为 h（其中 h 为图中尺寸数字的高度，d 为图中粗实线的宽度）。

基准符号

第四节 尺寸标注的编辑方法

一、伸展命令

1. 功能

编辑被选择的对象，当执行点移位命令后，图形尺寸也随着改变。

2. 操作方法

键入 STRETCH→回车→用窗交方式选择被编辑的对象（保留图形的一条边）→回车→选择基点（图 9－35 中选择三角形的顶点）→确定位移后的点→回车（或将“+”字光标定出移动的两个位置）→回车。

二、编辑标注

1. 功能

对已标注的尺寸，修改标注文字和位置（图 9－36）。

2. 操作方法

调用

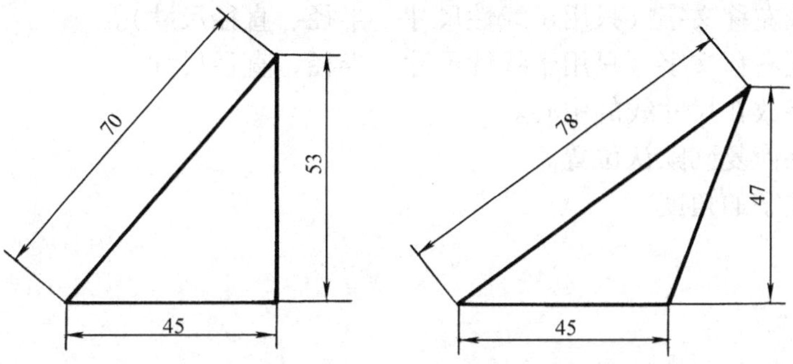

a)　　　　　　　　　　b)

图 9 - 35　伸展命令的应用

a）编辑前　b）编辑后

（1）命令行：DIMEDIT。

（2）菜单：标注→倾斜Q。

（3）图标：在标注工具栏中。

在采用上述任何一种方法后，命令提示：输入标注编辑类型［默认（H）/新值（N）/旋转（R）/倾斜（0）］〈默认〉→键入 0→回车→用拾取靶拾取要编辑的尺寸→回车→命令提示：选择对象→选择要编辑的对象→命令提示：输入倾斜角度→输入倾斜角度→回车。

3. 选项说明

默认（Home）——把移动、旋转文字返回默认位置。

新值（New）——在编辑器中改文字。

旋转（Rotate）——文字旋转指定的角度。

倾斜（Oblique）——尺寸界线与水平倾斜指定的角度。

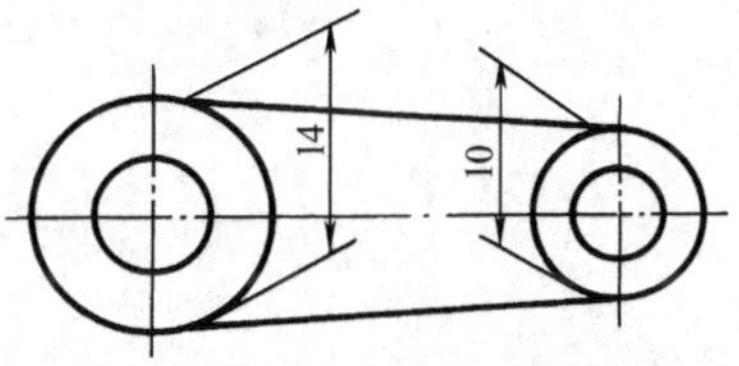

图 9 - 36　标注编辑

三、编辑标注文字

1. 功能

可以旋转和重新定位标注文字。

2. 操作方法

调用

（1）命令行：DIMTEDIT。

（2）菜单：标注→标注文字编辑（还有级联菜单）。

（3）图标：在标注工具栏中。

在采用上述任何一种方法后，命令提示：选择标注→用拾取靶拾取要编辑的文字→命令提示：指定标注文字的新位置或［（左（L）/右（R）/中心（C）/默认（H）/角度（A））→可根据需要键入任一选项的字母后按回车键（若要将文字旋转，还应输入角度值）→单击左键。

注：在执行标注文字编辑命令后，用拾取靶拾取要编辑的文字，移动鼠标，单击鼠标左键，可将文字

平移到任意位置。

3. 选项说明

左：沿尺寸线左移文字（只用于线性尺寸、半径、直径尺寸）。

右：沿尺寸线右移文字（只用于线性尺寸、半径、直径尺寸）。

中心：把文字放在尺寸线的中心。

缺省：将文字恢复到默认位置。

角度：修改文字的角度。

第十章　块

第一节　概　述

块是由多个对象组成并赋予块名的一个整体，可以随时将它加入到当前图形指定的位置，同时还可以缩放和旋转。图形中的块可以移动、删除和列表。块还可以起到资源共享、提高工作效率的作用。块的主要作用有：

1. 建立图形库

用户可以将经常出现的图形做成块，建成图形库。用插入块的方法来拼图形，这样可以避免许多重复性的工作，提高设计和绘图的效率及质量。用户可将常用的零件和图形创建为块。如绘制零件图时，表面粗糙度符号（代号）就可以创建为块并将其保存，以便绘图需要时插入相应的表面粗糙度符号（代号）。

2. 节省空间

在绘图时，由于加入到当前图形中的每个对象都会占据磁盘空间，如果将图形做成块，就不必记录重复的对象信息，这样可以提高绘图速度，节省存储空间。尤其是对一些复杂的、重复使用的图形，定义成块后进行插入，更能体现其优越性。

3. 便于修改和重新定义

块还可以被分解为相互独立的对象，而这些独立的对象又可被修改，并可以重新定义这个块。如果零件是一个插入的块，仅需要重新定义这个块，图中所有引用了该块的都会自动更新。

第二节　创建块定义

一、功能

建立块定义。该命令是以对话框的方式创建块定义。

二、操作方法

调用

（1）命令行：BLOCK 或 BMAKE。

（2）菜单：绘图→块 K→创建 M。

（3）图标：在绘图工具栏中。

采用上述任何一种方法后，将显示如图 10－1 所示“块定义”对话框。

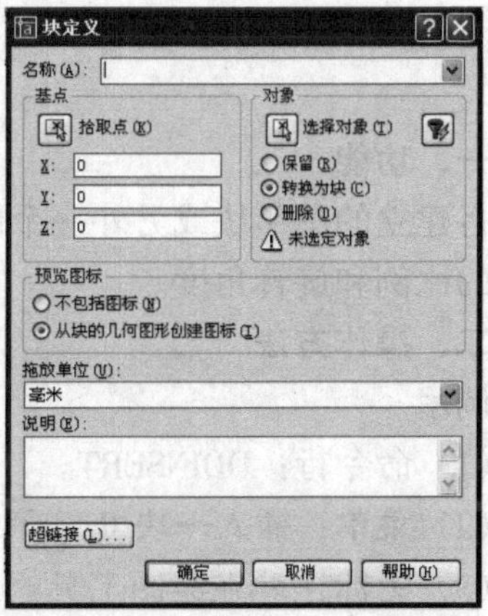

图 10－1　“块定义”对话框

三、对话框中各选项的功能

1. 名称

指定块的名称。块名可以包括字母、数字、空格、中文及 AutoCAD 没有用于其他用途的特殊字符（不超过 31 个字符）。块名称及块定义保存在当前图形中。

2. 基点

在插入块时指定块的参考点。用户可用两种方式确定基点：

（1）单击拾取点按钮，在图形块中确定一点。

（2）在 X、Y、Z 框中直接输入基点的 X、Y、Z 三个方向的坐标值。

3. 对象

指定新块中要包含的对象，以及创建块后确定是保留或删除选定的对象还是将它们转换成块的引用。

（1）选择对象：指定定义在块中的对象。

（2）保留：创建块以后，将选定对象保留在图形中作为不同对象。

（3）转换为块：创建块以后，将选定对象转换成图形中的一个块引用。

（4）删除：创建块以后从图形中删除选定的对象。

四、创建块的方法

例 10－1 将图 10－2 的表面粗糙度代号定义为块。

（1）用多边形命令先画好一个边长为 6mm 的正三角形→单击“炸开”（分解）图标或用直线命令画好一个边长为 6mm 的正三角形→按表面粗糙度符号的要求延长一条边（正三角形的边长由尺寸数字的字体号数而定）。表面粗糙度符号也可以在“极轴追踪”中设置“增量角”为 60°后，用“多段线”命令绘制（表面粗糙度符号的比例画法及符号的线宽见附录）。

（2）用单行文本的方法输入 3.2。

（3）调用“创建块”命令，显示如图 10－1 所示“块定义”对话框→在对话框中输入名称 CCD32→单击“选择对象（T）”按钮→构造选择集（即用窗交方式选中图 10－2 的全部对象）→回车→单击“拾取点（K）”按钮→捕捉基点（用对象捕捉的方法确定插入块时的基点）→单击【确定】按钮。

图 10－2 创建块

第三节 插 入 块

一、功能

将建立的图形块或另外一个图形文件按指定的位置插入到当前图形中，并可以改变插入图形的比例和旋转角度。

二、操作方法

调用

（1）命令行：DDINSERT。

（2）菜单：插入→块 B。

（3）图标：在绘图工具栏中。

采用上述任何一种方法后，显示如图 10－3 所示“插入”对话框。

三、对话框中各选项的功能

（1）名称　在该列表框中指定要插入的块名或指定要作为块插入的文件名。

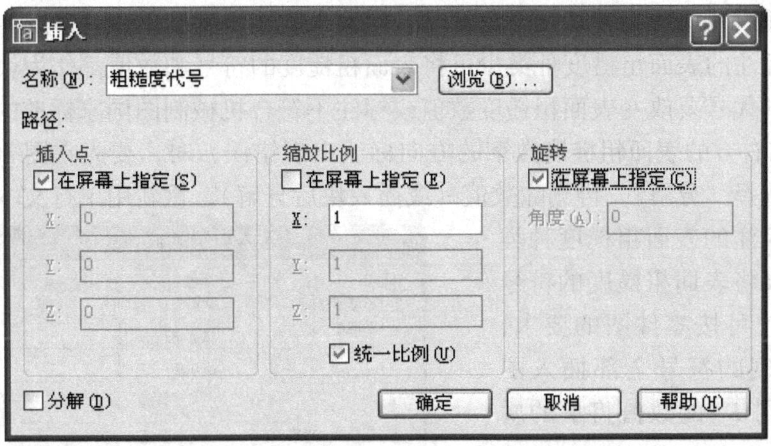

图 10-3　“插入”对话框

（2）浏览　单击【浏览（B）】按钮显示“选择图形文件”对话框，可以在此对话框中选择要插入的块或文件。

（3）插入点　在插入块时指定块的插入点。用户可用两种方式确定插入点：

1）选择在屏幕上指定：直接在图形中用光标确定插入点。

2）在 X、Y、Z 框中直接输入插入点的 X、Y、Z 三个方向的坐标值。

（4）缩放比例　指定将块插入图中的比例。用户可用三种方式确定：

1）选择在屏幕上指定：指定定义在块中的对象。

2）在 X、Y、Z 框中直接输入插入的块 X、Y、Z 三个方向的比例因子。

3）统一比例：插入的块在 X、Y、Z 三个方向确定一个比例因子。

（5）旋转　指定插入块的旋转角度。用户可用两种方式确定：

1）选择在屏幕上指定：直接按回车键（系统默认为不旋转）。

2）在命令窗口按所提示的选项输入旋转角度。

（6）分解　分解块并插入该块的各个部分。

四、插入块的方法

例 10-2　将图 10-2 的表面粗糙度代号所定义的块插入到图 10-4 图中。

（1）调用“插入块”命令后，显示如图 10-3 所示“插入”对话框，在该对话框的“名称”框内列表中指定要插入的块名“粗糙度代号”。

（2）该对话框的“插入点”选项选择为“在屏幕上指定”、“缩放比例”选项选择“统一比例”后，单击【确定】按钮。

（3）当命令行提示：指定插入点或［比例（S）/X/Y/Z 旋转（R）/游览比例（PS）/PX/PY/PZ/游览旋转（PR）］时→用光标确定插入点（若所插入的块既不放大也不缩小，可分别直接回车）。

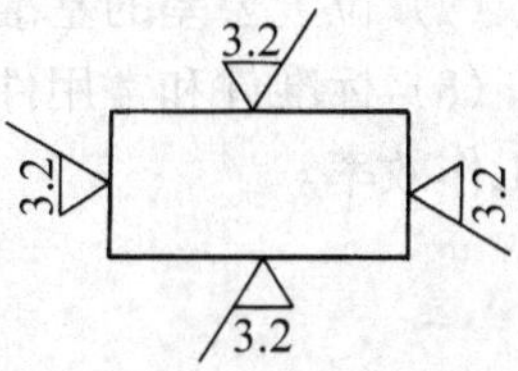

图 10-4　插入块

说明：

（1）当所插入的块要放大或缩小时，应分别输入 X、Y、Z 三个方向的比例因子并按回车键。

（2）当所插入的块要旋转某一个角度时，应输入旋转角度后单击【确定】按钮。

（3）若所标注的表面粗糙度种类少可将表面粗糙度的符号和数值都作为块创建后插入较为方便；但有的代号要改变表面粗糙度数值或标注不符合机械制图国家标准的要求（图10－4所示中下方和右方的表面粗糙度数字的方向标注出现错误）时，要先在图 10－3 所示“插入”对话框中选择“分解”，再删除数值（或插入块后分解），重新用单行文本写数值。

（4）若所标注的表面粗糙度种类较多，建议只要将表面粗糙度的符号创建为块，用户可按零件图的要求，先将表面粗糙度的符号全部插入图中，然后按不同 R_a 的数值将块的属性定义，分别在已插入的表面粗糙度的符号处，按要求再插入不同的 R_a 的数值。具体操作方法如下：

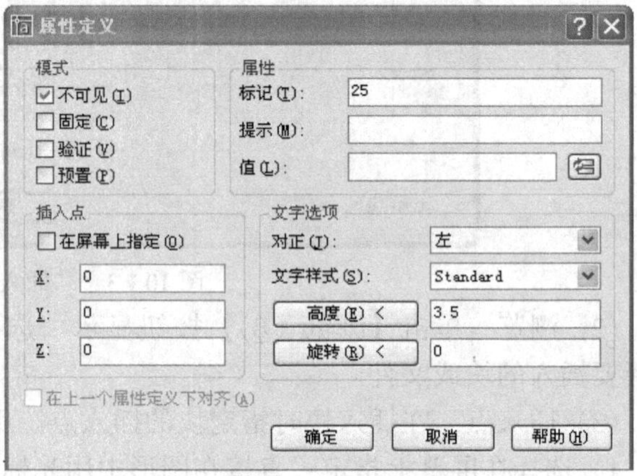

图 10－5 “属性定义”对话框

1）调用

命令行：ATTDEF。

下拉菜单：绘图→块→定义属性。

执行以上任一命令后，显示“属性定义”对话框（图 10－5）。

2）在该对话框的“模式”区选择“不可见”、在“属性”区的“标记”框输入属性（如 R_a 值 25）、“文字选项”区的“对正”栏选择“左”、“字体样式”选择 Standard、在“高度”选项栏输入与零件尺寸数字同一字高的数值、在“旋转”栏根据标注的需要输入角度，单击【确定】按钮。

3）在已插入表面粗糙度的符号处用光标确定 R_a 数值的插入位置。

（5）用 BLOCK 或 BMAKE 命令建立的块定义为内部块，只能在当前图中引用，要使块能应用于任何图形，必须将块写成图形文件（块存盘）。

（6）当要插入以图形文件存盘的块时，应在调用插入块命令后，单击【预览】按钮，显示“选择图形文件”对话框（图 10－6）。从该对话框中选择要插入的图形文件，再单击【打开】按钮，最后单击【确定】按钮。

（7）位置公差的基准符号也可作成块，插入后，再赋予属性字母。

（8）标准件和常用件，如螺栓、螺母、轴承等，都可作成块插入，既节省时间，又提高了工作效率。

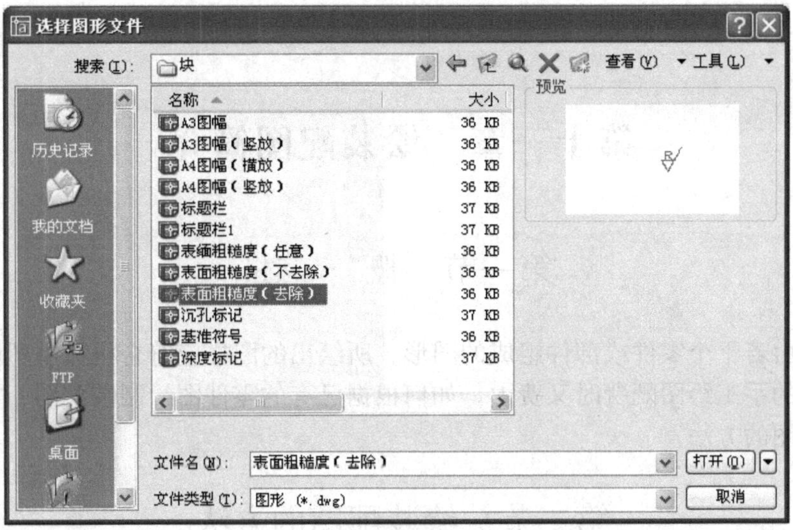

图 10－6　“选择图形文件”对话框

第四节　块　存　盘

由于用“建立块定义”（BLOCK）方法创建的块为内部块，只能在存储该块定义的图形文件中使用，一旦退出系统，所定义的块就会消失。如果需要将当前图形中的块或图形在其他图形或文件中使用，就应当将当前图形中的块或图形写成图形文件，可让所有的图形引用，又称为“外部块”。

1. 功能

将当前图形中的块或图形写成图形文件，可让所有的图形引用。

2. 操作方法

（1）键入命令　WBLOCK 后按回车键，显示如图 10－7 所示“写块”对话框。

（2）在该对话框选择“块”（若为整个图形则选“整个图形”）并输入块名（或图形文件名）。此时在对话框中“目标”区显示与块名相同的文件名。

（3）在“插入单位”选择用户所需要的单位并单击【确定】按钮。

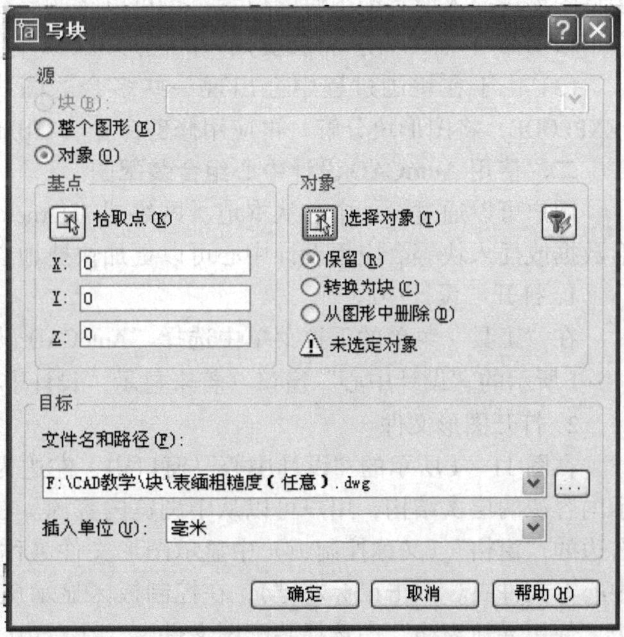

图 10－7　“写块”对话框

第十一章　绘装配图简介

第一节　概　述

装配图是由若干个零件或部件组成的图形，所绘出的图样应符合机械制图国家标准的有关要求。传统的手工绘图既费时又费力，如何根据已有的零件图绘制装配图，本章简单介绍常用的绘装配图的方法。

第二节　绘装配图的方法

一、由零件图拼画装配图

（1）将绘装配图时所需要的每一个零件图用创建块命令（BLOCK）的方法建立图形块(最好只保留图形，删除零件图中的尺寸及所有技术要求等内容)，再用块存盘命令（WBLOCK）将其存为单个的图形文件。

（2）用块插入命令（INSERT）将单个的图形文件插入装配图中。在操作过程中，可直接将图形块插入绘装配图时的位置，也可以将所要插入的图形暂时位于屏幕的适当位置，再应用移动命令（MOVE）将所要插入的图形准确定位。

（3）由于在拼画过程中会出现一些多余的图线，必须进行删除。因此要用分解命令（EXPLODE）将图形块分解，再应用修剪命令（TRIM）修剪多余的图线。

二、使用 AutoCAD 设计中心组合装配图

用户可以通过设计中心从本地、网络或 Internet 上将其拖放到图形中进行定位和组织图形数据或插入块等。应用设计中心可以更加快捷地绘出装配图。其操作方法如下：

1. 打开“设计中心”

在“工具”菜单的下拉菜单中选择“AutoCAD 设计中心”命令，并在图形窗口显示如图 11－1 所示的“设计中心”窗口（若未显示“设计中心”文件夹应单击收藏夹选项卡）。

2. 打开图形文件

在图 11－1 所示的“设计中心”窗口中，左边为“使用导航窗格”（又称树状视图），显示内容源的层次结构，用户可以从中浏览内容源。在导航窗格中单击选中的文件夹名，则在右边的“窗格”（又称控制板）中显示图形文件名称。单击选中的图形文件（或选中“设计中心”文件夹，双击鼠标左键），在控制板区显示该图形文件的项目（如图 11－2 所示在左边“使用导航窗格”中选择装配图文件夹，在右边的“窗格”中显示了当前所保存的图形文件名称）。当右边的“窗格”中没有显示当前所需要的图形文件名称时，单击图标，显示如图 11－3 所示的“加载设计中心设计板”对话框，用户可以从该对话框中选择所需要的图形文件。

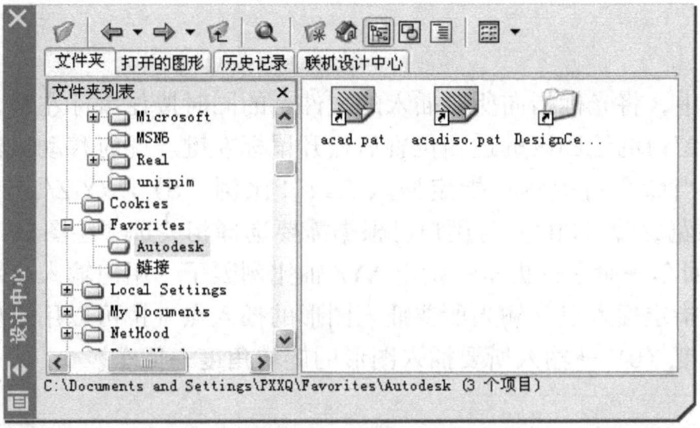

图 11-1　设计中心窗口

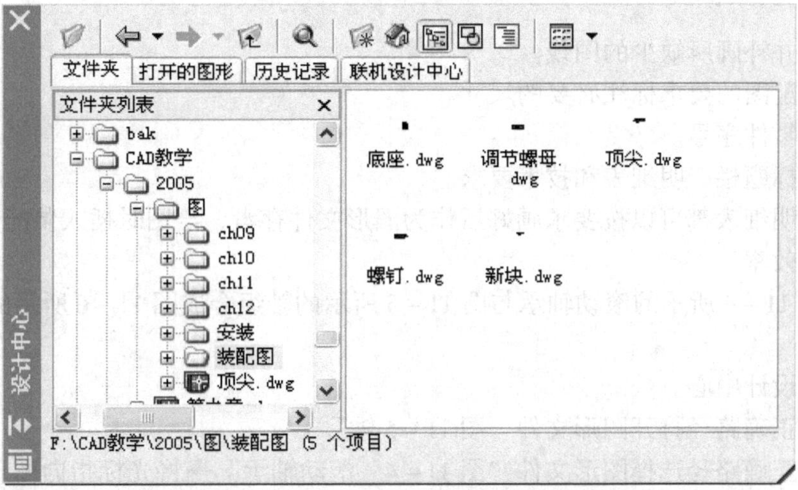

图 11-2　“装配图图形文件”对话框

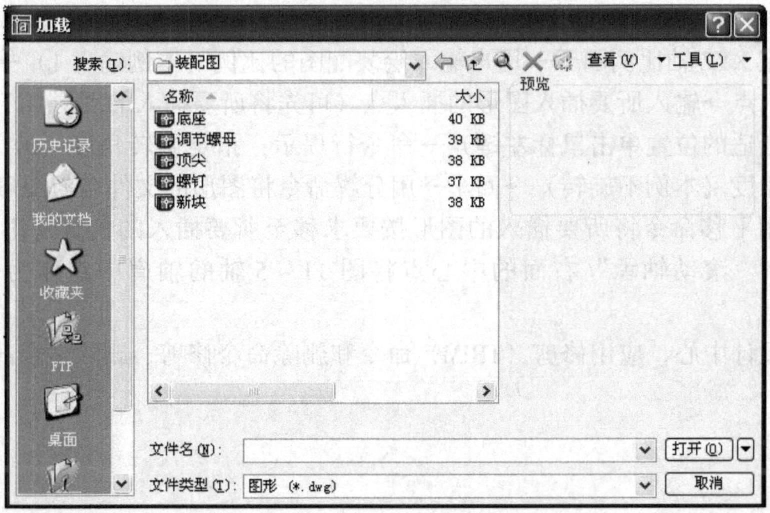

图 11-3　“加载设计中心设计板”对话框

3. 插入图形

（1）在控制板中，将光标指向所要插入的文件名的同时按住鼠标左键，移动鼠标将被选中的图形移到图形窗口的绘图区的适当位置后松开鼠标左键。此时移动鼠标在绘图区会显示将要插入的图形。当命令行提示：指定插入点或［比例（S）/X/Y/Z/旋转（R）/预览比例（PS）/PX/PY/PZ/预览旋转（PR）］时用户可根据需要选择相关选项绘图。

（2）输入 S→回车→命令行提示：指定 XYZ 轴比例因子→用户输入绘装配图的比例→回车→命令行提示：指定插入点→输入所要插入图形的插入点（也可以用对象捕捉采用光标定位）→指定旋转角度〈0〉→输入所要插入图形的旋转角度→回车。

4. 其他步骤

（1）关闭设计中心，应用修剪（TRIM）命令修剪多余的图线和删除命令删除多余的图线。

（2）检查并补画所缺少的图线。

（3）按装配图的要求标注必要的尺寸。

（4）编写零件序号。

（5）填写标题栏、明细表和技术要求。

标题栏和明细表都可以按要求画好后作为图形文件存盘，绘图时插入装配图中既可省时又可提高工作效率。

例 将图 11－4 所示的滚动轴承与图 11－5 所示的轴组合成图 11－6 所示的装配图。

操作方法

（1）打开设计中心。

（2）通过正确路径打开图形文件“图 11－5 轴”。

（3）通过正确路径选择图形文件“图 11－4　滚动轴承”→将光标指向图形文件“图 11－4 滚动轴承”→按住鼠标左键并将其移至图形窗口中→当命令行提示：指定插入点或［比例（S）/X/Y/Z/旋转（R）/预览比例（PS）PX/PY/PZ/预览旋转（PR）］→输入 S→回车→命令行提示：指定 XYZ 轴比例因子→用户输入绘装配图的比例（本例输入 1）→回车→命令行提示：指定插入点→输入所要插入图形的插入点（可先将所要插入的图形置于图形窗口的空白位置即选择合适的位置单击鼠标左键）→命令行提示：指定旋转角度〈0〉→输入所要插入图形的旋转角度（本例不旋转）→回车→用分解命令将图形的文件名与图形分解后删除图形文件名称→用平移命令将所要插入的图形按要求移至所要插入的位置（用对象捕捉命令捕捉“图 11－4　滚动轴承”右面的中心点将图 11－5 轴的轴肩中点作为“位移的第二点”）。

（4）关闭设计中心，应用修剪（TRIM）命令和删除命令修剪、删除多余的图线。

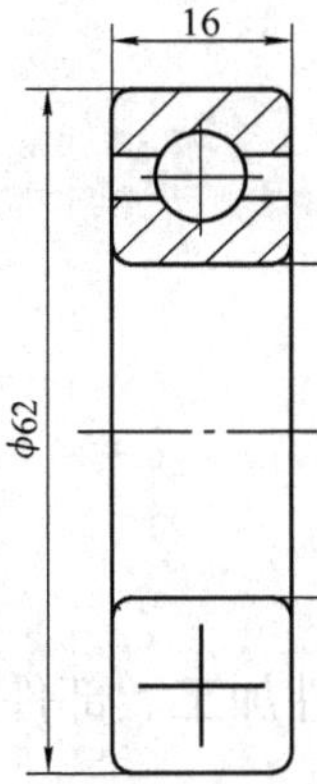

图 11－4　滚动轴承

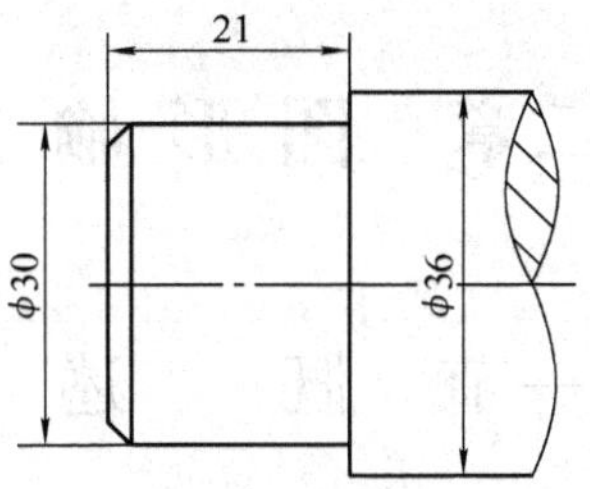

图 11－5　轴

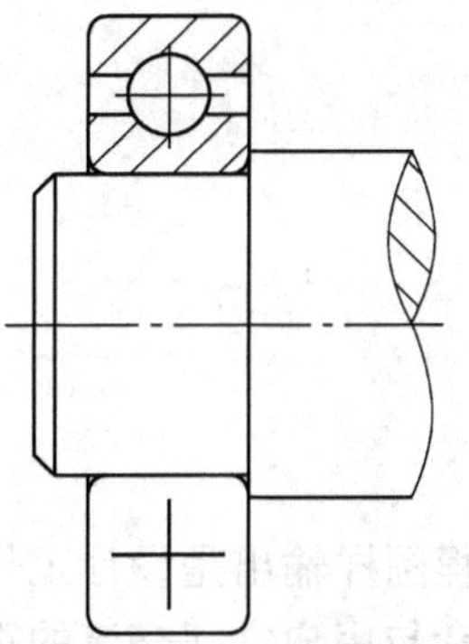

图 11－6　装配图

第十二章　图形输出

第一节　概　　述

工程图样输出是设计工作中的一个重要环节，图样是工程施工、零件加工、部件装配以及设计者与用户之间交流的重要依据。

在输出图样之前，必须在系统配置命令中按型号配置打印机或绘图机以及设置一些相关的参数，然后在打印配置对话框中合理设置打印参数，以提高图形输出的效率和质量。

第二节　图形输出的操作方法

一、显示要输出的图形

在输出图样之前，应启动 AutoCAD 2005，显示要输出的图形。

二、配置输出设备

1. 配置打印机

（1）启动 AutoCAD 2005→单击“文件”下拉菜单中“打印（P）”或单击标准工具栏中的打印机图标→显示“打印－模型”对话框（图 12－1）→选择“打印机/绘图仪”选项，根据用户已配置的打印机从打印机列表框中选择对应的打印机型号。

（2）若“打印”对话框中没有与用户配制的打印机相同的型号，则可在操作系统中配置添加打印机（目前常用打印机类型有针式打印机、喷墨打印机、激光打印机三种）。操作方法如下：

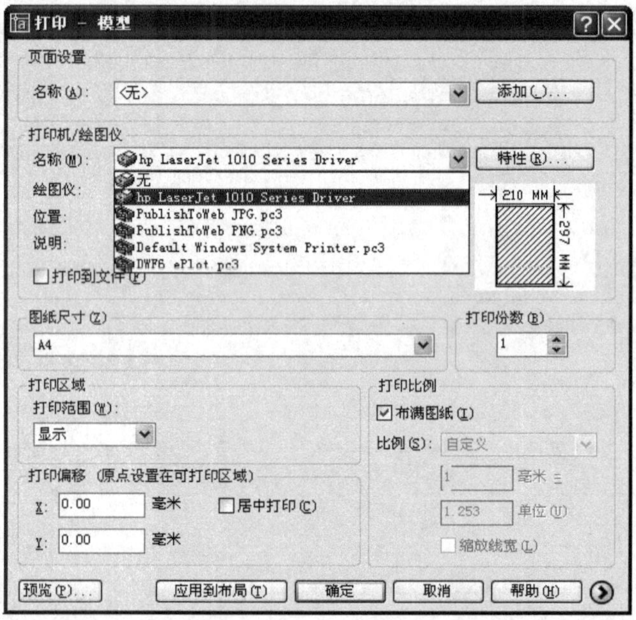

图 12－1　“打印－模型”对话框

单击【开始】按钮，进入“设置”→“打印机”菜单→显示“添加打印机”对话框（图 12－2）→选打印机型号（若没有所需要的打印机型号，则选“添加打印机”选项）→显示“添加打印机向导”对话框→按说明添加打印机的过程及提示分步进行，在图 12－3 中选择打印机生产厂商和选择打印机型号（若无此型号，则选一个兼容的打印机），最后单击【完成】按钮。

2. 设置打印配置

在“打印”对话框中设置图纸尺寸、打印比例、打印份数、打印区域、打印偏移等。

（1）设置图纸尺寸　在“图纸尺寸”选项列表中选取所需图幅。

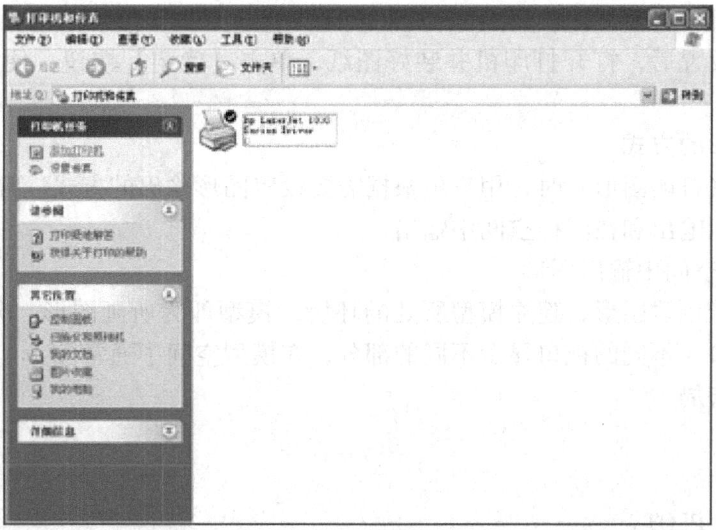

图 12－2 “添加打印机”对话框

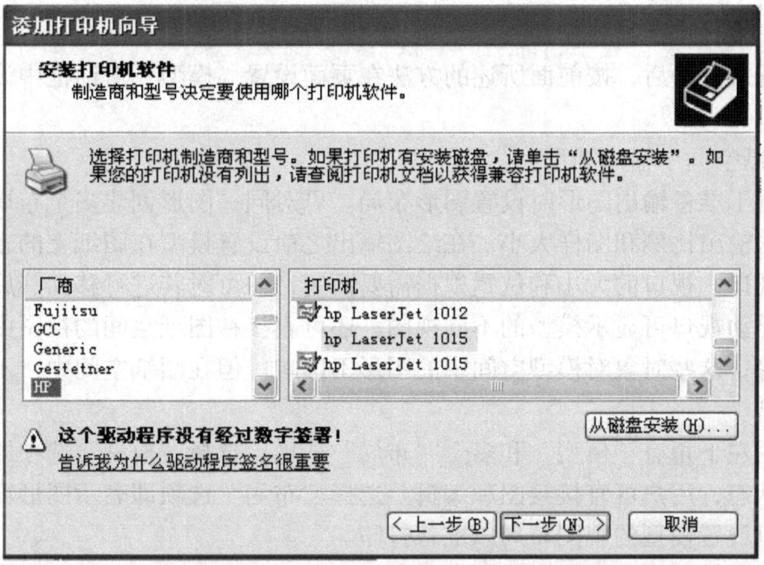

图 12－3 “添加打印机向导”对话框

（2）设置打印比例 在“打印比例”选项列表中选取打印图形的比例。如果要求将任何图幅所绘的图输出到任一大小的纸上，应选择“自定义”选项；用户根据需要自定义打印图形的比例。

（3）确定打印区域 用户可根据需要确定所要打印图形的区域，可选择“窗口”选项卡，用窗口方式构造选择集（即框住要输出的全部图形）。也可以分别输入所要打印图形的第一角点和另一对角点的 X、Y 坐标，以便确定所要打印图形的区域。在“打印偏移”区根据需要选择偏移数值（打印机械图样建议选择“居中打印”）。

（4）打印预览 为确保所打印图形的可靠性，用户可选择“完全预览”选项卡，此时显示要打印的整图。确认所打印的图形准确无误后退出预览（可单击鼠标右键，从光标菜单中退出）。

3. 输出（打印）图形

按上述方法设置后，打开打印机并装好图纸，单击【确定】按钮，便能输出并打印图形。

三、输出图形的方式

在输出图形（打印图形）时，用户可根据需要设置图形输出的方式，常用的图形输出方式有：在模型空间输出和在图样空间中输出。

（一）在模型空间中输出图形

模型空间用于创建图形，建立模型所处的环境，模型即为所画图形。分为二维、三维。可设多个平铺视口，不同的视口显示不同的部分，在模型空间中通常按 1:1 画图。不考虑输出图样的尺寸、布局。

操作方法：

调用

（1）命令行：PLOT。

（2）下拉菜单：文件→打印 P。

（3）图标：标准工具栏中。

执行以上任一方法后，按前面所述的方法在页面设置（模型）对话框中设置打印模式并打印图形。

（二）在图纸空间中输出图形

图纸空间用于准备输出图形时设置图形布局。可对同一图形创建多个布局、视图，各布局允许用不同的输出比例和图样大小。在绘图输出之前设置模型在图纸上的布局，可设置多个视口为浮动视口，视口的大小和位置根据需要而定，并可对其进行移动、旋转、比例缩放等操作。每个浮动视口可显示模型的不同视图；还可直接在图纸空间的视图中绘制对象，如标题栏、注释等，这些对象对模型空间中的图形不影响。但在图纸空间中，不能编辑模型空间中创建的模型。

图形窗口的左下角有“模型”和多个“布局”选项，选择“模型”选项即表示图形窗口处于模型空间状态，用户可直接绘图和编辑。选择“布局”选项即表示图形窗口处于图纸空间状态，用户可设置模型的视图布局以准备打印。

图形绘好后，转换到“布局”选项，显示一个默认的单个视口，并显示在当前打印配置下的图样大小和可打印区域。它模拟了一张图样提供预置的打印设置，可创建多个布局来显示不同的视图，每个视图有不同的打印比例和图样大小，通过布局的设置，可多侧面的表现同一设置图形。用户还可根据“布局向导”和“来自样板的布局”来创建所需要的新布局。本书着重介绍使用“布局向导”创建所需要的新布局的方法。

（1）启动布局向导命令。

1）菜单：插入→布局→布局向导。

2）命令：Layoutwizard。

采用以上任一方法后显示图 12－4 所示“创建布局－开始”对话框，在该对话框中分步设置。

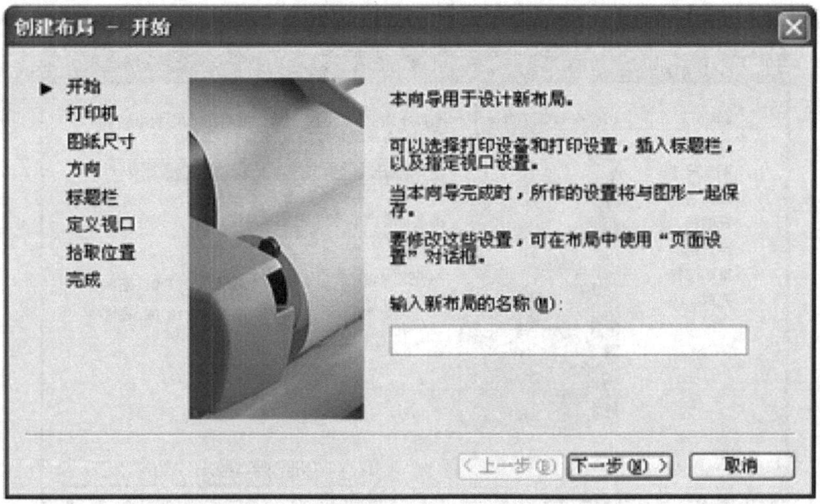

图 12-4　“创建布局-开始”对话框

（2）建立新布局的名称。在对话框中输入新创建布局的名称（图名）。

（3）单击【下一步】按钮，显示图 12-5 所示“打印机配置”对话框，在对话框中选择当前用户所配置的打印机型号。

（4）单击【下一步】按钮，显示图 12-6 所示“图纸尺寸”对话框，在对话框中用户选择所需要的图幅和单位。

（5）单击【下一步】按钮，显示图 12-7 所示“图形方向”对话框，在对话框中选择图形在图纸上的方向。

（6）单击【下一步】按钮，显示图 12-8 所示“标题栏”对话框，在对话框中选择用户所需要的标题栏。

（7）单击【下一步】按钮，显示图 12-9 所示“定义视口”对话框，在对话框中确定视口及视口比例。

（8）单击【下一步】按钮，显示图 12-10 所示“拾取位置”对话框，在对话框中确定拾取位置。

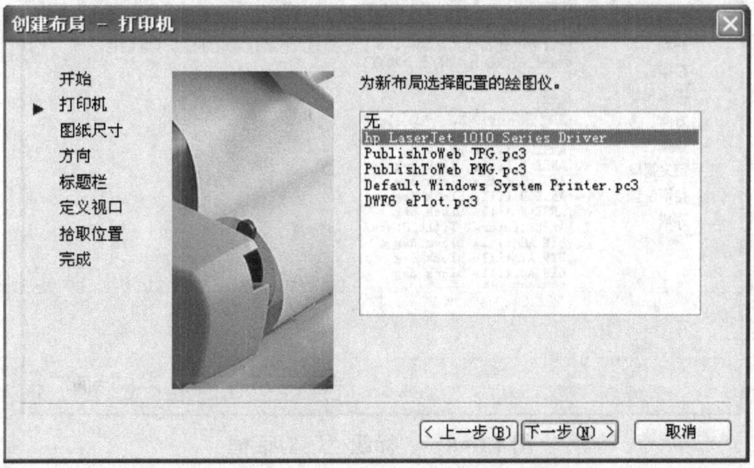

图 12-5　“打印机配置”对话框

（9）单击【下一步】按钮，最后单击【完成】按钮。

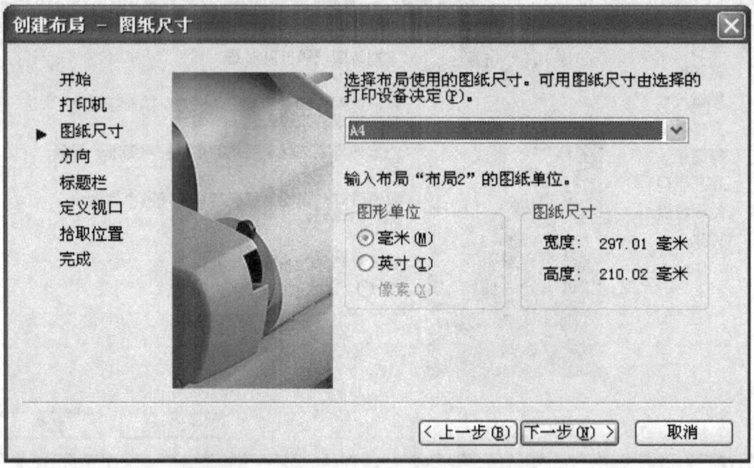

图 12－6 “图纸尺寸”对话框

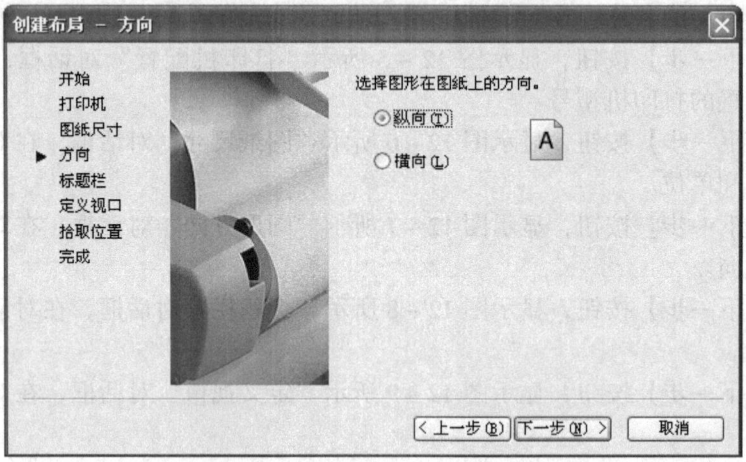

图 12－7 “图形方向”对话框

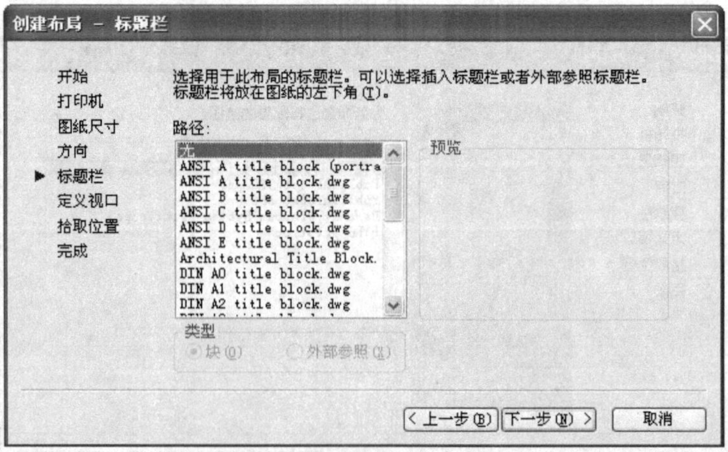

图 12－8 “标题栏”对话框

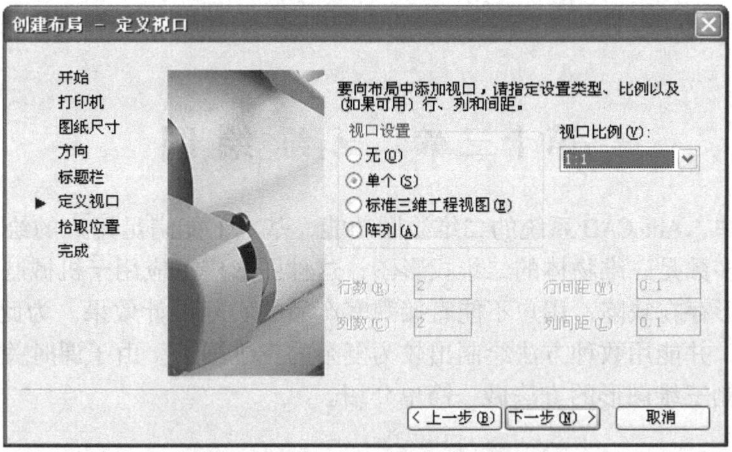

图 12－9 “定义视口”对话框

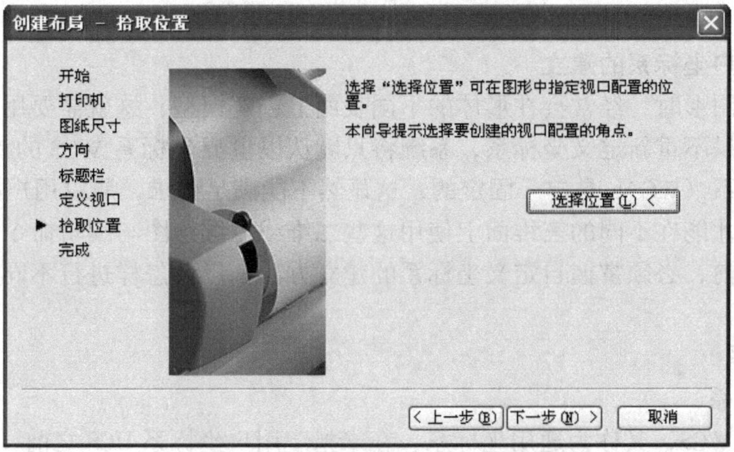

图 12－10 “拾取位置”对话框

第十三章　三 维 绘 图

在工程绘图中，AutoCAD 系统的二维绘图功能，基本上能满足用户的绘图需要。我们日常绘制的图形大多数是三维物体的二维投影图，这种图形广泛应用于机械制造、建筑工程等行业。但这种图形存在缺陷，用户不能直接观察产品的实际设计效果。为此，AutoCAD 提供了三维绘图功能，并能用数种方法绘制出较为复杂的三维图形。由于课时关系，本章只能对利用 AutoCAD 绘制三维图形的方法做一简单介绍。

第一节　三维用户坐标系

一、三维用户坐标系的建立

在绘制三维图形时，经常会在形体的不同表面上创建模型，这就需要用户不断地改变当前的绘图面，如果不重新定义坐标系，系统将只默认以世界坐标系 WCS 的 XOY 面为绘图基面，而世界坐标系（WCS）是单一固定的，这显然不能满足要求，所以用户必须自己定义当前坐标面，这样才能在不同的三维面上使用这些二维或三维绘图与编辑命令。为此，在讲述三维绘图命令之前，必须掌握自定义坐标系的建立方法，以及怎样进行不同坐标系的转换方法。

（一）坐标系

1. 世界坐标系

世界坐标系 WCS，又称为通用坐标系，在未指定用户坐标系 UCS 之前，AutoCAD 将世界坐标系设为默认坐标系，世界坐标系是固定的，不能改变。

2. 用户坐标系

用户坐标系 UCS 为坐标输入、操作平面和视窗提供一种可变的坐标。对象将绘制在当前的 UCS 的 XOY 平面上。

3. 坐标系的坐标轴方向

世界坐标系、用户坐标系的坐标轴方向按右手法则定义：

右手法则：以相互垂直的右手的大拇指（为 X 轴正向），食指（为 Y 轴正向）、中指（为 Z 轴正向）表示。

（二）创建用户坐标系

1. 功能

为在不同形体表面上作图，必将坐标系设为当前作图面的方向和位置。且能灵活调整，使三维绘图简化为二维平面绘图。

2. 操作方法

调用

（1）命令行：UCS。

（2）菜单：工具→新建 UCS。

（3）图标：在 UCS 工具栏中（图 13－1）。

图 13－1 UCS 工具栏

启用 UCS 命令后，提示：输入选项［新建（N）/移动（M）/正交（G）/上一个（P）/恢复（R）/保存（S）/删除（D）/应用（A）/？/世界（W）］〈世界〉：

（三）选项

（1）新建：可用以下 7 种方法之一创建新 UCS。

1）原点：移动当前 UCS 的原点，保持其 X、Y、Z 轴的方向不变，定义新坐标系。

2）Z 轴：指定 Z 轴正半轴定义新 UCS。

3）三点：指定新 UCS 原点及 X 轴、Y 轴的正方向定义新 UCS。

4）对象：根据选定三维对象定义新的坐标系。

5）面：将 UCS 与选定实体对象的面对正。

6）视图：以垂直于视图方向（平行于屏幕）的平面为 XY 平面，建立新 UCS。

7）X，Y，Z：绕指定轴旋转当前 UCS，建立新 UCS。

（2）移动：平移原点或修改当前 UCS 的 Z 轴深度，重新定义 UCS，但保留其 XY 平面的原始位置不变。

（3）正交：指定六个正交 UCS 中的一个。

（4）上一个：恢复上一个 UCS。

（5）恢复：恢复已保存的 UCS，使它成为当前 UCS。

（6）保存：把当前 UCS 按指定名称保存（可用 255 个字符，包括字母、数字、汉字、特殊字符）。

（7）删除：从已保存的坐标系中删除指定的 UCS。

（8）应用：将当前 UCS 应用到其他视口。

（9）？：列表显示 UCS

（10）世界：将当前 UCS 设置为 WCS，WCS 是所有 UCS 的基础，且不能被重新定义。

（四）举例

1. 新建用户坐标系

（1）新建一个 UCS：当前坐标系 WCS，如图 13－2a 所示。

启用 UCS 命令后，提示：输入选项［新建（N）/移动（M）/正交（G）/上一个（P）/恢复（R）/保存（（S）/删除（D）/应用（A）/？/世界（W））〈世界〉：→输入：N↙→提示：指定新 UCS 的原点或［Z 轴（ZA）/三点（3）/对（OB）/面（F）/视图（V）/X/Y/Z］〈0，0，0〉：→输入：3↙→提示：指定新原点〈0，0，0〉→指定一点（1）→提示：在正 X 轴范围上指定点〈当前点坐标〉：→指定一点（2）→提示：在 UCSXY 平面的正 Y 轴范围上指定点：→指定一点（3）。

（2）保存 UCS，并命名为 UCS1：启用 UCS 命令→提示：输入选项［新建（N）/移动（M）正交（G）/上一个（P）/恢复（R）/保存（S）/删除（D）应用（A）/？/世界（W）］〈世界〉：→输入：S↙→提示：输入当前保存的 UCS 的名称：→输入：UCS1↙，如图 13－2b

所示。

2. 旋转用户坐标系

启用 UCS 命令（当前 UCS 名称）→提示：输入选项［新建（N）/移动（M）/正交（G）/上一个（P）/恢复（R）/保存（S）/删除（D）/应用（A）/?/世界（W）］〈世界〉：→输入：N↙→提示：指定新 UCS 的原点或［Z 轴（ZA）/三点（3）/对象（OB）/面（F）/视图（V）/X/Y/Z］〈0，0，0〉：→输入：Z↙→提示：指定绕 Z 轴旋转角度〈90〉：→↙（此时，UCS 绕 Z 轴逆时针旋转 90 度），如图 13－2c 所示。

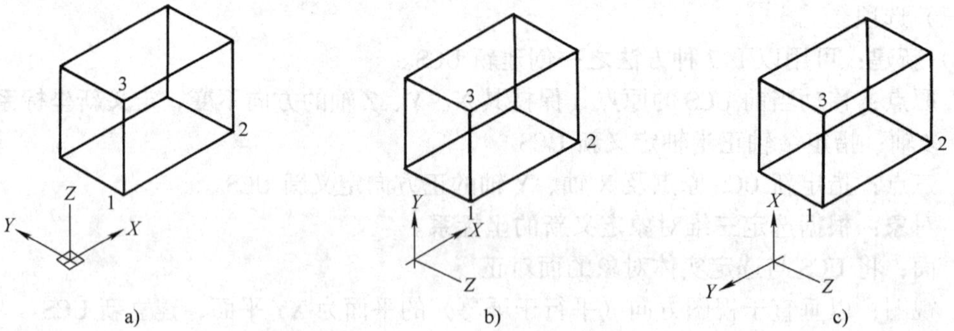

图 13－2 新建用户坐标系 UCS1

a）世界坐标系 b）新建用户坐标系 c）旋转 UCS1

3. 移动用户坐标系

单击图标（在 UCSⅡ工具栏中）→提示：指定新 UCS 的原点或［Z 轴］〈0，0，0〉→指定点 *B*（此时，UCS 的原点从点 *A* 移动点 *B*），如图 13－3 所示。

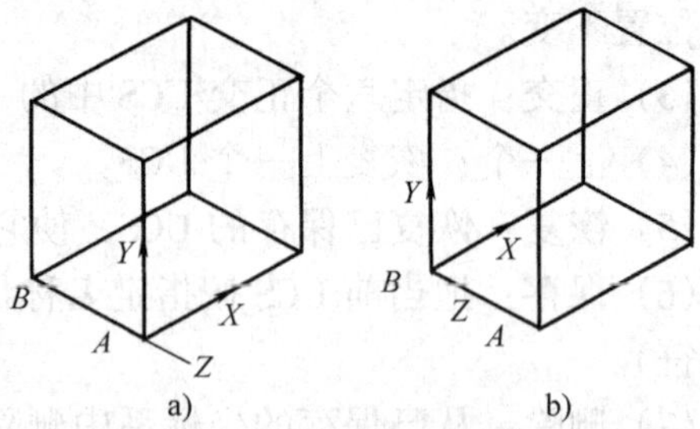

图 13－3 移动用户坐标系

a）移动前 b）移动后

二、三维用户坐标系的管理

通过“UCS”对话框，可管理用户坐标系。

调用

（1）命令行：UCSman。

（2）菜单：工具→命名 UCS。

（3）图标：在 UCS 工具栏中。

启用命令后→显示 UCS 对话框，如图 13－4 所示。

对话框中有三个选项卡：

（1）命名 UCS 选项卡　列出用户坐标系并设置当前 UCS。如果 UCS 设置没有保存和命名，则当前 UCS 显示未命名，如图 13－4 所示。

注：在对话框中，用鼠标双击已命名或未命名的 UCS，可对其重新命名。

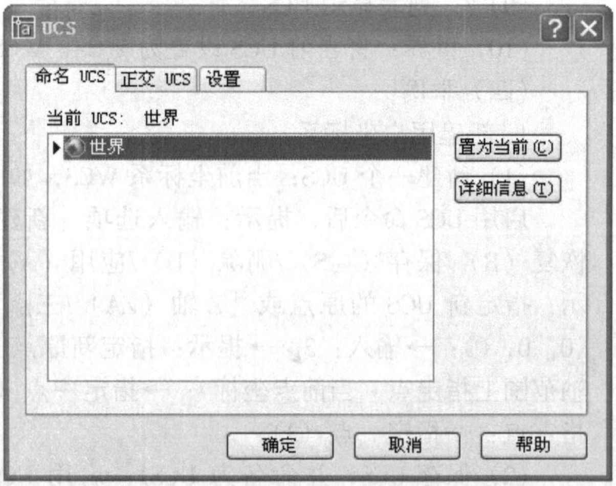

图 13－4 UCS 对话框

单击某一 UCS，再单击【详细信息】按钮，则显示 UCS 详细资料对话框。

(2) 正交 UCS 选项卡　将 UCS 改为一种正交 UCS 设置，如图 13－5 所示，列出当前坐标系中的六个正交坐标系。

(3) “设置”选项卡　UCS 图标设置和 UCS 设置，如图 13－6 所示。UCS 图标设置，是指当前视图的 UCS 图标设置。设置是指当前视口的 UCS 设置。

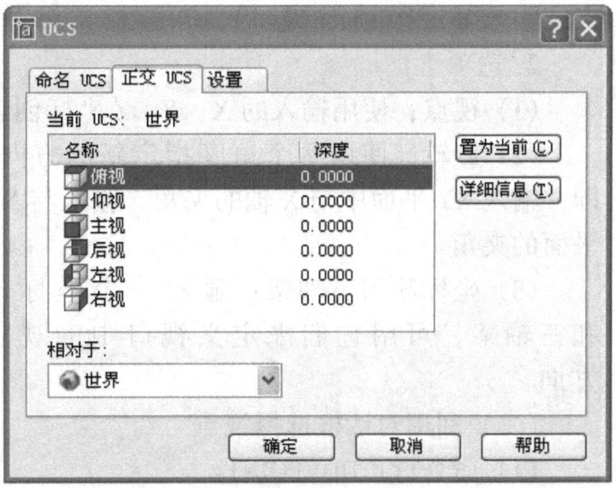

图 13－5　“正交”选项卡

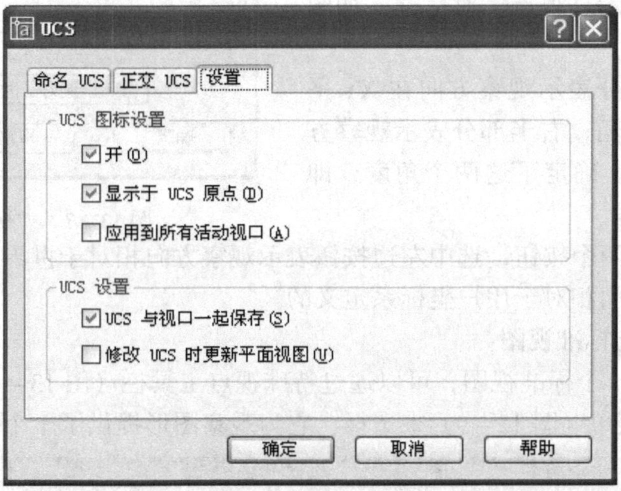

图 13－6　“设置”选项卡

第二节　显示与观察三维实体

一、视点

视点是指用户在三维空间中观察三维图形的位置，将观察者置于一个位置上观察图形，就好像从空间中的一个指定点向原点（0，0，0）方向观察。AutoCAD 提供了多种设置视点的方法：用视点（VPOINT）命令设置视点（不能用在图纸空间中），用罗盘方式交互定义视点，利用对话框或下拉菜单选择特殊视点等。

（一）用视点命令设置视点

1. 操作方法

调用

(1) 命令行：VPOINT。

(2) 菜单：视图→三维视图/视点（启用菜单命令，只显示坐标和三轴架）

启用 Vpoint 命令后，提示：指定视点或［旋转（R）］〈显示坐标球和三轴架〉：指定一点或输入 R 或按 Enter 键。

2. 选项

(1) 视点：使用输入的 X、Y、Z 坐标创建一个矢量，该矢量定义了观察视图的方向。

(2) 旋转：使用两个角度指定新的方向。即：输入 XY 平面中与 X 轴的夹角，输入与 XY 平面的夹角。

(3) 坐标球和三轴架：显示一个坐标球和三轴架，可用它们来定义视口中的观察方向。

（二）利用对话框选择视点

(1) 命令行：DDVPOINT。

(2) 菜单：视图→三维视图→视点预置。

启用命令后，显示“视点”对话框，如图 13－7 所示。

对话框中左半部分表示观察方向在 XY 平面上投影与 X 轴的夹角，右半部分表示观察方向与 XY 平面的夹角。确定了这两个角度，即可确定新的观察方向。

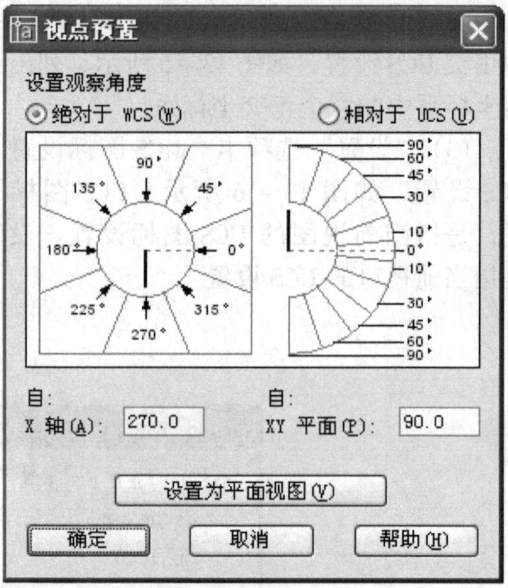

图 13－7 “视点”对话框

对话框的上方有两个按钮，选中左边按钮表示观察方向相对于世界坐标系定义的；选中右边按钮表示观察方向相对于用户坐标系定义的。

（三）特殊视点与标准视图

AutoCAD 提供了十个标准视图，可以通过特殊视点工具栏（图 13－8）或通过菜单：“视图→3D 视图”的子菜单（图 13－9）来选择，它为观察图形提供了十个特殊视点。

图 13－8 特殊视点工具栏

二、消隐

为提高观察效果，增加立体感，常用消隐（HIDE）命令暂时隐藏位于实体背后的被遮挡的轮廓线。另外，在绘图输出时，也常用此命令，使绘出的图形显示真实效果。

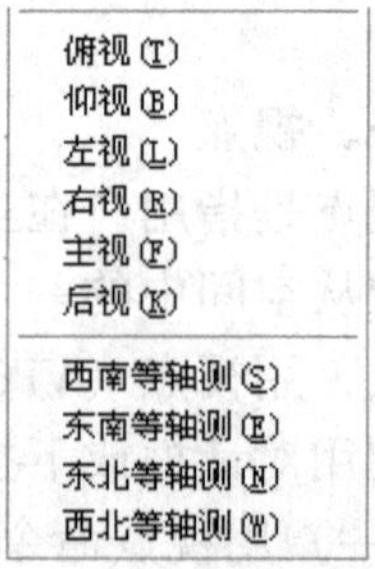

图 13－9 3D 视图子菜单

1. 操作方法

调用

(1) 图标：在渲染工具栏中（图13－10a）或在着色工具栏中（图 13－10b）。

(2) 菜单：视图→消隐；或视图→着色→消隐。

(3) 命令行：hide。

2. 举例（图 13－11）。

三、着色

1. 功能

生成明暗效果的三维图形。即当前视图中的三维模型的各个面被单一颜色填充成明暗相间的逼真图像。

2. 操作方法

(1) 菜单：视图→着色。

(2) 命令行：SHADE↙。

a)

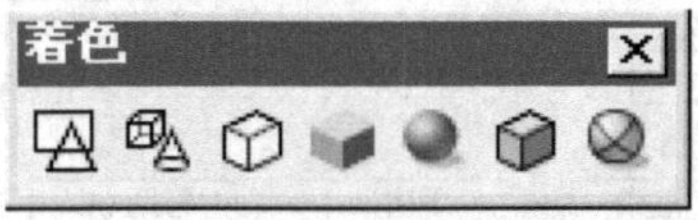

b)

图 13－10 渲染工具栏与着色工具栏

a）渲染工具栏 b）着色工具栏

选择着色方案后，在视图中的三维图形会自动着色处理，如图 13－12 所示。

3. 渲染

启用渲染命令（单击图标 或单击菜单："视图→渲染→渲染"或命令行输入：render↙）→显示"渲染"对话框（图 13－13），在对话框中，对着色类型、场景、渲染方式、渲染过程、渲染后图形的输出位置、背景、效果、颜色调配等选项进行设置，再单击"渲染"按钮。

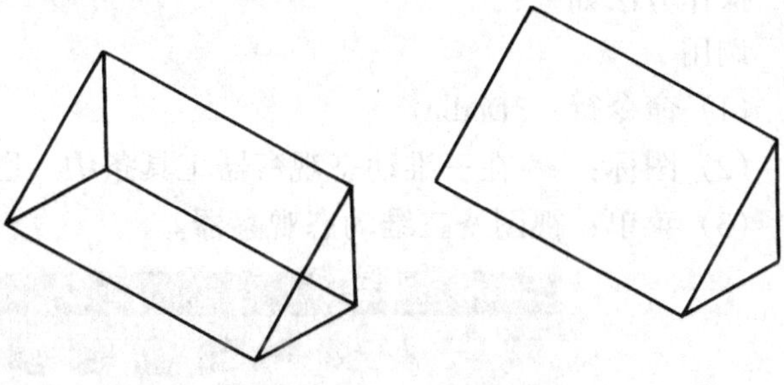

a) b)

图 13－11 消隐

a）消隐前 b）消隐后

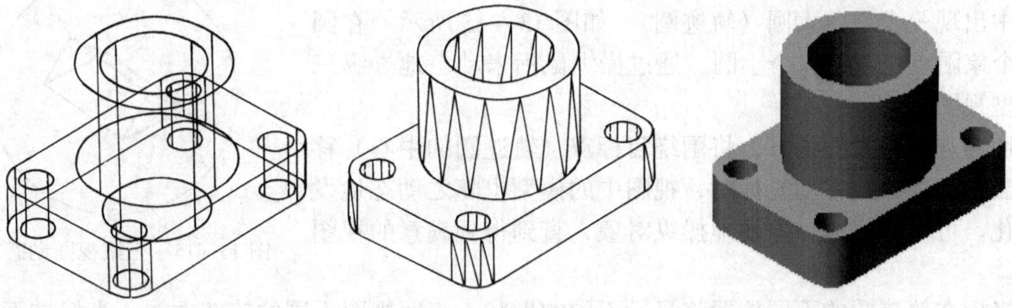

a) b) c)

图 13－12 着色

a）线框图 b）消隐图 c）着色图

四、三维动态观察

1. 三维视图动态旋转

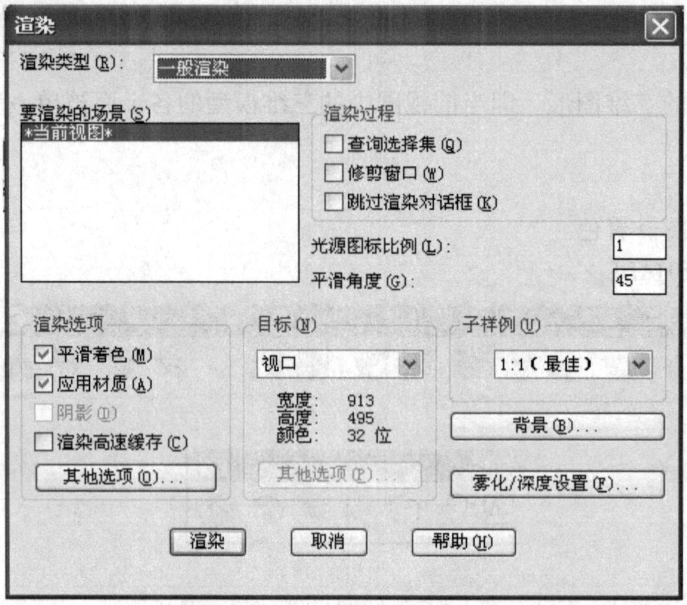

图 13-13 "渲染"对话框

用三维动态观察器（3D ORBIT）命令在当前视图中动态地、交互地操纵三维对象的视图。

操作方法如下：

调用

（1）命令行：3Dorbit。

（2）图标：在三维动态观察器工具条中（图 13-14）。

（3）菜单：视图→三维动态观察器。

图 13-14 三维动态工具条

启用命令后，AutoCAD 将进入交互式动态视图状态中，在视图中出现一个绿色大圆（轨迹圆），如图 13-15 所示。在圆的 4 个象限点位置有 4 个小圆，通过操纵鼠标来动态地操纵三维模型视图。

用户观察视图的视点，将围绕目标点（轨迹圆的中心）移动，当以某种方式移动光标时，视图中的模型也随之动态地发生变化。可以直观地、方便地操纵对象，直到得到满意的视图为止。

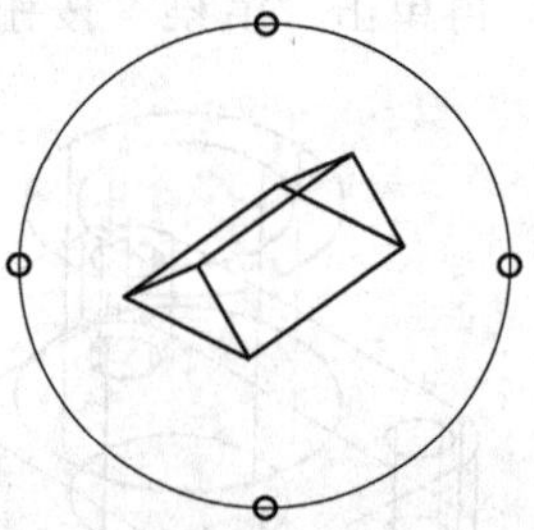

图 13-15 三维视图动态旋转

光标在轨迹圆的不同位置将显示不同的形状，表明视图不同的旋转方向。光标在不同位置时的显示方式使三维视图有以下几种旋转形式：

（1）当在轨迹圆内移动光标时→此时拖动光标，可自由地控制视图旋转。

（2）当在轨迹圆外移动光标时→此时拖动光标，可使视图绕过轨迹圆中心点垂直于屏幕的轴线（Z 轴）旋转。

（3）当在轨迹圆左边或右边的小圆上移动光标时→此时拖动光标，可使视图绕过轨迹圆中心点的垂直轴线（Y 轴）旋转。

（4）当在轨迹圆的上方或下方的小圆上移动光标时→此时拖动光标，可使视图绕经过轨迹圆中心点的水平轴线（X 轴）旋转。

2. 三维视图连续旋转

调用

（1）命令行：3D Corbit。

（2）图标：在三维动态观察器工具条中（图 13－14）。

快捷菜单：三维动态观察器→其他→连续观察（图 13－16）。

启用命令后，AutoCAD 将进入到交互式视图状态中，当在图形区单击鼠标左键并朝某一方向拖动光标时，图形中的对象将沿着光标拖动的方向开始移动或转动。松开鼠标左键后，对象将继续自动沿指定的方向移动或转动。光标移动的速度决定了视图中模型转动的速度。

可通过重新单击并拖动鼠标来改变图形连续旋转方向。当模型旋转到所要求的合适方位后，单击鼠标左键以停止模型的转动而得到理想的视图。

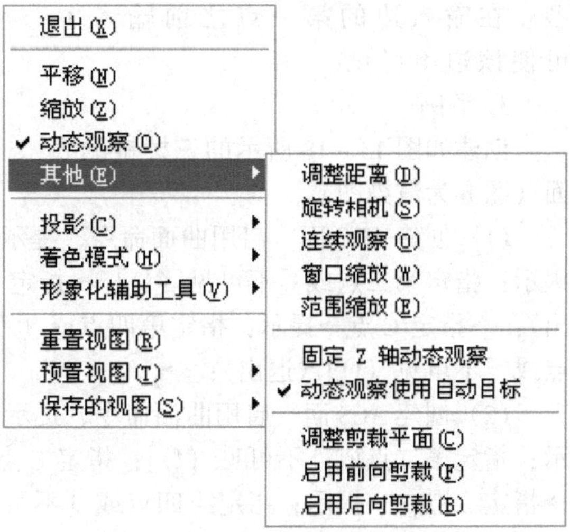

图 13－16　三维视图连续旋转快捷菜单

第三节　三维表面的绘制

一、三维表面

1. 操作方法

调用

（1）图标：在曲面工具栏中（图 13－17）。

（2）菜单：绘图→曲面/三维面。

（3）命令行：3Dface。

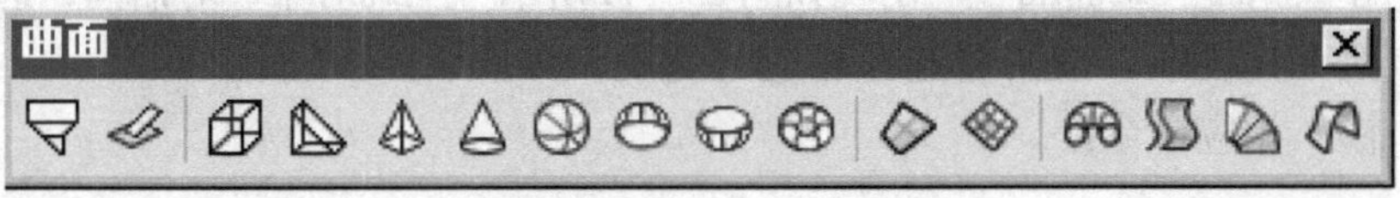

图 13－17　曲面工具栏

启用三维曲面命令后，命令行提示：指定第一点或［不可见（I）］→指定点（1）或输入 I↙→提示：指定第二点［不可见（I）］指定点（2）或输入 I↙→提示：指定第三点或［不可见（I）］〈退出〉→指定点（3）或输入 I↙→提示：指定第四点或［不可见（I）］〈创建三侧面〉→指定点（4）、输入 I↙或↙。

AutoCAD 系统重复提示第三点和第四点，直到按回车键为止。

2. 选项

（1）第一点：定义三维面的起点。指定起点后，按顺时针或逆时针方向输入其余的点，以创建三维面。

（2）不可见：控制三维面各边的可见性，以便建立有孔对象的正确模型。在输入边的第一点之前输入 I，可使该边不可见。

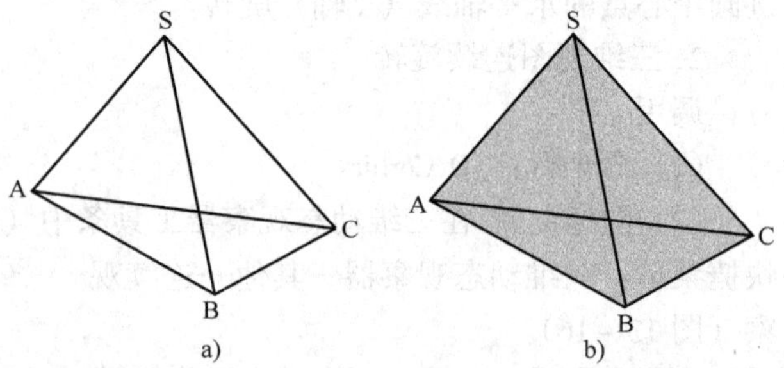

图 13－18　绘制三棱锥表面

a）渲染前　b）渲染后

3. 举例

创建如图 13－18 所示的三棱锥的表面（图 b 为渲染图）。

（1）创建 ABC 面　启用曲面命令，提示：指定第一点或［不可见（I）］：→指定 A 点→提示：指定第二点或［不可见（I）］→指定 B 点→提示：指定第三点或［不可见（I）］〈退出〉：→指定 C 点→提示：指定第四点或［不可见（I）］〈创建三侧面〉↙→提示：指定第三点或［不可见（I）］〈退出〉：→↙。

（2）创建 ACS 面　启用曲面命令，提示：指定第一点或［不可见（I）］→指定 A 点→提示：指定第二点或［不可见（I）］：指定 C 点→提示：指定第三点或［不可见（I）］〈退出〉：→指定 S 点——→提示：指定第四点或［不可见（I）］〈创建三侧面〉→提示：指定第三点或［不可见（I）］〈退出〉：→↙。

（3）创建 BCS 面　启用曲面命令，提示：指定第一点或［不可见（I）］→指定 B 点→提示：指定第二点或［不可见（I）］：→指定 C 点→提示：指定第三点或［不可见（I）］〈退出〉：→指定 S 点→提示：指定第四点或［不可见（I）］〈创建三侧面〉→提示：指定第三点或［不可见（I）］〈退出〉：→↙。

二、基本三维曲面

基本三维面包括长方体表面（ai _ box）、棱锥表面（ai _ pyramid）、楔体表面（ai _ wedge）、上半球面（ai _ dome）、球面（ai _ sphere）、圆锥面（ai _ cone）、圆环面（ai _ torus）、下半球面（ai _ dish）、网格（ai _ mesh）等。

1. 操作方法

调用

菜单：绘图→曲面/三维曲面……出现如图 13－19 所示“三维对象”对话框，选择相应命令。

图标：曲面工具栏中，按需要选择相应的选项，如图 13－17 所示。

命令行：输入相应命令。

2. 举例

（1）绘制长方体表面，如图 13－20 所示。

命令行：_ ai _ box。

图标：曲面工具栏中。

菜单：绘图→曲面→三维曲面→长方体。

启用曲面命令后，提示：指定长方体的角点→输入：300，100，0↙→提示：指定长方体的长度→输入：160↙→提示：指定长方体宽度或［正方体 C］→输入：100↙→提示：指定长方体高度→输入 150↙→提示：指定长方体表面绕 Z 轴旋转角度输入：0↙。

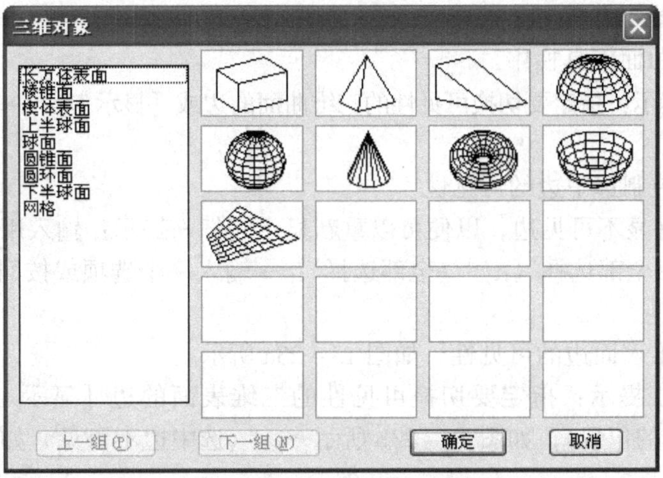

图 13－19　“三维对象”对方框

（2）绘制球体表面，如图 13－21 所示。

命令行：_ ai _ sphere。

菜单：绘图→曲面→三维曲面→球体。

图标：在曲面工具栏中。

启用曲面命令后，提示：指定球体中心→输入：600，200↙→提示：指定球体半径或直径（D）→输入：100↙→提示：指定球体表面经线数目〈16〉→↙→指定球体表面纬线数目〈16〉→↙。

（3）绘制圆锥体表面，如图 13－22 所示。

命令行：_ ai _ cone。

菜单：绘图→曲面→三维曲面→圆锥体。

图标：在曲面工具栏中。

启用曲面命令后，提示：指定圆锥体底面中心点→输入：400，300，0↙→提示：指定圆锥面底面半径或［直径（D）］→输入：150↙→提示：指定圆锥面顶面半径或［直径（D）］〈0〉→输入：0↙→提示：指定圆锥面的高度→输入：100↙→提示：指定圆锥表面线段数〈16〉→↙。

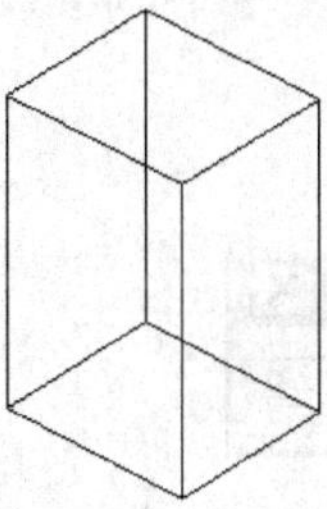

图 13－20　长方体表面

图 13－21　球面

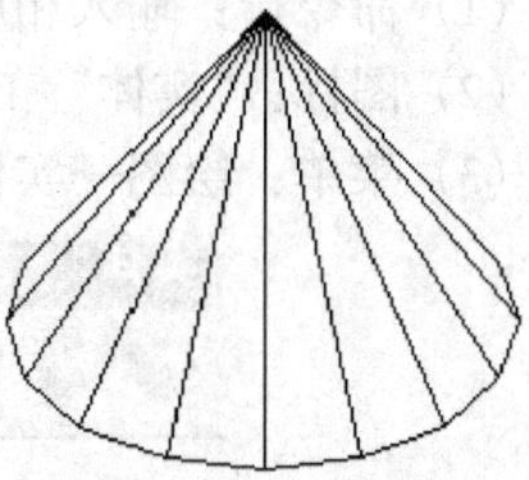

图 13－22　圆锥面

三、边命令

边命令可修改三维表面的边缘可见性。

1. 操作方法

调用

（1）命令行：edge。

（2）菜单：绘图→曲面/边。

（3）图标：◇曲面工具栏中。

启用命令后，提示：指定要切换可见性的三维曲面的边或［显示 D］：→输入：D 或选择边。

2. 选项

（1）选择边：控制选中边的可见性。

（2）显示 D：亮显不可见边，以便可以重新显示它们→提示：输入用于隐藏边显示的选择方法［选择（S）/全部选择（A）］〈全部选择〉：→输入一个选项或按回车键。

3. 举例

用于控制三棱锥表面边的可见性，如图 13 – 23a 所示。

启用边命令后，提示：指定要切换可见性的三维表面的边［显示 D］：→选择一条边（用捕捉中点提示边的位置），如图 13 – 23b 所示→↙（选中边不可见）如图 13 – 23c 所示。

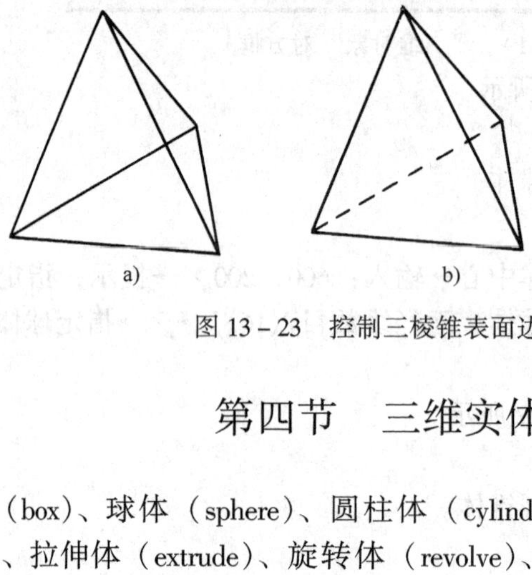

图 13 – 23　控制三棱锥表面边的可见性

第四节　三维实体造型

含长方体（box）、球体（sphere）、圆柱体（cylinder）、圆锥体（cone）、楔体（wedge）、圆环体（torus）、拉伸体（extrude）、旋转体（revolve）、剖切（slice）、截面（section）、干涉（interfere）等。

操作方法

调用

（1）命令行：输入相应命令。

（2）图标：“实体”工具栏中，单击相应图标，如图 13 – 24 所示。

（3）菜单：绘图→实体→相应选项，如图 13 – 25 所示。

图 13 – 24　实体工具栏

一、基本实体造型

（一）长方体

1. 操作方法

调用

（1）命令行：_ box。

（2）菜单：绘图→实体→长方体。

（3）图标：在实体工具栏中。

启用命令后，提示：指定长方体的角点或［中心点（CE）］〈0，0，0〉→指定点（1）或按 Enter 键或输入 CE→提示：指定角点或［立方体（C）/长度（L）］→指定点（2）或输入一个选项→提示：指定高度→指定一个距离。

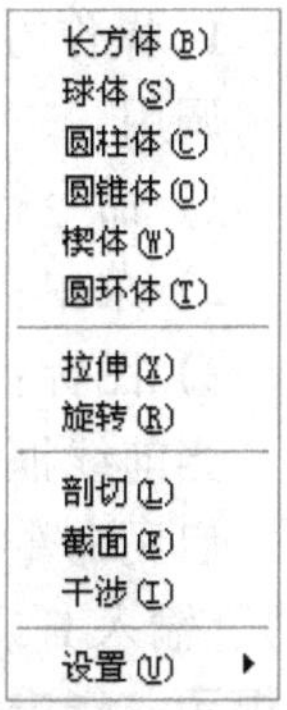

图 13－25　实体菜单

2. 举例

创建图 13－26 所示的长方体三维实体模型。

（1）用角点和高度绘制长方体：启用命令后，提示：指定长方体的角点或［中心点（CE）］〈0，0，0〉→输入：200，0，0↙→提示：指定角点［立方体（C）/长度（L）］→输入：350，80，0↙→提示，指定高度→输入：60↙。

（2）用中心、长度、宽度、高度绘制长方体：启用命令后，提示：指定长方体的角点或［中心点（CE）］〈0，0，0〉→输入：CE↙→提示：指定长方体的中心点→输入：130，110，0↙→提示：指定角点或［立方体（C）/长度（L）］→输入：L↙→提示：指定长度→输入：150↙→提示：指定宽度→输入：80↙→提示：指定高度→输入：60↙。

（二）球体

1. 操作方法

调用

（1）命令行：sphere。

（2）菜单：绘图→曲面→实体→球体。

（3）图标：在实体工具栏中。

启用命令后，提示：指定球体球心〈0，0，0〉→指定一点或按 Enter 键→提示：指定球体半径或［直径（D）］→输入半径值，并按 Enter 键或（输入 d→输入直径值，按 Enter 键）。

2. 举例

创建如图 13－27 所示球体的三维实体模型。

（1）用半径方法绘制球体：启用命令后，提示：当前线框密度 ISOLINES = 8→↙→提示：指定球心〈0，0，0〉→输入：200，140，0↙→提示：指定半径或［直径（D）］→输入：60↙。

（2）用直径方法绘制球体（过程略）。

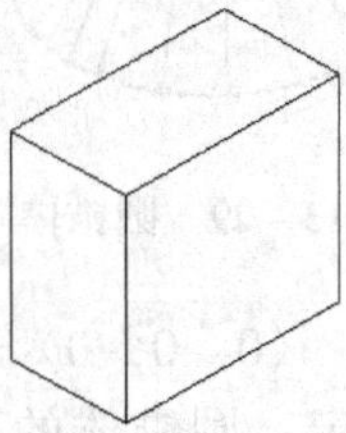

图 13－26　长方体

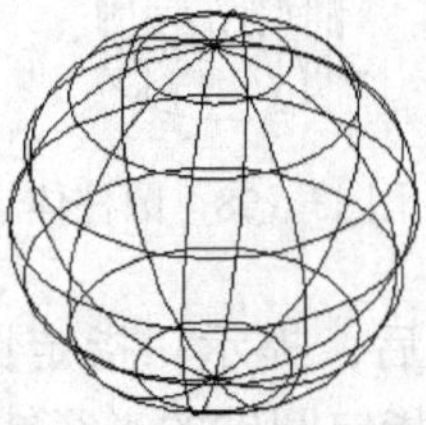

图 13－27　球体

（三）圆柱体

1. 操作方法

调用

1）命令行：cylinder。

2）菜单：绘图→曲面→实体→圆柱体。

3）图标：在实体工具栏中。

当前线框密度 ISOLINES = 当前值，按 Enter 键或输入一个新值。

启用命令后，提示：指定圆柱底面的中心点或［椭圆（E）］〈0，0，0〉→指定中心（1）、输入 E 或按 Enter 键→提示：指定圆柱体的半径或［直径（D）］→指定半径值或输入 D→提示：指定圆柱体的高度或［加一个圆心（C）］→指定高度值或输入 C→提示：指定圆柱体的另一个圆心→指定点（2）。

2. 举例

创建如图 13－28 所示圆柱体的三维实体模型。

启用命令后，提示：指定圆柱体底面的中心点或［椭圆（E）］〈0，0，0〉→输入：150，100，0↙→提示：指定圆柱体的半径或［直径（D）］→输入：60↙→提示：指定圆柱体的高度或［另一个圆心（C）］：→输入：60↙。

（四）圆锥体

1. 操作方法

调用

（1）命令行：_ cone。

（2）菜单：绘图→实体→圆锥体。

（3）图标：在实体工具栏中。

Isolines = 16（当前值线框值）

启用命令后，提示：指定圆锥体的中心点或［椭圆（E）］〈0，0，0〉→指定点（1）、或按 ENTER 键→提示：指定圆锥体的半径或［直径（D）］→输入半径值或 D→指定：圆锥体的高度或［顶点（A）］→输入高度值或输入 a。

2. 举例

创建 13－29 所示的圆锥体的三维实体模型。

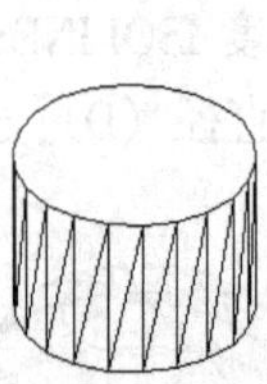

图 13－28　圆柱体

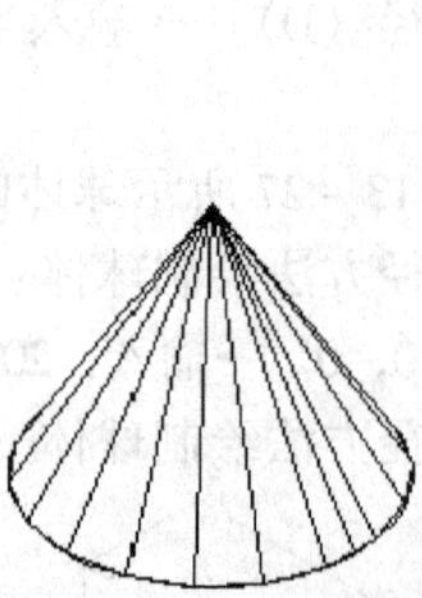

图 13－29　圆锥体

启用命令后，提示：指定圆锥体的中心点或［椭圆（E）］〈0，0，0〉→输入：150，100，0↙→：指定圆锥的半径或［直径（D）］→输入 50↙→指定：圆锥体的高度或［顶点（A）］→输入：80↙。

绘制好三维实体后，应选择观察视点（以上实体造型，选择视点为西南等轴测），并对实体采用“消隐”或“着色”，这样才能得到真实感图形的显示效果。

二、复杂实体造型

复杂实体造型方法主要有：拉伸、旋转、剖切、截面、干涉等。

（一）拉伸实体造型

用拉伸（EXTRUDE）命令沿 Z 轴或某一个方向拉一个 2D 对象而生成的实体。待拉伸的对象称之为断面。用户可以拉伸任何 2D 封闭多段线、多边形、圆、椭圆、封闭样条曲线、圆环和面域。如果用直线或弧来创建断面，在使用拉伸命令之前用菜单：“[修改]→多段线→连接（J）”命令把它们转换为单一的多段线对象或使它们在一个面域里。多段线对象的顶点数不能超过 500 个和小于 3 个。拉伸（EXTRUDE）命令不能拉伸包含在块中的对象，也不能拉伸具有相交或自相交的多段线。如果选定的多段线具有宽度或选定的对象具有厚度，AutoCAD 将忽略该宽度和厚度。

1. 操作方法

调用

（1）菜单：绘图→实体→拉伸。

（2）命令行：extrude。

（3）图标：在实体工具条中。

启用命令后→提示：当前线框密度 ISOLINES = 当前值→提示：选择对象→选择待拉伸的对象（即截面图形，可用窗口方式或直接拾取）→提示指定拉伸高度或［路径（P）］→输入高度值或按 P→提示：指定拉伸的倾斜角度〈0〉→输入角度值或按 Enter 键。

注：系统角度默认值为 0 时，会使实体侧面垂直于 XY 平面（没有锥度），如图 13 – 30a 所示；正角度值会使侧面向里靠（内锥度），如图 13 – 30b 所示；负角度值会使侧面向外靠（外锥度），角度的绝对值不能大于 90°。

2. 举例

创建如图 13 – 30 所示的棱柱体、棱锥体的三维实体模型。

启用命令后→提示：当前线框密度：ISOLINES = 当前值→提示：选择对象→选择待拉伸的截面八边形→↙→提示：指定拉伸高度或［路径（P）］→输入：20↙→提示：指定拉伸的倾斜角度〈0〉→↙（图 13 – 30a）或输入：15↙（图 13 – 30b）

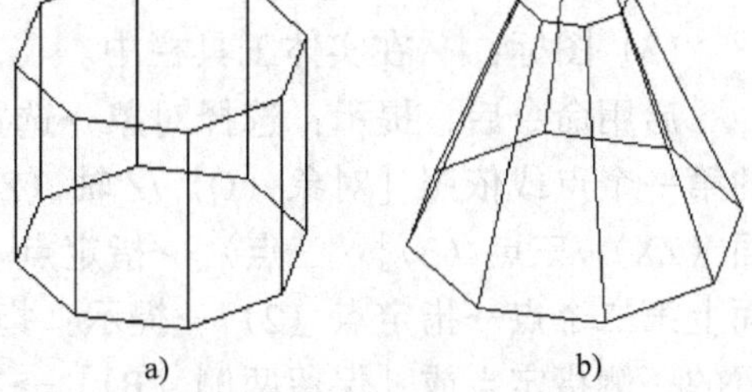

图 13 – 30　拉伸实体造型

（二）旋转实体造型

绕轴旋转二维对象，以创建实体。可以旋转闭合多段线、多边形、圆、椭圆、闭合样条曲线、圆环和面域。不能旋转包含在块中的对象及相交或自相交的多段张。一次只能旋转一个对象。

1. 操作方法

调用

（1）命令行：revolve。

（2）图标：在实体工具栏中。

(3) 菜单：绘图→实体→旋转。

启用命令后，提示：当前线框密度 ISOLINES = 当前值→提示：选择对象→选择待旋转的截面→按 Enter 键→提示：指定旋转轴的起点或定义轴依照［对象（O）/X 轴（X）/Y 轴（Y）］：→指定点（1）或输入一个选项→提示：指定轴端点→提示点（2）→提示：指定旋转角度〈360〉→指定一个角度或按 Enter 键。

2. 选项

X：使用当前 UCS 的正向 X 轴作为旋转轴的正方向。

Y：使用当前 UCS 的正向 Y 轴作为旋转轴的正方向。

3. 举例

创建如图 13 - 31b 所示的旋转实体的实体模型。

启用命令后，提示：当前线框密度 ISOLINES = 当前值→提示：选择对象→选择三边形，如图 13 - 31b 所示→↙→提示：指定旋转的起点或定义轴依照［对象（O）/X 轴（X）/Y 轴（Y）］→在直线上指定一点→指定轴端点→在直线上指定第二点→提示：指定旋转角度〈360〉→180↙。

图 13 - 31　旋转实体造型

（三）剖切实体造型

用平面剖切一组实体。

1. 操作方法

调用

(1) 命令行：slice。

(2) 菜单：绘图→实体→剖切。

(3) 图标：在实体工具栏中。

启用命令后，提示：选择对象→选择要剖切的对象，并按 Enter 键→提示：指定切面上的第一个点或依照［对象（O）/Z 轴（Z）/视图（V）/XY 平面（XY）/YZ 平面（YZ）/ZX 平面（ZX）/三点（3）］〈三点〉→指定点（1）或输入一个选项或按 ENTER 键→提示：指定平面上第二个点→指定点（2）→提示：指定平面上的第三个点→指定点（3）→提示：在要保留的一侧指定点或［保留两侧（B）］→在要保留的一侧指定点或输入 B↙。

2. 举例

创建如图 13 - 32 所示的剖切实体的实体模型。

启用命令后，提示：选择对象→选择圆锥体→↙→提示：指定切面上的第一个点或依照［对象（O）/Z 轴（Z）/视图（V）/XY 平面（XY）/YZ 平面（YZ）/ZX 平面（ZX）/三点（3）］〈三点〉→指定点 A→提示：指定平面上的第二个点→指定点 B→指定平面上的第三个点→指定点 C→提示：在要保留的一侧指定点或［保留两侧（B）］→在 ABC 平面左侧指定一点。

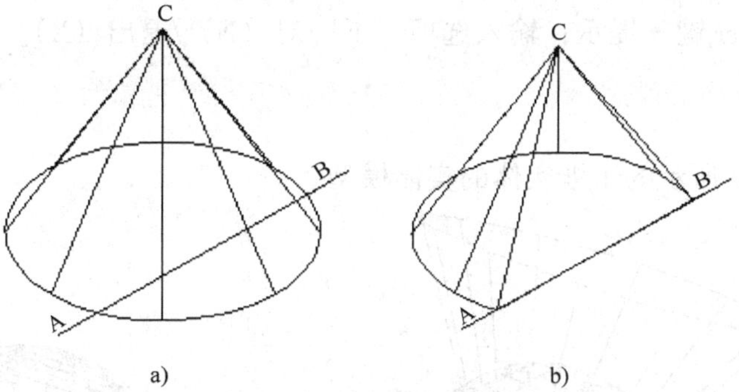

图 13－32　剖切实体造型

（四）截面

用剖切平面和实体截交创建面域。AutoCAD 在当前层创建面域，并显示在剖切截面的位置，也可用移动命令将截面移到其他位置。

1. 操作方法

调用

（1）命令行：section。

（2）菜单：绘图→实体→切截。

（3）图标：在实体工具栏中。

启用命令后，提示：选择对象→选择要创建切截面的对象，并按 Enter 键→提示：指定剖切平面上的第一个点或依照［对象（O）/Z 轴（Z）/视图（V）/XY 平面（XY）/YZ 平面（YZ）/ZX 平面（ZX）/三点（3）］〈三点〉→指定点（1）或输入一个选项→提示：指定平面上的第二个点→指定点（2）→提示：指定平面上的第三个点→指定点（3）。

2. 举例

创建如图 13－33 所示的截面图形。

启用命令后，提示：选择对象→选择四棱柱体→↙→提示：指定剖切平面上的第一个点或依照［对象（O）/Z 轴（Z）/视图（V）/XY 平面（XY）/YZ 平面（YZ）/ZX 平面（ZX）/三点（3）］〈三点〉→指定点 A→提示：指定平面上的第二个点→指定点 B→提示：指定平面上的第三个点→指定点 C（右图为被移出的 ABCD 截面）。

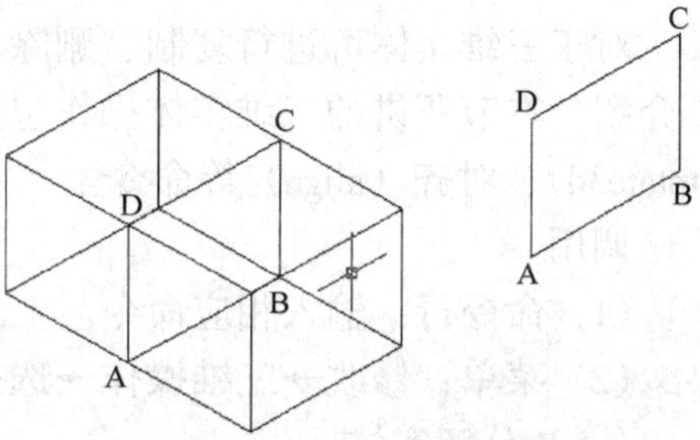

图 13－33　创建切截面

（五）干涉

用两个或多个三维实体的公共部分创建三维复合实体。

1. 操作方法

调用

（1）命令行：interfere。

（2）菜单：绘图→实体→干涉。

（3）图标：在实体工具栏中。

启用命令后，提示：选择实体的第一集合→选择对象并按 Enter 键→提示：选择实体的第二集合→选择对象并按 Enter 键→提示：是否创建干涉实体？[是（Y）/否（N）]〈否〉→输入 Y 或 N 或按 Enter 键→提示：输入选项 [下一对（N）/退出（X）]〈下一对〉→输入 X 或 N 或按 Enter 键。

2. 举例

创建如图 13－34 所示的干涉实体的实体模型。

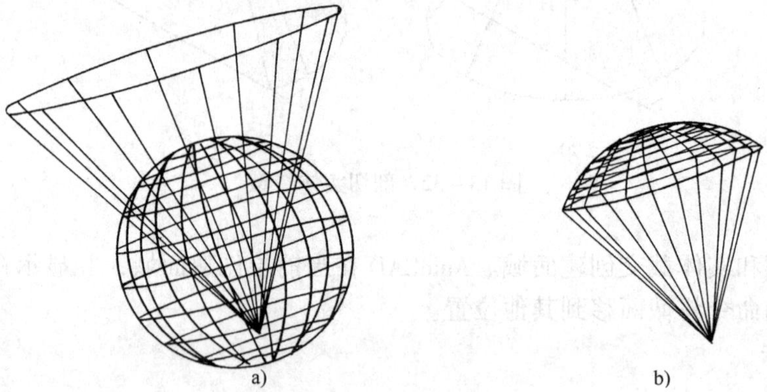

a)　　　　b)

图 13－34　创建干涉实体

启用命令后，提示：选择实体的第一集合→选择圆锥体→提示：选择实体的第二集合→选择圆柱体→↙→提示：是否创建干涉实体？[是（Y）/否（N）]〈否〉→输入：Y↙。[则生成的干涉实体高度显示（图 13－34a），被移出后的干涉实体（图 13－34b）]。

第五节　编辑三维实体

一、三维实体操作

对于三维实体可进行复制、删除、移动等操作，其操作方法与二维图形的编辑类似，不再介绍。本节所讲的三维实体操作包括三维阵列（3darray）、三维镜像（mirror3d）、三维旋转（rotate3d）、对齐（align）等命令。

调用

（1）命令行：输入相应命令。

（2）菜单：修改→三维操作→选择相应命令（在图 13－35 二级菜单中）。

（一）分解实体

分解实体命令可将实体分解为一系列的面域和主体。

（1）命令行：Explode。

（2）菜单：修改→分解。

启用命令后，提示：选取分解对象→选择要分解的对象→按 Enter 键。

（二）三维阵列

1. 操作方法

调用

（1）菜单：修改→三维操作→三维阵列。

（2）命令行：3d array。

启用命令后提示：选择对象→选择要阵列的对象→提示：输入阵列类型［矩形（R）/环形（P）］〈矩形〉→输入选项或按 Enter 键→提示：输入行数（－－－）〈1〉：→输入正值或按 Enter 键→提示：输入列数（|||）〈1〉→输入正值或按 Enter 键→提示：输入层次数（…）〈1〉→输入正值或按 Enter 键→提示：指定行间距（－－－）：→指定距离→提示：指定列间距（|||）→指定距离→提示：指定层间距（…）：→指定距离。

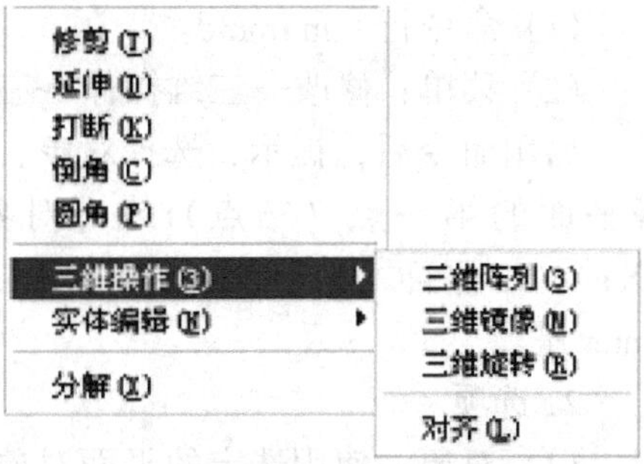

图 13－35　三维操作菜单

若选择环形阵列（P），则提示：输入阵列中的项目数目→输入正值→提示：指定要填充的角度（＋＝逆时针，－＝顺时针）〈360〉→指定角度或按 Enter 键→提示：旋转阵列对象？［是（Y）/否（N）］〈是〉→输入 Y 或 N 或按 Enter 键→提示：指定阵列的中心点：→指定点（1）→提示：指定旋转轴上的第二点：→指定点（2）。

2. 举例

将图 13－36a 的对象阵列成图 13－36b 和图 13－36c 的形式。

（1）三维矩形阵列（图 13－36b）　启用命令后，提示：选择对象→选择半球（图a）→提示：输入阵列类型［矩形（R）/环形（P）］〈矩形〉→↙→提示：输入行数（－－－）〈1〉→输入：4↙→提示：输入列数（|||）〈1〉→输入：3↙→提示：输入层次数（…）〈1〉→↙→提示：指定行间距（－－－）→输入：30↙→提示：指定列间距（|||）→输入：50↙→提示：指定层间距（…）→↙。

（2）三维环形阵列（图 13－36c）　启用命令后，提示：选择对象→选择半球（图a）→提示：输入阵列类型［矩形（R）/环形（P）〈矩形〉→输入：P↙→提示：输入阵列中的项目数目→输入：7↙→提示：指定要填充的角度（＋＝逆时针，－＝顺时针）〈360〉→↙→提示：旋转阵列对象？［是（Y）/否（N）］〈是〉→输入：N↙→提示：指定阵列的中心点→指定点（1）→提示：指定旋转轴上的第二点：→指定点（2）。

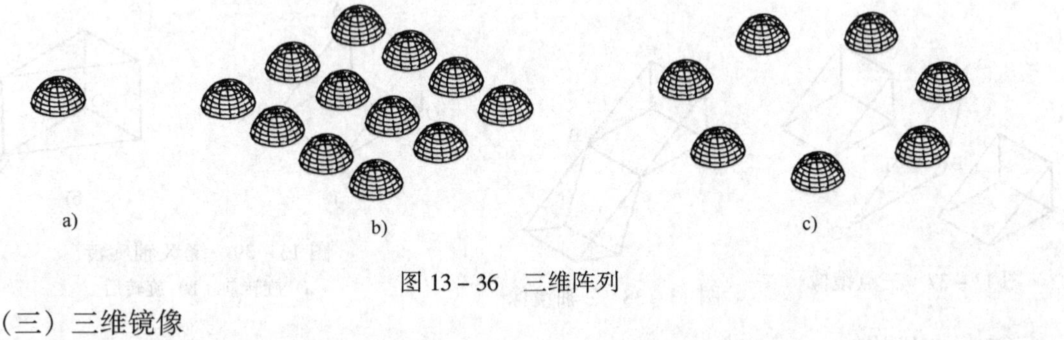

图 13－36　三维阵列

（三）三维镜像

三维镜像（MIRROR3D）命令可创建相对于某一平面的镜像对象。

1. 操作方法

调用

（1）命令行：mirror3d。

（2）菜单：修改→三维操作→三维镜像。

启用命令后，提示：选择对象：→选择镜像对象或按 Enter 键结束命令→提示：指定镜像平面的第一点（三点）或［对象（O）/最近的（L）/Z 轴（Z）/视图（V）XY 平面（XY）/YZ 平面（YZ）/ZX 平面（ZX）/三点（3）］〈三点〉→输入一个选项或指定一点或按 Enter 键。

2. 选项

（1）对象：使用选定的平面对象作为镜像平面。

（2）最近的：相对于最后定义的镜像平面对选定的对象进行镜像处理。

（3）Z 轴：根据平面上的一个点和平面法线上的一个点定义镜像平面。

（4）视图：将镜像平面与当前视口中通过指定点的视图平面对齐。

（5）XY/YZ/ZX：将镜像平面与一个通过指定点的标准平面（XY、YZ、ZX）对齐。

（6）三点：通过三个点定义镜像平面。

3. 举例

例 13-1　将三棱柱作 A、B、C 三点所定义的平面的镜像（图 13-37）。

启用 MIRROR3D 命令后，提示：选择对象→选择三棱柱体→提示：指定镜像平面的第一点（三点）或［对象（O）/最近的（L）/Z 轴（Z）/视图（V）/XY 平面（XY）/YZ 平面（YZ）/ZX 平面（ZX）/三点（3）］〈三点〉→↙→提示：指定镜像平面上的第一点→指定点 A→提示：指定镜像平面上的第二点→指定点 B→提示：指定镜像平面的第三点→指定点 C→提示：是否删除原对象？［是（Y）/否（N）］〈否〉：→↙。

例 13-2　Z 轴镜像（图 13-38）。

启用镜像（MIRROR3D）命令后，提示：选择对象→选择三棱柱体→↙→提示：指定镜像平面的第一点（三点）或［对象（O）/最近的（L）/Z 轴（Z）/视图（V）/XY 平面（XY）/YZ 平面（YZ）/ZX 平面（ZX）/三点（3）］〈三点〉→输入 Z↙→提示：在镜像平面上指定一点→指定点 A→提示：在镜像平面的 Z 轴（法向）上指定一点→指定点 B→提示：是否删除原对象？［是（Y）/否（N）］〈否〉：→↙。

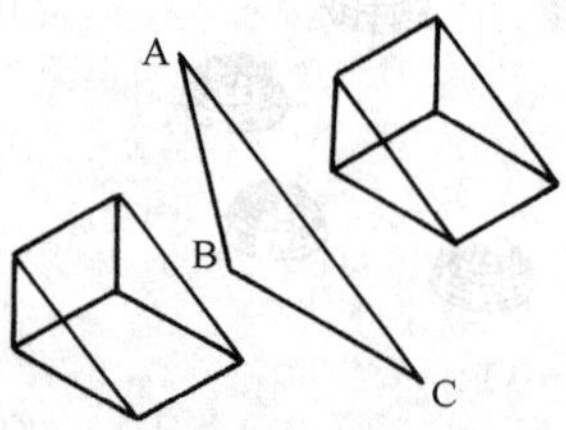

图 13-37　三点镜像

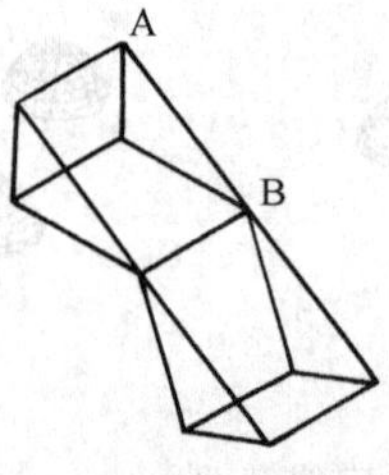

图 13-38　Z 轴镜像

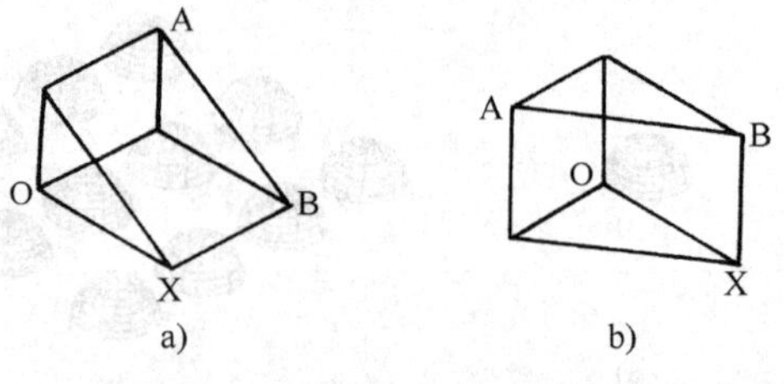

图 13-39　绕 X 轴旋转

a）旋转前　b）旋转后

（四）三维旋转

三维旋转（MIRROR3D）命令可绕三维轴旋转对象。

1. 操作方法

调用

（1）命令行：rotate3d。

（2）菜单：修改→三维操作→三维旋转。

调用命令后，提示：选择对象：→选择旋转对象或按 Enter→提示：指定轴上的第一个点或定义轴依据［对象（O）/最近的（L）/视图（V）/X 轴（X）/Y 轴（Y）/Z 轴（Z）/两点（2）］：→指定一点或输入一个选项或按 Enter 键。

2. 选项

（1）第一点、两点：使用两个点定义旋转轴。

（2）对象：将旋转轴与某个对象对齐。

（3）最近的：使用最后一个旋转轴。

（4）视图：将旋转轴与当前视口通过选定点的观察方向对齐。

（5）X 轴/Y 轴/Z 轴：将旋转轴与通过指定点的坐标轴 X、Y、Z 对齐。

3. 举例

绕 X 轴旋转对象，如图 13－39 所示。

调用命令后，提示：选择对象→选择三棱柱体→↙→提示：指定轴上的第一个点或定义轴依据［对象（O）/最近的（L）/视图（V）/X 轴（X）/Y 轴（Y）/Z 轴（Z）/两点（2）］→输入：X↙→提示：指定 X 轴上的一点→指定点 1→提示：指定旋转角度或［参照 R］→输入：90↙。

（五）对齐

对齐（ALIGN）命令，可在二维和三维空间中移动、旋转，比例缩放对象使之与其他对象对齐。给对齐的对象加上源点，给要与其对齐的对象加上目标点。如要对齐某个对象，最多可以给对象加上三对源点和目标点。

操作方法

调用

（1）命令行：align。

（2）菜单：修改→三维操作→对齐 L。

1）使用一对点（一对源点和一个目标点）作对象的对齐操作。

启用命令后，提示：选择对象→选择要对齐的对象，并按 ENTER 键→提示：指定第一个源点→指定点（1）→提示：指定第一个目标点→指定点（2）→提示：指定第二个源点→按 Enter 键。

2）使用两对点（两个源点和两个目标点）作对象的对齐操作（略）。

3）使用三对点（三对源点和三对目标点）作对象的对齐操作（略）。

二、三维实体编辑

（一）倒圆角

1. 操作方法

（1）命令行：fillet。

（2）菜单：修改→圆角。

（3）图标：在修改工具栏中。

启用命令后，提示：选择第一个对象或［多段线（P）/半径（R）/修剪（T）］→选择圆角对象或输入选项→提示：输入圆角半径〈10．0000〉→指定半径值或按 Enter 键→提示：选择边或［链（C）/半径（R）］→选择边或输入 C 或 R。

2. 举例

（1）单一边倒圆角，如图 13 - 40a 所示。

启用圆角命令后，提示：选择第一个对象或［多段线（P）/半径（R）/修剪（T）］→选择长方体右上方的一条边→提示：输入圆角半径〈10.0000〉→输入：15↙→提示：选择边或［链（C）/半径（R）］→↙。

（2）边链圆角，如图 13 - 40b、c 所示。

启用圆角命令后，提示：选择第一个对象或［多段线（P）/半径（R）/修剪（T）］→选择长方体左侧面上的一条边→提示：输入圆角半径〈10.0000〉→输入：15↙→提示：选择边或［链（C）/半径（R）］→输入：C↙→提示：选择边链方式倒圆角的边→选择长方体上面上右侧一边（或与其相交的另两边）→↙。

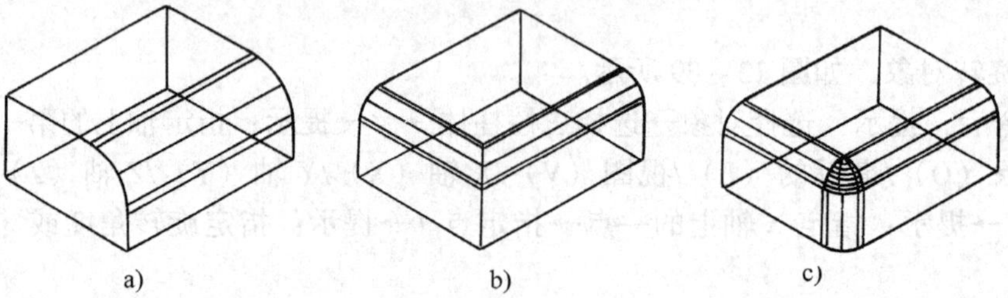

图 13 - 40　倒圆角

a）单一边倒圆角　b）边链圆角 1　c）边链圆角 2

（二）倒角

1. 操作方法

（1）命令行：chamfer。

（2）菜单：修改→倒角。

（3）图标：在修改工具栏中。

启用倒角命令后，提示：选择第一条直线或［多段线（P）/距离（D）/角度（A）/修剪（T）/方法（M）］→输入选项→提示：选择倒角基面（基面是指构成所选边的两个平面中的某一个）→输入 N 或按 Enter（按 Enter 键将设定当前以高亮度显示的表面为基面，输入 N 则选择另一个面以高亮度显示作为倒角的基面）→提示：指定基面倒角距离〈当前值〉→输入基面倒角距离→提示：选择边或［环（L）］→选择边、输入 L 或按 Enter。

2. 举例

（1）单一边倒角，如图 13 - 41a 所示。

启用倒角命令后，提示：选择第一条直线或［多段线（P）/距离（D）/角度（A）/修剪（T）/方法（M）］→选择长方体左平面上方的一条边→提示：选择倒角基面→↙→提示：指定基面倒角距离〈当前值〉→输入 15↙→提示：指定与基面相邻的另一面上的倒角距离→输入：15↙→提示：选择边或［环（L）］→选择要倒角的边→↙。

（2）边环式倒角，如图 13 - 41b 所示。

启用倒角命令后，提示：选择第一条直线或［多段线（P）/距离（D）/角度（A）/修剪（T）/修剪

（T）/方法（M）］→选择长方体左平面上方的一条边→提示：选择倒角基面→↙→提示：指定基面倒角距离〈当前值〉→输入15↙→提示：指定与基面相邻的另一面上的倒角距离→输入：15↙→提示：选择边或［环（L）］→输入：L↙→提示：选择倒角基面上的一条边→选择基面上任一条边→↙。

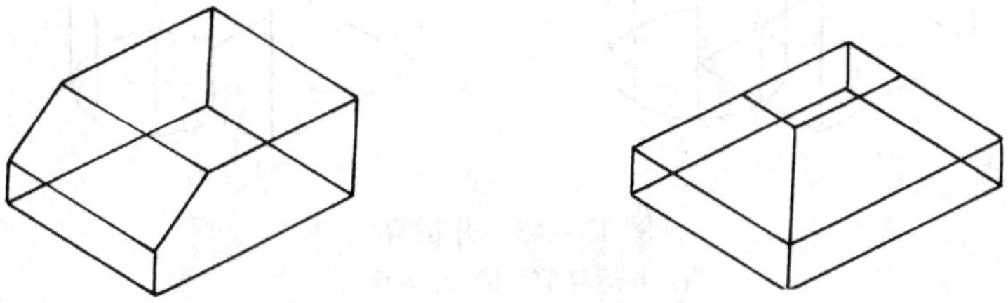

a)　　　　　　　　　　　　b)

图 13－41　倒角

a）单一边倒角　b）边环式倒角

第六节　三维实体的布尔运算

AutoCAD 系统可以对三维实体进行并运算（UNION）、差运算（SUBTRACT）、交运算（INTERSECTION），组合生成一个复杂的新实体。

注：也可对面域进行并、差、交运算，从而生成一个复杂的新面域。

一、并运算（UNION）

并运算（UNION）命令可通过以选择的对象进行求并运算，生成一个独立的复合三维实体。

操作方法：

调用

（1）命令行：UNION。

（2）菜单：修改→实体编辑→并集。

（3）图标：在实体编辑工具栏中（图 13－42）。

图 13－42　实体编辑工具栏

启用命令后，提示：选择对象→依次选择要求并运算的对象→按 Enter 键（图 13－43）。

二、差运算（SUBTRACT）

差运算（SUBTRACT）命令可通过对选择的对象进行求差运算，即从一些实体中减去另一些实体，生成一个新的三维实体。如图 13－44 所示。

操作方法：

（1）命令行：SUBTRACT。

（2）菜单：修改→实体编辑→差集。

（3）图标：在实体编辑工具中。

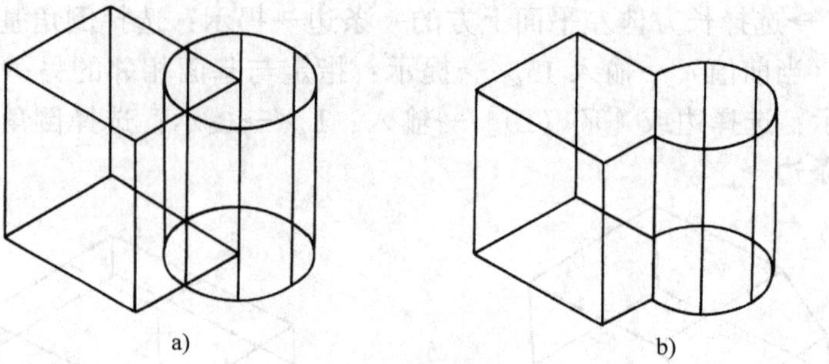

图 13-43　并运算

a）并运算前　b）并运算后

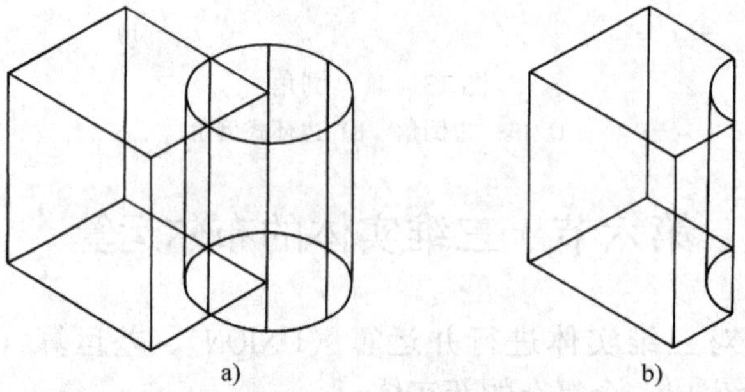

图 13-44　差运算

a）差运算前　b）差运算后

启用命令后，提示：选择要被减的实体和面域→选择被减实体→↙→提示：选择要减去的实体及面域→选择要减去的实体→按 Enter 键。

三、交运算（INTERSECT）

交运算（INTERSECT）命令可通过对选择的对象进行求交运算，生成一个新的三维实体（图 13-45）。

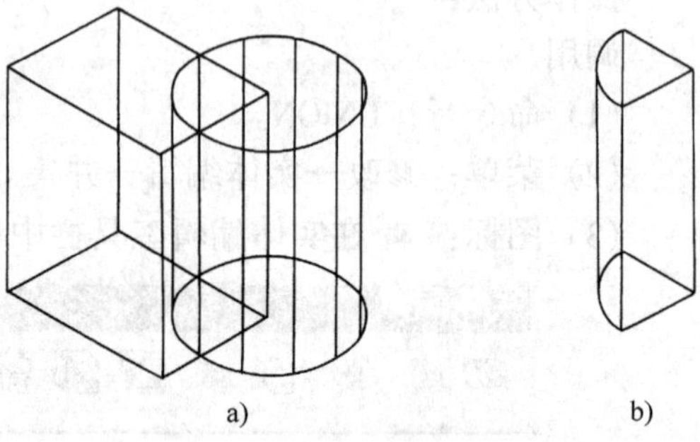

图 13-45　交运算

a）交运算前　b）交运算后

操作方法：

调用

（1）命令行：INTERSECT。

（2）菜单：修改→实体编辑→交集。

（3）图标：实体编辑工具栏中。

启用命令后，提示：选择对象：→依次选择相交的实体→按 Enter 键。

四、综合举例

根据如图 13-46 所示轴支架的二维图形及尺寸，绘制其三维图形（图 13-51）。

绘图方法与步骤：

（1）启动系统，打开 AutoCAD 2005 绘图界面。

（2）设置绘图界限　594×420。

（3）设置图层　细点画线层、截面层、实体层。

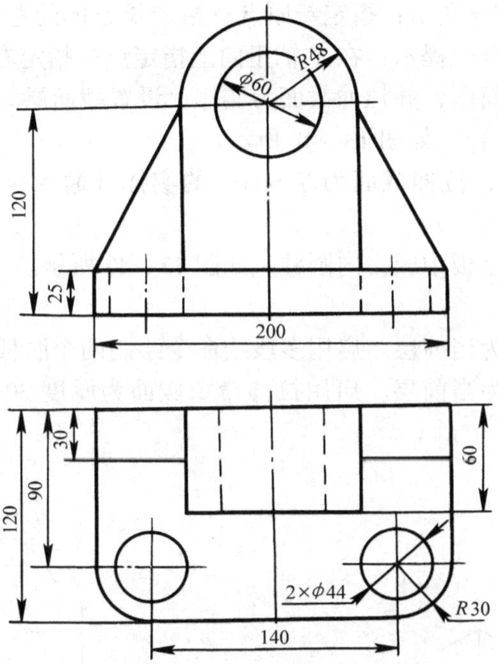

图 13-46　轴支架二维图形

(4) 调出工具栏　坐标系（Ucs)、视点（View)、实体（Solids)、实体编辑（SolidsEditing）工具条。

(5) 绘制图形。

1）绘制底板：设置实体层为当前层。

选择观察视点：西南等轴测（SWIsometric)。

第一步：绘制长方体。单击图标→提示：指定长方体的起点→输入：0，0，0↙→提示：指定角点或［立方体（C）/长度（L)］→输入：L↙→提示：指定长度→输入：200↙→提示：指定宽度→输入：120↙→提示：指定高度→输入：25↙。

第二步：倒 $R30$ 圆角。单击图标→提示：选择第一个对象或［多段线（P）/半径（R）/修剪（T)］→选择需倒角的边→提示：输入圆角半径〈10.0000〉→输入：30↙→提示：选择边或［链（C）/半径（R)］→↙。

第三步：在长方体的上表面绘制 ϕ44mm 的圆，并拉伸其高度为 25mm 的实体。

设置细点画线层为当前层，启用直线命令在长方体的上表面绘制细点画线。

设置截面层为当前层，启用圆命令绘制 ϕ44mm 的圆（过程略)。

设置实体层为当前层，拉伸 ϕ44mm 的圆周。

单击图标→提示：选择拉伸对象→选择两 ϕ44mm 的圆→提示：指定拉伸高度→输入：-25↙→提示：指定倾斜角度〈0〉→↙。

第四步：实体布尔运算—差运算。单击图标→提示：选择被减对象→选择长方体，并按 Enter 键→提示：选择减去对象→选择两个 ϕ44mm 圆，按 Enter 键，如图 13-47 所示。

2）绘制立板

第一步：新建 UCS 坐标系。单击图标→提示：选择选项→输入：N↙→提示：指定原点或选择选项→输入：3↙→提示：指定新原点→指定长方体的左上角点→在 X 轴正向上指定点→指定长方体左下角点→提示：在 Y 轴正向上指定点→指定右上角点。

第二步：绘制立板截面图，并拉伸截面为实体。设置截面层为当前层，启用多段线命令绘制立板的后表面（过程略），如图 13 – 48 所示。

设置实体层为当前层，拉伸截面为厚 60mm 的实体（输入拉伸高度为：– 60）（过程略）。

第三步：差运算：从立板中减去内圆柱，如图 13 – 49 所示。

3）绘制肋板

第一步：设置截面层为当前层。启用多段线命令绘制两个肋板的后截面（过程略）。

第二步：设置实体层为当前层。启用拉伸命令截面为厚度 30mm 的实体（过程略），如图 13 – 50 所示。

4）并运算

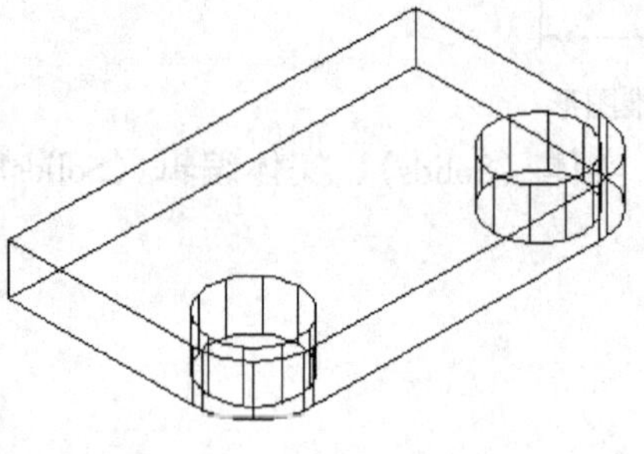

图 13 – 47　底板的三维图形

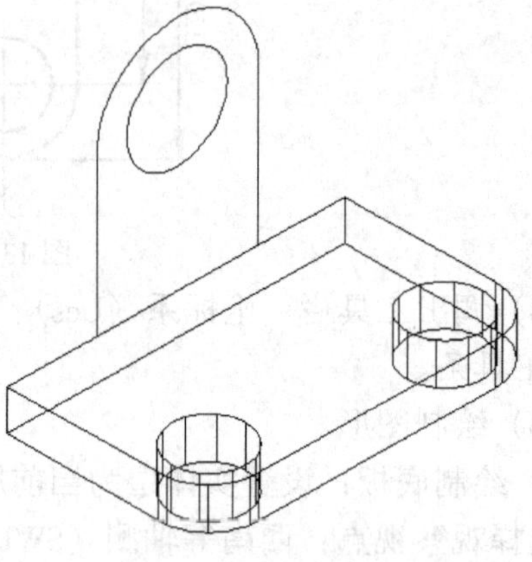

图 13 – 48　绘制立板截面图

单击图标→提示：选择并运算对象→选择底板、立板、两个肋板→按 Enter 键。

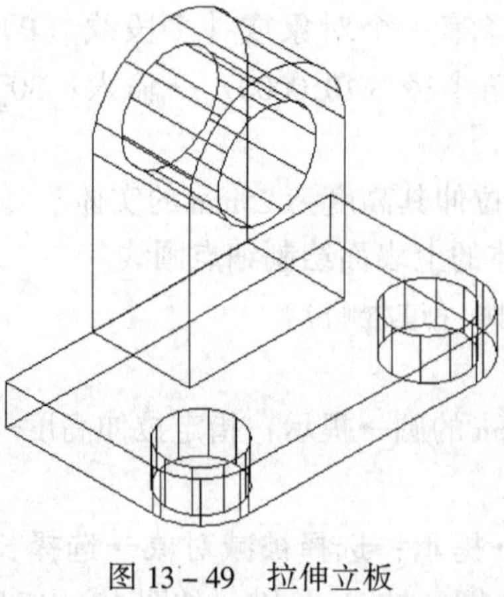

图 13 – 49　拉伸立板

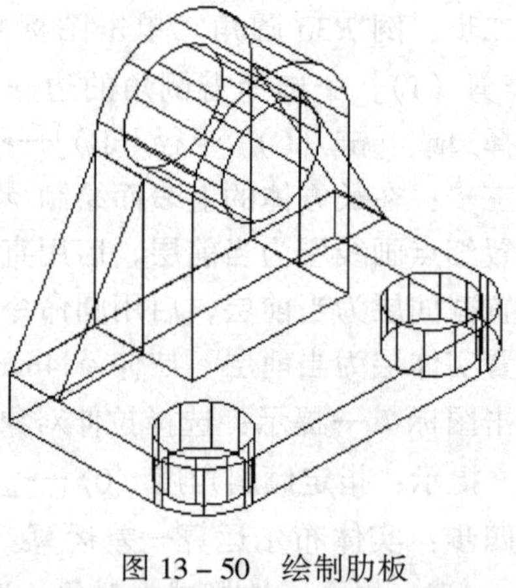

图 13 – 50　绘制肋板

（6）关闭用户坐标系 UCS　单击图标→显示 UCS 对话框→单击“设置”选项卡→关

闭 UCS→单击“确定”按钮。

（7）消隐　单击图标或，或单击菜单：“视图→消隐”或命令行输入：hide↙。

（8）着色　命令行输入：shade↙或单击着色工具栏中相应图标。

此时，三维图形自动着色，如图 13－51b 所示。

（9）渲染

基本渲染：

启用渲染命令（单击图标或单击菜单：“视图→渲染→渲染”或命令行输入：render↙）→显示渲染对话框，在对话框中对：着色类型、场景、渲染方式、渲染过程、渲染后图形的输出位置、背景、效果、颜色调配等选项进行设置→单击【渲染】按钮。

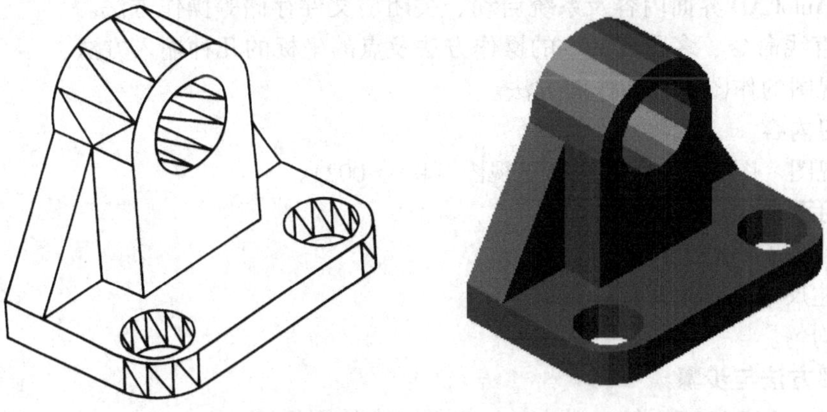

a)　　b)

图 13－51　轴支架三维图形

a）消隐图　b）着色图

第十四章　上 机 练 习

练　习　一

一、练习目的

1. 熟悉 AutoCAD 界面内容及系统启动、关闭、文件存储等操作方法。

2. 掌握直线命令、多段线命令的操作方法及点的坐标的几种输入方法。

掌握三视图的作图步骤和作图方法。

二、练习内容

绘制三视图（图号 001）或绘制三视图（图号 002）。

三、练习要求

1. 用 A3 图幅，横放。

2. 不标注尺寸、不填写标题栏。

3. 布图均匀。

四、绘图方法与步骤

1. 启动 AutoCAD2005 系统，进入 AutoCAD2005 绘图界面。

2. 用新建命令建立一个新图形，并在启动对话框中单击【使用向导】按钮，选择“高级设置”选项，完成“绘图单位、精度、角度、绘图区域”等内容的设置。

3. 绘制 A3 图幅边界线（细实线）。

单击下拉菜单：“绘图→直线”或单击图标 →输入直线起点坐标：0，0↙→输入下一点坐标：420，0↙→输入下一点坐标：420，297↙→输入下一点坐标：0，297↙→输入下一点坐标：0，0↙或输入：C↙（闭合）。

4. 绘制图框线（粗实线）

先单击“正交”，再单击菜单：“绘图→多段线”或单击图标 →输入起点坐标：5，25↙→输入 W（线宽）↙→输入起点线宽：1↙→输入终点线宽：1↙→（移动鼠标引出水平线）输入下一点：390↙→（移动鼠标引出铅垂线）输入下一点：287↙→（移动鼠标引出水平线）输入下一点：390↙→（移动鼠标引出铅垂线）输入下一点：287↙或输入：C↙（闭合）。

或单击菜单：“绘图→多段线”或单击图标 →输入起点坐标：5，5↙→输入 W（线宽）↙→输入起点线宽：1↙→输入终点线宽：1↙→输入下一点坐标：@390 < 0↙→输入下一点坐标：@287 < 90↙→输入下一点坐标：@390 < 180↙→输入下一点坐标@287 < －90↙或输入：C↙（闭合）。

5. 绘制标题栏边框线（粗实线）

单击打开正交、对象捕捉、对象追踪，点右键设置对它们进行相应设置。

单击图标 →选中坐标（415，5）点的对象捕捉符→输入第一点：28↙→（移动鼠标）

输入下一个点：180↙→（移动鼠标）输入下一个点：28↙→单击鼠标右键点【确定】。

6. 绘制标题栏内细实线

单击图标→鼠标点击长为28mm的标题栏边框线的中点→（移动鼠标引出水平线）输入下一个点：120↙→单击鼠标右键点【确定】。

单击图标→指定偏移距离：7↙→选择要偏移的对象：（选择180mm的细实线）→指定点以确定偏移所在一侧：（鼠标向中线上方单击，再向下方单击）↙→单击鼠标右键点【确定】。

同样方法绘制出其他线，再用修剪命令剪去多余的线。

7. 绘制三视图

（1）绘制主视图。

单击图标→（打开正交）输入点A坐标：85，150↙→输入线段长度：150↙→输入线段长度：50↙→（关闭正交，用相对极坐标输入）输入下一点的坐标：@70.7<135↙→（打开正交）输入线段长度：50↙→（关闭正交）输入下一点坐标：@70.7<225↙→输入：C↙（闭合）。

（2）绘制俯视图。

单击图标→输入点B坐标：85，120↙→输入线段长度：150↙→输入线段长度：50↙→输入线段长度：150↙→输入：C↙。

单击图标→输入起点坐标：135，120↙→输入线段长度：50↙。

单击图标→输入起点坐标：185，120↙→输入线段长度：50↙。

（3）绘制左视图。

单击图标→输入点C坐标：305，150↙→输入线段长度：50↙→输入线段长度：100↙→输入线段长度：50↙→输入：C↙。

单击图标→输入起点坐标：305，200↙→输入线段长度：50↙。

五、注意事项

1. 绘制图形前，应先均匀布置好三视图的位置，确定三个视图的起点A、B、C的坐标，建议采用：A（85，150）B（85，120）C（305，150）。

2. 用“直线距离”输入点的坐标时，应在确定线段起点后，拉出对象追踪线，指示画线方向，再输入线段长度值。

3. 零件图的标题栏按国家标准推荐的形式绘制，学生在学习中推荐使用简易标题栏，其形式、尺寸如下：

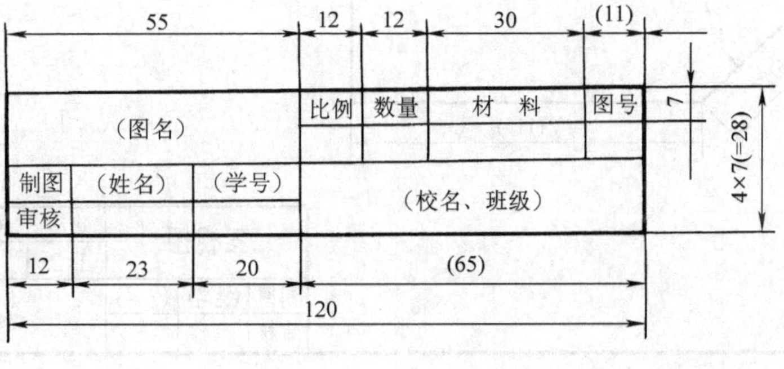

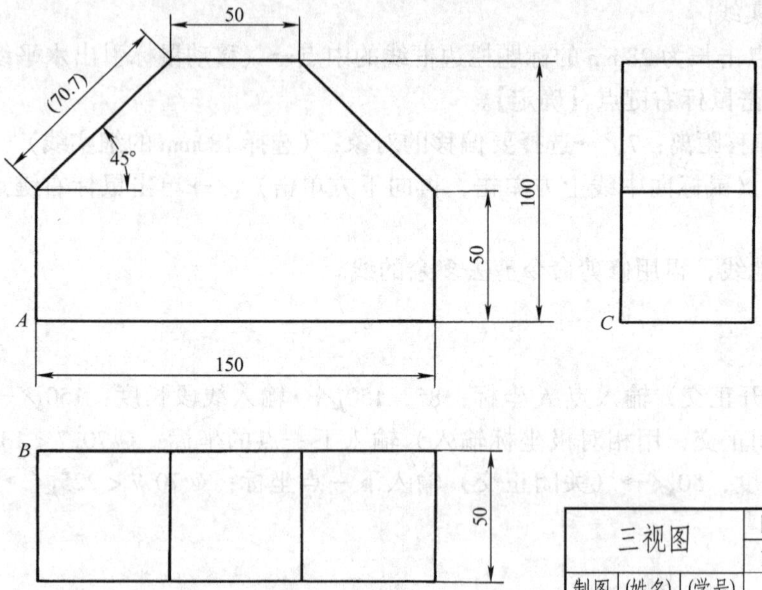

三视图			比例	数量	材 料	图号
			1∶2			001
制图	(姓名)	(学号)	(校名、班级)			
审核						

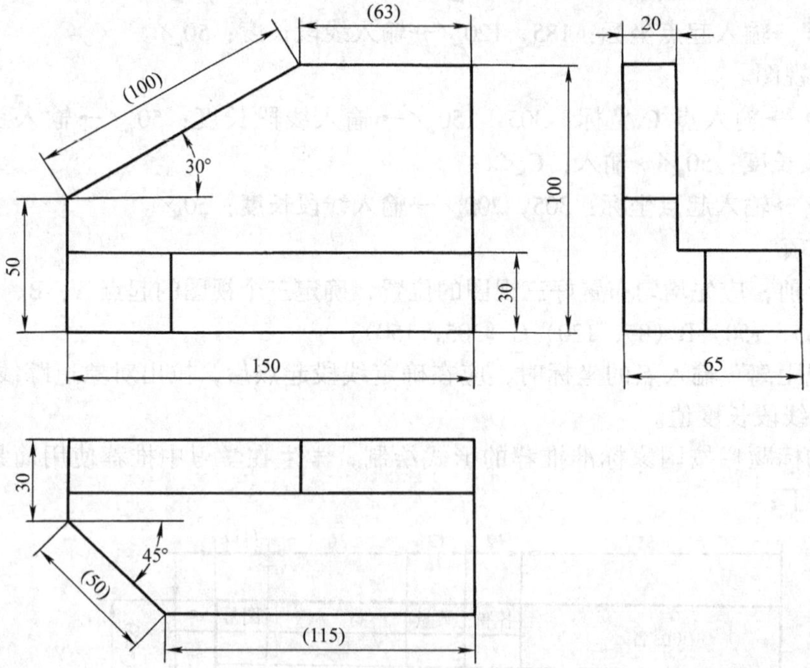

三视图			比例	数量	材 料	图号
			1∶2			002
制图	(姓名)	(学号)	(校名、班级)			
审核						

练 习 二

一、练习目的

1. 掌握图层的建立及颜色、线型设置的操作方法。

2. 掌握图层管理及修改图形对象特性的操作方法。

二、练习内容

绘制线型练习（图号 003）。

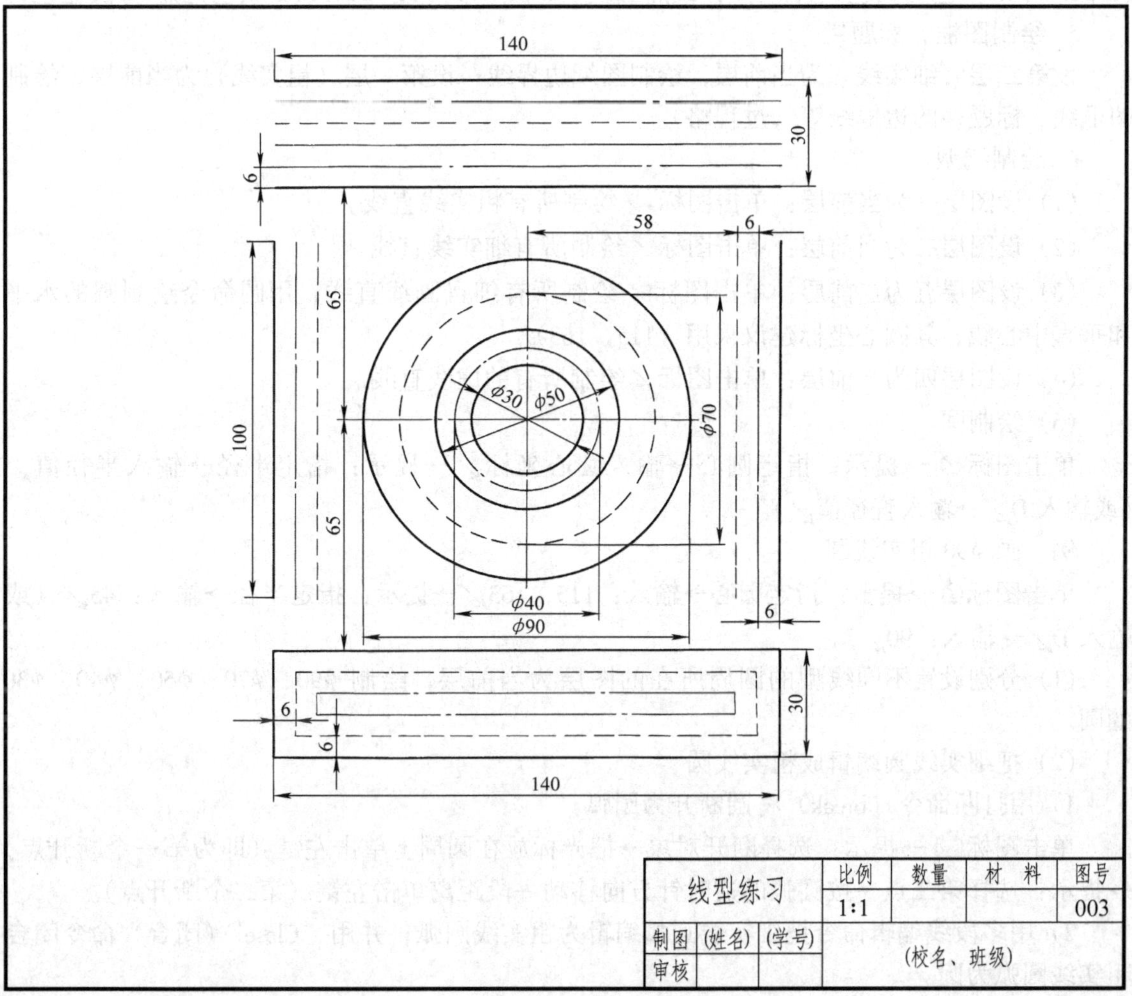

三、练习要求

1. 用 A4 图幅，竖放。

2. 不标注尺寸，不填写标题栏。

3. 布图均匀（绘图前，应确定好各组线型起点坐标）。

4. 注意画图顺序：同一图层线型一次画、同一命令对象成批画的原则。

四、绘图方法与步骤

1. 启动 AutoCAD2005 系统，进入 AutoCAD2005 界面。

2. 用新建命令建立一个新图形文件，并在启动对话框中单击【使用向导】按钮，选择“快速设置”选项，完成“绘图单位、绘图区域”的设置。

3. 单击下拉菜单“格式→单位”，在对话框中完成“角度、精度、方向等内容的设置。

4. 用图层命令，按 GB/T 14665—1998 的规定设置图层、颜色、线型。

设置四个图层：

图层 1：粗实线（颜色为白色）、图层 2：细实线（颜色为红色）、图层 4：虚线（ISO02W100 颜色为黄色）、图层 5：细点画线（ISO04W100 或 CENTER2 颜色为蓝绿/浅蓝色）。

5. 绘制图框、标题栏。

设第二层（细实线）为当前层，绘制图纸边界线；设第一层（粗实线）为当前层，绘制图框线、标题栏的边框线等（过程略）。

6. 绘制线型。

（1）设图层一为当前层：单击图标绘制所有粗实线直线。

（2）设图层二为当前层：单击图标绘制所有细实线直线。

（3）设图层五为当前层：单击图标绘制所有细点画线直线；用圆命令绘制圆的水平和垂直中心线，其圆心坐标建议采用（115，163）。

（4）设图层四为当前层：单击图标绘制所有的虚线直线。

（5）绘制圆。

单击图标→提示：指定圆心→输入圆心坐标↙→提示：指定半径→输入半径值↙（或输入 D↙→输入直径值↙）。

例　画 ϕ90 粗实线圆。

单击图标→提示：指定圆心→输入：115，163↙→提示：指定半径→输入：45↙（或输入 D↙→输入：90↙）。

（1）分别设置不同线型的圆周所在的图层为当前层，绘制 ϕ90、ϕ70、ϕ50、ϕ40、ϕ30 的圆。

（2）把细实线圆编辑成粗实线圆

1）用打断命令（break）将圆断开为圆弧。

单击图标→提示：选择断开对象→把光标放在圆周上单击左键（即为第一个断开点）→提示：选择第二点→按圆弧的逆时针方向移动一段距离单击左键（第二个断开点）。

2）用多段线编辑命令把细实线圆弧编辑为粗实线圆弧；并用“Close”（闭合）命令闭合粗实线圆弧为圆。

单击菜单：“修改→多段线”→提示：选择多段线→把光标放在圆弧上单击左键→提示：是否转换为多段线 < Y >→↙→提示：输入选项→输入：W↙→提示：输入新宽度→输入：1↙→提示：输入选项→输入：C↙（闭合）。

练　习　三

一、练习目的

1. 熟练掌握多段线命令、圆命令、圆弧命令、椭圆命令的功能及操作方法。

2. 掌握用多段线编辑命令编辑图形的操作方法。

二、练习内容

绘制平面图形（图号 004）或绘制平面图形（图号 005）。

三、练习要求（图号 004）

1. 用 A4 图幅，竖放。

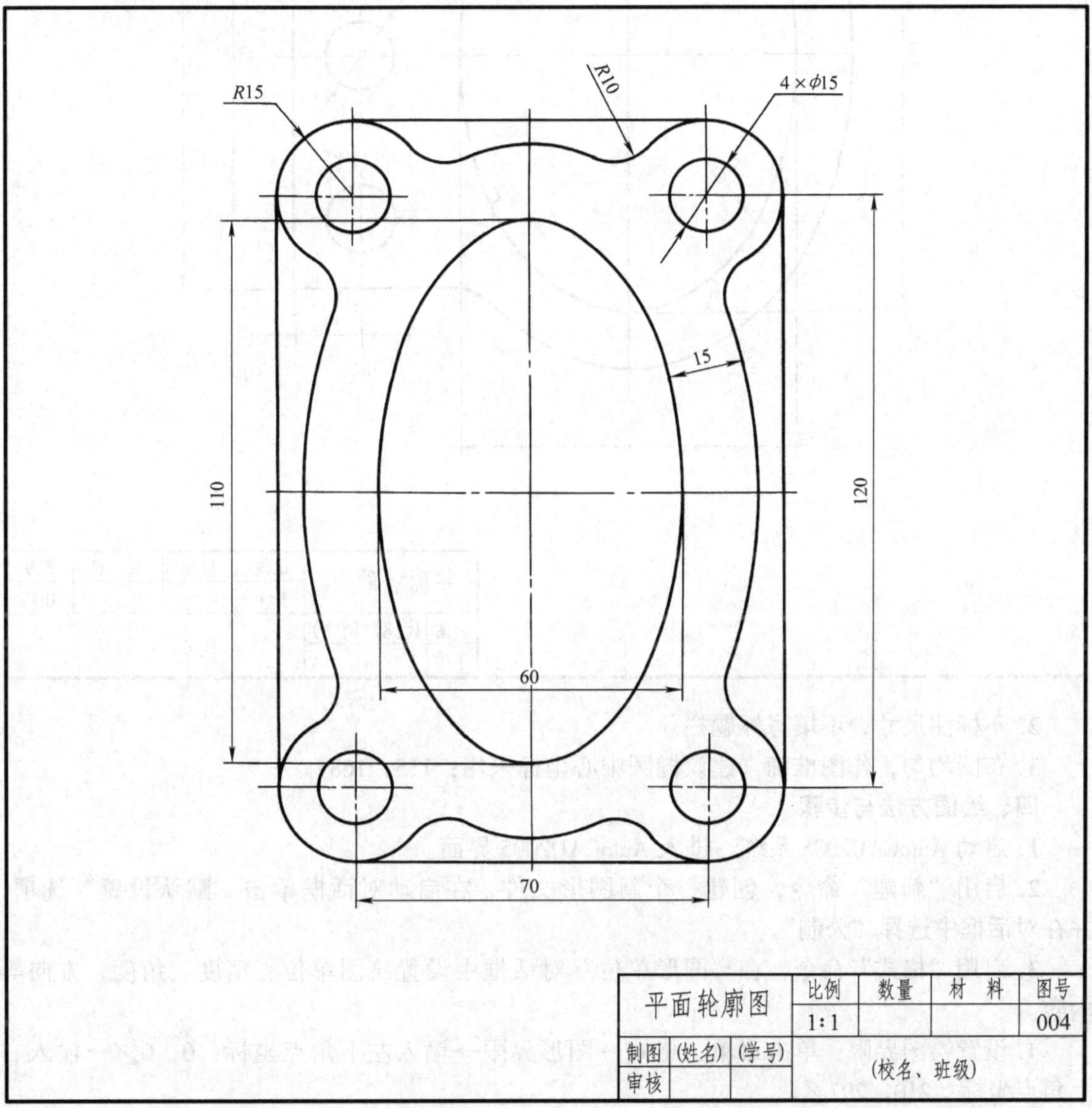

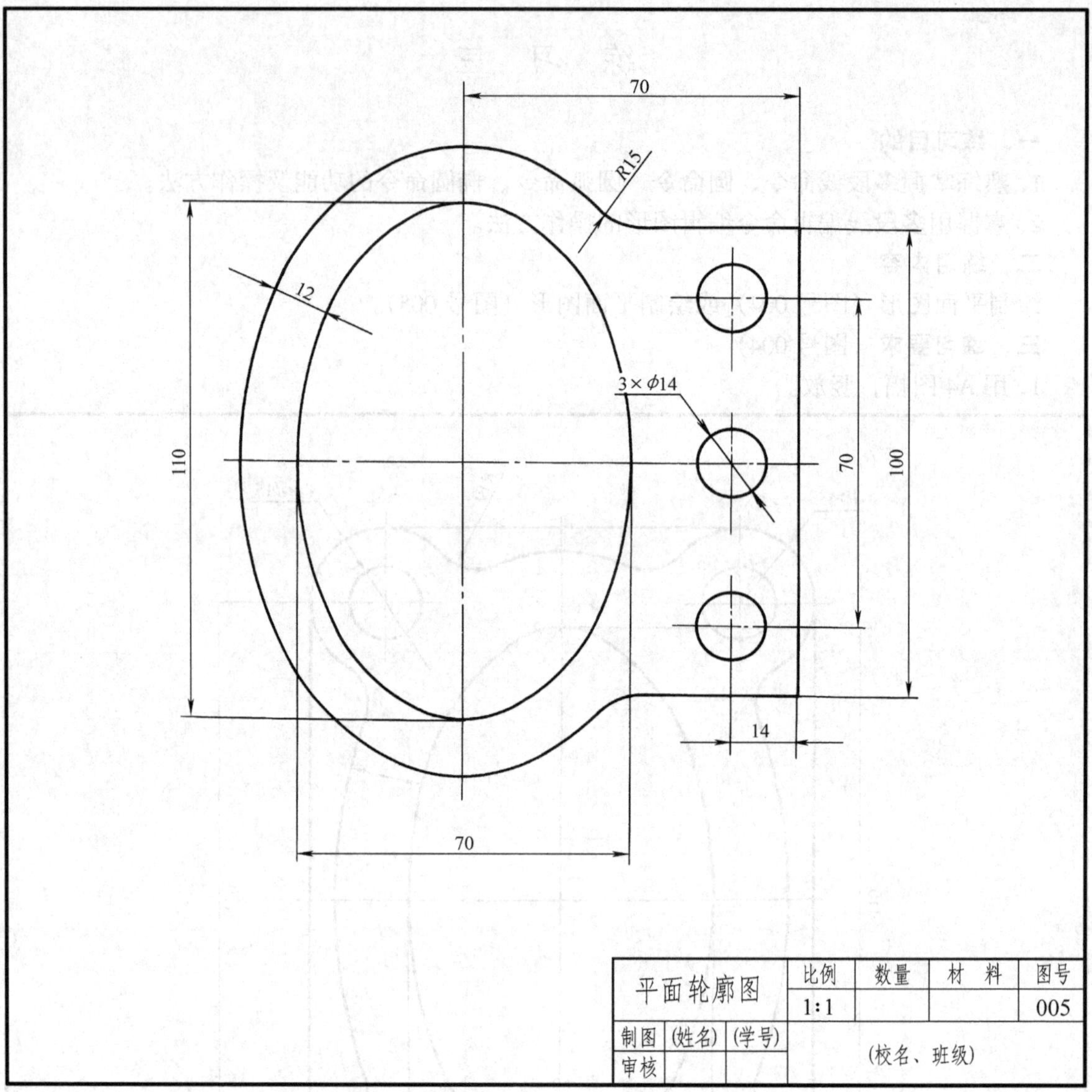

2. 不标注尺寸，不填写标题栏。

3. 布图均匀，作图准确（建议椭圆中心坐标采用：115，168）。

四、绘图方法与步骤

1. 启动 AutoCAD2005 系统，进入 AutoCAD2005 界面。

2. 启用“新建”命令，创建一个新图形文件，在启动对话框单击“默认设置”选项，并在对话框中选择“公制”。

3. 启用“格式”命令，在“图形单位”对话框中设置绘图单位、精度、角度、方向等内容。

4. 设置绘图界限：单击菜单：格式→图形界限→输入左下角点坐标：0，0↙→输入右上角点坐标：210，297↙。

5. 点击图层图标，按规定设置三个图层的线型和颜色粗实线层、细实线层、细点画线层。

6. 绘制图框、标题栏。

7. 绘制基准线。

用直线命令绘制椭圆的中心线，用偏移命令完成 4 × ϕ15 圆的中心线。

单击图标→提示：指定偏移距离→输入偏移距离数值↙→提示：选择偏移对象→把光标移至偏移对象上，单击左键→提示：确定偏移位置→把光标移至要偏移的一侧，单击左键。

8. 绘制椭圆。

命令行键盘输入：PELLIPSE↙→输入新值 < 0 > ：1↙。

再单击椭圆→输入：C（椭圆中心）↙→输入椭圆中心坐标：115，168↙→打开【正交】（引出水平线）输入短半轴长 30↙→（引出铅垂线）输入长半轴长 55↙。

9. 单击偏移命令绘制外椭圆弧。

单击图标→提示：输入偏移距离→输入：15↙→提示：选择偏移对象→把光标放在内椭圆周上，单击左键→提示：指定偏移方向→把光标放在内椭圆外侧的任一位置，单击左键。

10. 用圆命令绘制 4 × ϕ15、*R*15 的圆。绘制圆时，调出“对象捕捉”工具条，用捕捉交点指定圆心位置。

11. 用圆命令中的 TTR（切、切、半）绘制 8 个 R10 并与相邻圆弧相切的圆。

12. 用直线命令绘制公切线。切点用捕捉切点的方法获得。

13. 用修剪命令或删除命令擦去多余图线。

14. 用多段线编辑命令加粗全部可见轮廓线。

五、注意事项

1. 改变系统变量 LTSCALE 的值，可改变点画线、虚线的相对长度。

操作方法：键盘输入：“LTSCALE”↙→提示：输入新线型比例因子→输入一个新值，按 Enter 键。

2. 绘制不同线型的图形时，注意将所画图线的层设为当前层。

练 习 四

一、练习目的

1. 掌握绘图命令的功能及操作方法。

2. 熟悉几种图形编辑命令编辑图形的操作方法。

二、练习内容

绘制扳手轮廓图（图号 006）。

三、练习要求

1. 用 A4 图幅，横放。

2. 不标注尺寸，不填写标题栏。

3. 均匀布图（但不必计算各线段起点坐标，而用目测确定画图基准线，画完图形后，用移动命令把图形移到匀称位置）。

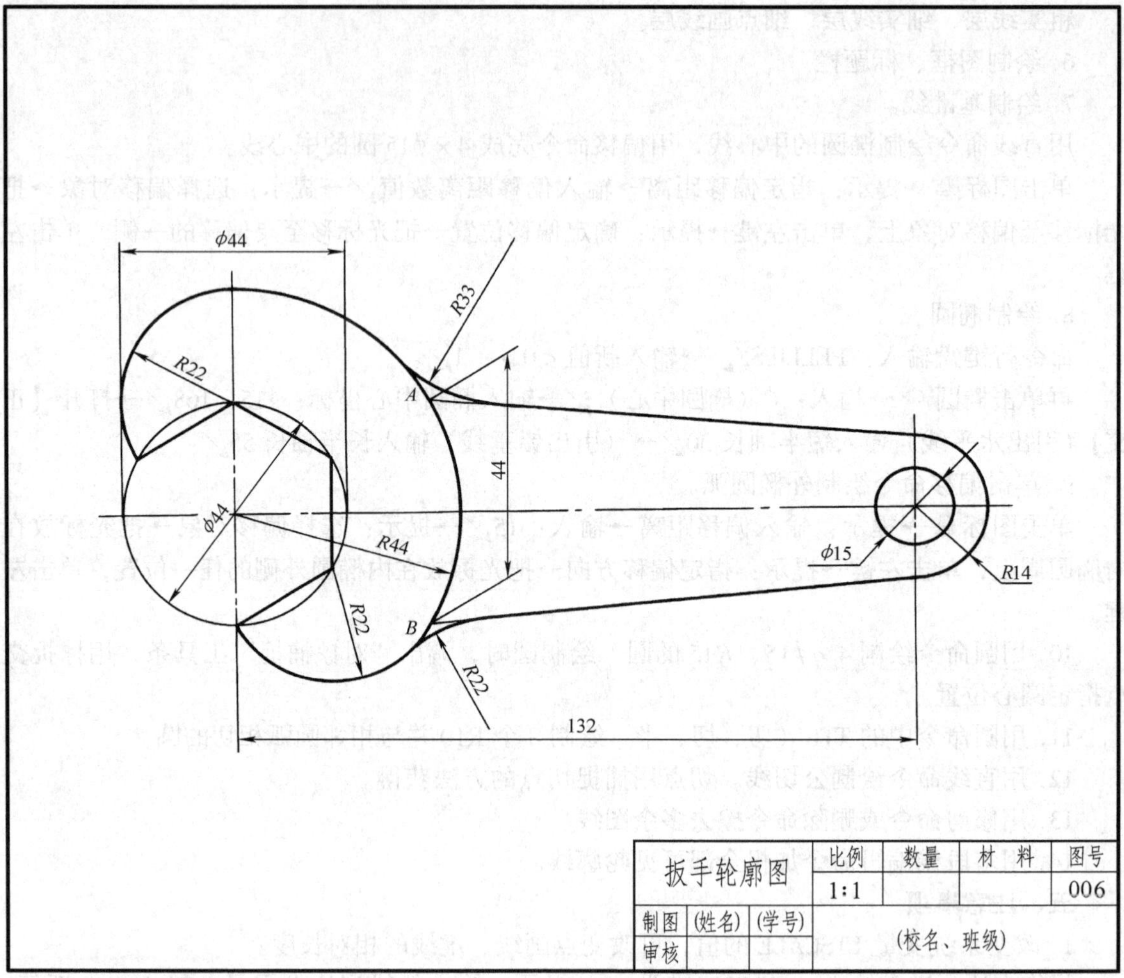

四、绘图方法与步骤

1. 启动 AutoCAD 2005 系统，进入 AutoCAD 2005 绘图界面。

2. 新建一个图形文件，并在启动对话框中选择【使用样板】选项，在选择“样板区域”中选择“A4 图幅”样板图。

注意： 样板图是先前已绘制好的，并保存为“dwt”文件类型的图形文件。

3. 按规定设置三个图层的线型及颜色。

4. 绘制图框和标题栏。用矩形命令或直线命令绘制图框、标题栏。

用矩形命令绘制图纸边界线、图框线的操作方法：

单击图标→输入矩形第一个角点坐标：0，0↙→输入矩形另一角点坐标：297，210↙。

注：绘制图框线（粗实线）时，应在输入矩形第一个角点前，输入选项：“W”，再输入线宽值：“1”，并按 Enter 键。

5. 绘制图形

(1) 绘制中心线

单击图标绘制所有的中心线。

在适当位置处绘制垂直相交的一对细点画线，用偏移命令绘制偏距为 132 的另一垂直细点画线。

（2）绘制轮廓线

1）单击圆命令绘制 $\phi 44$ 圆，并作圆的正内接六边形。

2）单击图标绘制 $R22$、$R44$、$R14$、$\phi 15$ 的圆（用捕捉交点确定圆心位置）。

3）单击图标确定尺寸 44 与 $R44$ 圆弧的两个交点 A、B。

4）单击图标绘制起点为 A、B 并与 $R14$ 圆相切的两条直线。

单击图标→提示：输入起点→用对象捕捉指定 A（或 B）点→提示：下一点→启用切点捕捉命令（键盘输入："TAN" 或单击图标）→把光标放在 $R14$ 圆周的目测切点处，显示切点标记时，单击左键。

6. 修剪图形，删除多余的图线。

7. 用多段线编辑命令（Polyline）加粗所有可见轮廓线。

8. 用夹点编辑命令修整细点画线的长短。

把光标移至已画好的图线上，单击左键→图线变虚，使该图线上的特殊点变为蓝色小方框（称夹点）→把光标放在图线端点的蓝色小方框上，单击左键→使小方框变为红色（称热点）→（打开正交）拖动鼠标，可任意地编辑图线的长短到合适长度时，单击左键→按两下 ESC（退出夹点编辑状态）。

注意：使用夹点编辑时，必须关闭"对象捕捉"。

9. 启用移动命令把图形移到图纸空间的匀称位置。

练　习　五

一、练习目的

1. 掌握绘图命令的功能及操作方法。

2. 掌握用对象捕捉命令精确定点位的操作方法。

二、练习内容

绘制平面图形（图号 007）。也可绘制其他平面图形（图号 008 或图号 009）。

三、练习要求（图号 007）

1. 用 A3 图幅，竖放。

2. 不标注尺寸，不填写标题栏。

3. 均匀布图。

四、绘图方法与步骤

1. 启动 AutoCAD 2005 系统，进入 AutoCAD 2005 绘图界面。

2. 新建一个图形文件，并在启动对话框中进行绘图设置。

3. 按规定设置三个图层的线型及颜色。

4. 绘制图框和标题栏。

启用矩形命令或直线命令绘制图框、标题栏。

5. 绘制图形

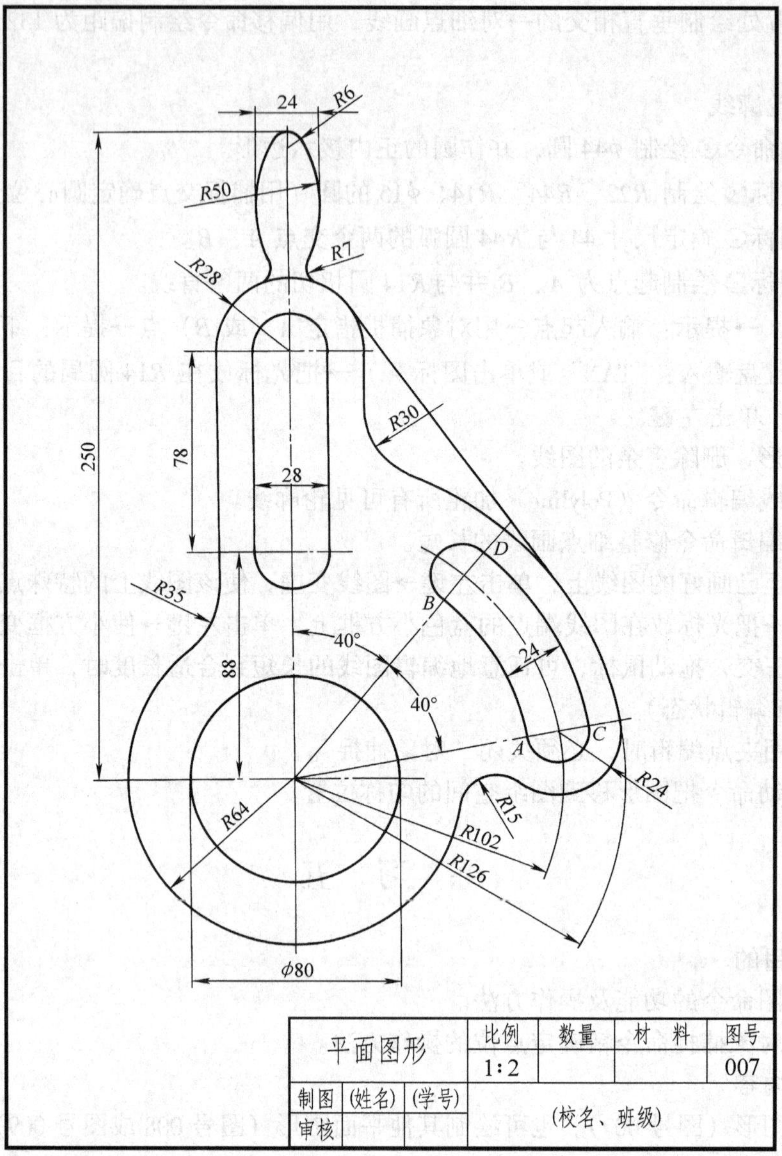

平面图形			比例	数量	材 料	图号
			1:2			007
制图	(姓名)	(学号)	(校名、班级)			
审核						

(1) 绘制细点画线

单击图标⁄绘制所有细点画线：

夹角为40°的两条细点画线可用相对极坐标输入方法或极坐标追踪功能的方法绘出：

相对极坐标输入方法：单击图标⁄→确定起点坐标：对象捕捉 ϕ80 的圆心→提示：指定下一点→输入：@131 < 10↙。

极坐标追踪方法：

1）设置极轴角：在“极轴”或“对象追踪”上单击右键→（弹出极轴与对象追踪对话框）在极轴角表中选择：10→单击【确定】按钮。

2）绘制图形：单击图标⁄→指定直线起点（对象捕捉 ϕ80 的圆心）→打开【极轴】按钮（或按下 F10 键），移动光标接近 10°，在 10°方向上出现一辅助虚线，并提示直线长度和

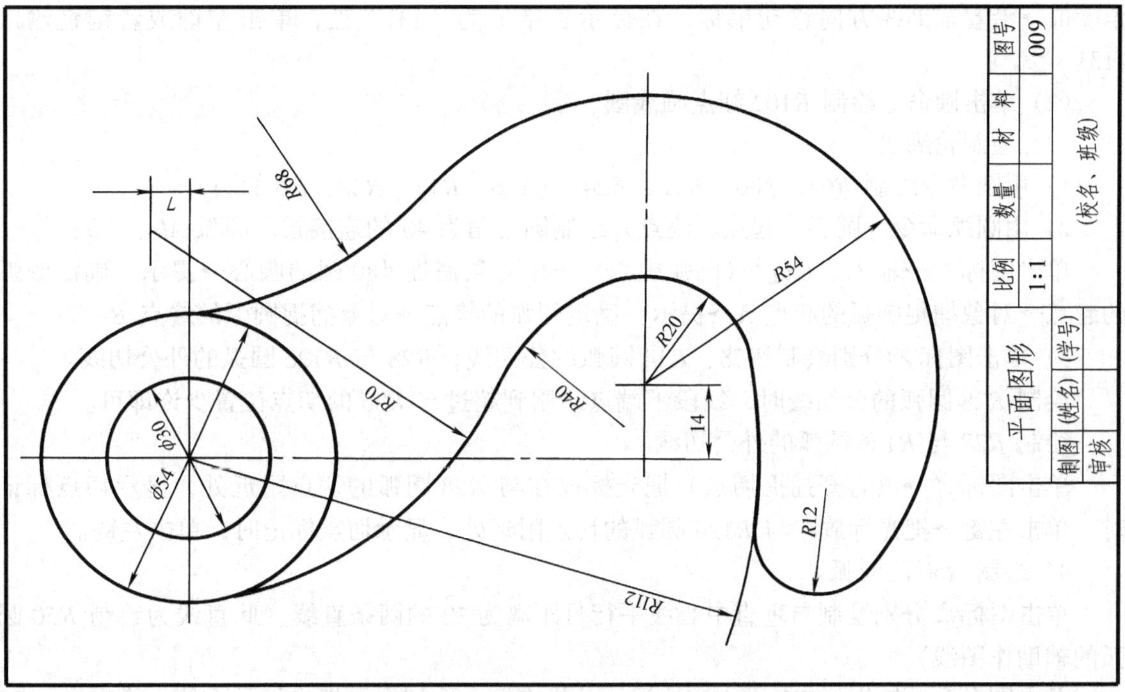
R68
7
R54
R20
R40
R70
14
φ30
φ54
R12
R112
平面图形
制图
(姓名)
(学号)
审核
比例
1:1
数量
材料
图号
009
(校名、班级)

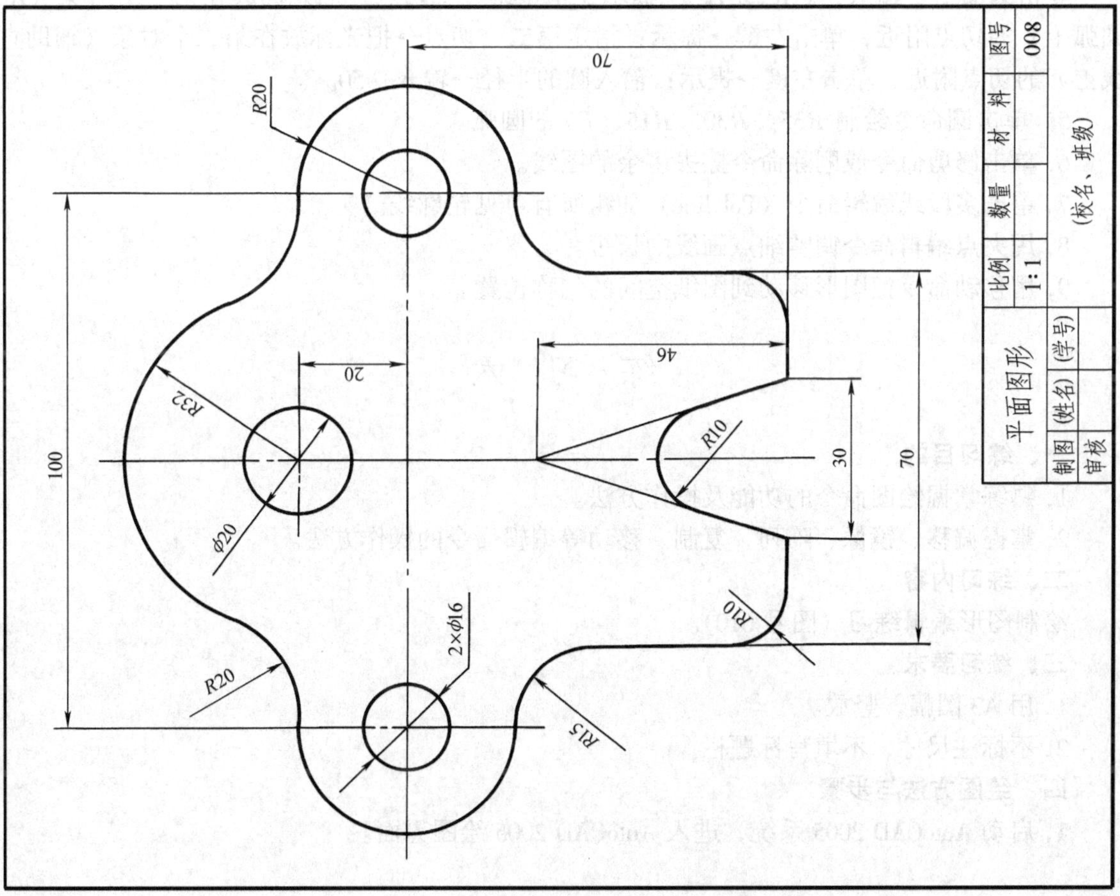
R20
70
100
R32
20
46
R10
30
70
φ20
2×φ16
R10
R20
R15
平面图形
制图
(姓名)
(学号)
审核
比例
1:1
数量
材料
图号
008
(校名、班级)

角度值→沿着辅助线方向移动鼠标，在提示长度值为“131”处，单击左键或者键盘输入“131”↙。

（2）单击圆命令绘制 *R*102 细点画线圆。

（3）绘制轮廓线。

1）用圆命令绘制 *R*64、ϕ80、*R*12、*R*24、*R*126、*R*14、*R*28、*R*6 的圆。

2）用圆弧命令（圆心、起点、终点）绘制圆心角为 40°的连接腰形圆弧 *AB*、*CD*：

单击图标→输入：*CE*↙（圆弧中心）→用对象捕捉 ϕ80 圆的圆心→提示：确定圆弧的起点→对象捕捉圆弧的起点 *A*→提示：确定圆弧的终点→对象捕捉圆弧的终点 *B*。

3）单击图标分别绘制 *R*28、*R*14 圆弧的公切线，*R*28 与 *R*126 圆弧的外公切线。

绘制 *R*28 圆弧的公切线时，线段下端点绘制到超过与 *R*35 的切点位置少许即可。

绘制 *R*28 与 *R*126 圆弧的外公切线。

单击图标→（打开捕捉切点）把光标放在与 *R*28 圆弧的切点附近处，显示切点标记时，单击左键→把光标放在与 *R*126 圆弧的切点附近处，显示切点标记时，单击左键。

4）绘制 *R*50 的圆弧。

单击图标分别绘制与垂直中心线平行且距离为 12 的两条直线（此直线为绘制 *R*50 圆弧的辅助作图线）。

单击圆命令→输入：TTR 或 T↙→提示：指定第一个切点→把光标放在第一个对象（R6 圆弧上）的切点附近，单击左键→提示：指定第二个切点→把光标放在第二个对象（辅助直线上）的切点附近，单击左键→提示：输入圆的半径→输入：50↙。

5）单击圆命令绘制 *R*35、*R*30、*R*15、*R*7 的圆弧。

6. 单击修剪命令或删除命令擦去多余的图线。

7. 单击多段线编辑命令（Polyline）加粗所有可见轮廓线。

8. 用夹点编辑命令调整细点画线的长短。

9. 用移动命令把图形移动到图纸空间的匀称位置。

练　习　六

一、练习目的

1. 熟练掌握绘图命令的功能及操作方法。

2. 掌握偏移、镜像、阵列、复制、移动等编辑命令的操作方法。

二、练习内容

绘制图形编辑练习（图号 010）。

三、练习要求

1. 用 A3 图幅，竖放。

2. 不标注尺寸，不填写标题栏。

四、绘图方法与步骤

1. 启动 AutoCAD 2005 系统，进入 AutoCAD 2005 绘图界面。

图一

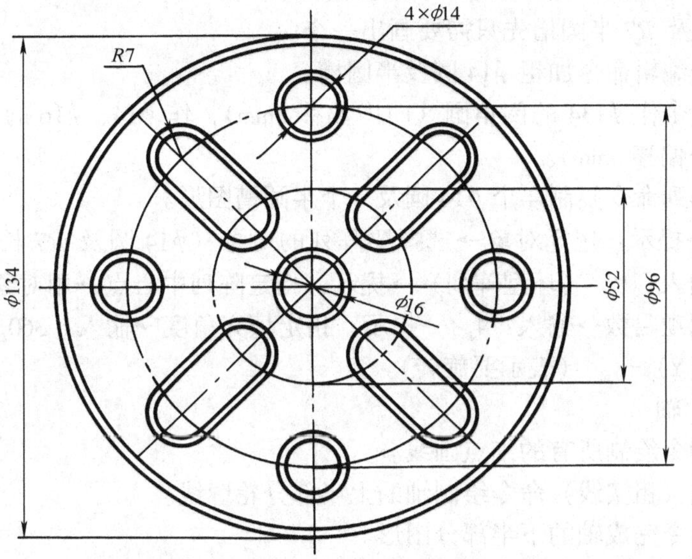

图二

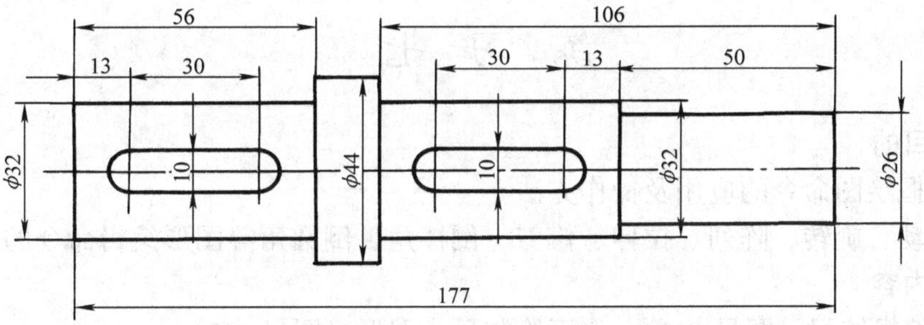

图形编辑练习			比例	数量	材　料	图号
			1∶2			010
制图	(姓名)	(学号)	(校名、班级)			
审核						

2. 新建一个图形文件，并在启动对话框中进行绘图设置。

3. 按规定设置三个图层的线型及颜色。

4. 绘制图框和标题栏（标题栏内部分细实线也可用偏移命令画出）。

5. 绘制图一。

（1）单击图标 ⁄ 绘制细点画线直线，用圆命令绘制 ϕ96、ϕ52 细点画线圆。

（2）用圆命令绘制 ϕ134、ϕ16、ϕ14 的圆及 R7 的圆弧。

（3）用直线命令作 $R7$ 半圆槽的两条公切线。

注意：$\phi 14$ 圆及 $R7$ 半圆槽先只需要画出一个。

（4）用多段线编辑命令加粗 $\phi 14$ 圆及半圆槽。

（5）用偏移命令作 $\phi 134$ 的倒角圆（向内偏移 3mm），作 $\phi 14$、$\phi 16$ 的倒角圆及 $R7$ 半圆槽的倒角线（向外偏移 3mm）。

（6）用环形阵列命令复制 4 个 $\phi 14$ 圆及 4 个半圆槽图形。

单击图标器→提示：选择对象→选择要阵列的对象（$\phi 14$ 圆及 $R7$ 长圆槽）↙→提示：指定阵列类型→输入：P↙（环型阵列）→提示：指定阵列中心点→用对象捕捉 $\phi 134$ 的圆心→提示：输入阵列项目数→输入：4↙→提示：指定填充角度→输入：360↙→提示：是否旋转阵列中的对象（Y）→↙（表示要旋转）。

6. 绘制图二：轴

（1）用直线命令绘制所有的细点画线。

（2）用多段线（粗实线）命令绘制轴的上半部分轮廓线。

（3）用镜像命令完成轴的下半部分图形。

（4）单击多段线（粗实线）命令绘制键槽

7. 用夹点命令编辑细点画线的长短。

8. 用移动命令把图形移动绘图区域的匀称位置。

练　习　七

一、练习目的

1. 熟练掌握绘图命令的应用及操作方法。

2. 掌握移动、旋转、阵列、拉伸、修剪、倒棱角、倒圆角等图形编辑命令的操作方法。

二、练习内容

绘制图形编辑练习（图号 011），也可绘制另一图形（图号 012）。

三、练习要求（图号 011）

1. 用 A4 图幅，竖放。

2. 不标注尺寸，不填写标题栏。

四、绘图方法与步骤

1. 启动 AutoCAD 2005 系统，进入 AutoCAD 2005 绘图界面。

2. 新建一个图形文件，并在启动对话框中进行绘图设置。

3. 按规定设置三个图层的线型及颜色。

4. 绘制图框和标题栏。

5. 绘制图一。

注意：绘制图一时，先把摇臂的轮廓图绘制成垂直位置（粗实线位置），再用旋转命令把摇臂轮廓图绕 O 点按顺时针方向旋转 45°。

（1）按尺寸绘制出粗实线部分图形。先用偏移命令绘制偏距为 6mm 的左右直线段和 $R17$ 及 $R30$ 的圆弧，再用倒圆角命令，倒 4 个 $R3$ 的圆角。

图一（将图形绕 O 点顺时针旋转 45°）

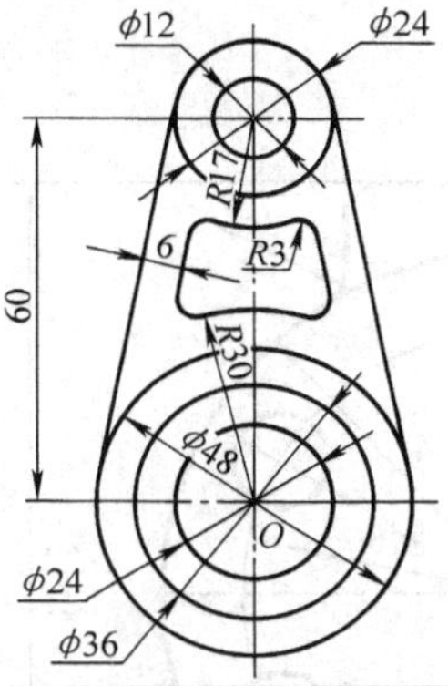

图二（用矩形阵列等命令绘制下图）

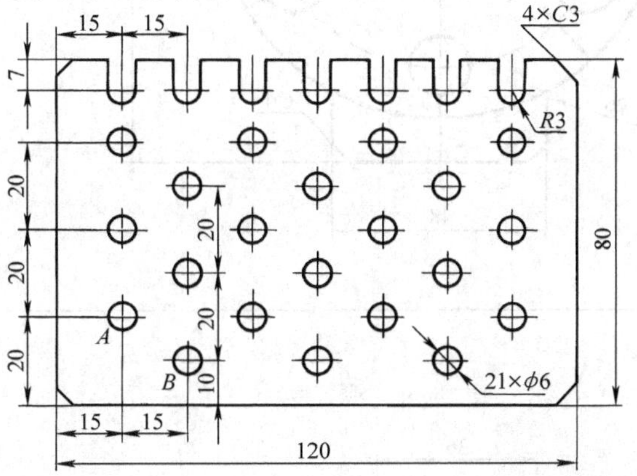

图形编辑练习		比例	数量	材　料	图号
		1:1			011
制图	(姓名)	(学号)	(校名、班级)		
审核					

（2）用旋转命令把摇臂轮廓图绕 O 点顺时针旋转 45°。

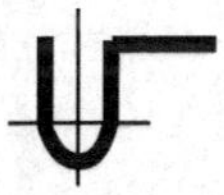

6. 绘制图二。

（1）按尺寸绘制出一个 $R3$ 的粗实线半圆槽及相关直线（如右图）。

（2）用矩形阵列命令复制七个半圆槽图形。

（3）按尺寸绘制出 120mm × 80mm 粗实线矩形图形的其他图线。

（4）绘制 21 × ϕ6 圆。

1）按尺寸绘制 A、B 两个圆的中心线和圆，并将圆编辑为粗实线。

2）用矩形阵列命令绘制全部圆图形（过程略）。

（5）用倒角命令绘制倒角 4 × C3。

（6）用修剪和删除命令擦去多余的图线。

（7）用移动命令把图形移动绘图区域的匀称位置。

图一

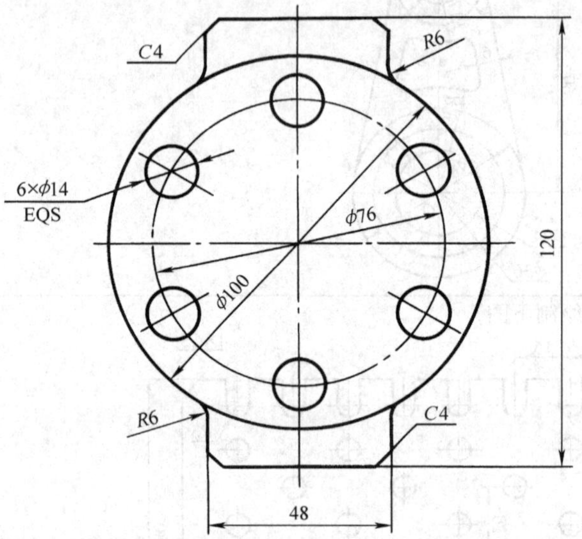

图二

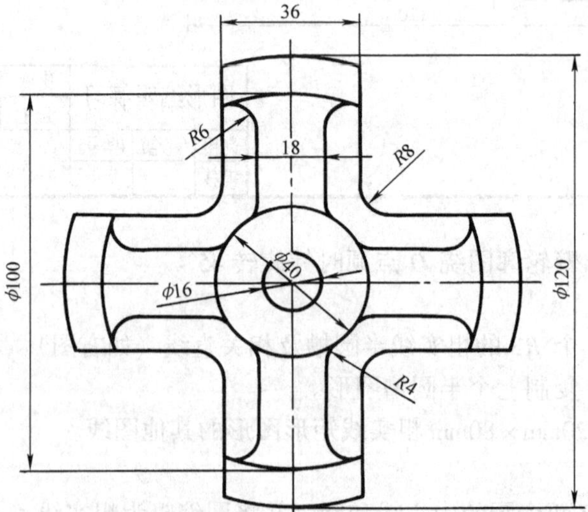

图形编辑练习	比例	数量	材 料	图号
	1∶2			012
制图 (姓名) (学号)	(校名、班级)			
审核				

练　习　八

一、练习目的

1. 掌握图案填充命令的操作方法。
2. 掌握建立文字样式的操作方法。
3. 掌握书写单行文本和多行文本的操作方法。

二、练习内容

绘制法兰盘（图号 013），也可绘制支架（图号 014）。

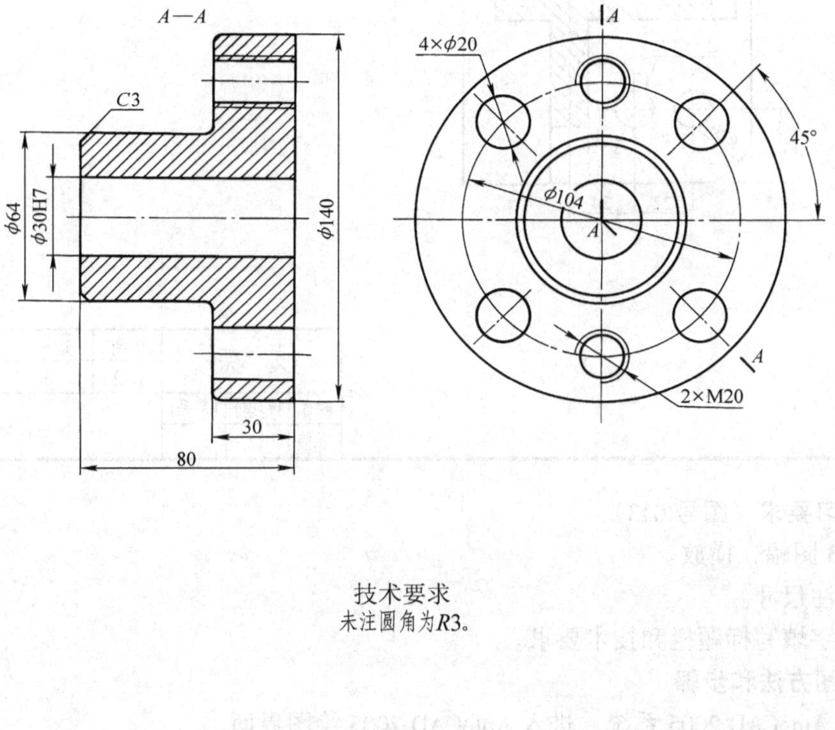

技术要求
未注圆角为$R3$。

法兰盘	比例	数量	材 料	图号
	1:2			013
制图 (姓名) (学号)	(校名、班级)			
审核				

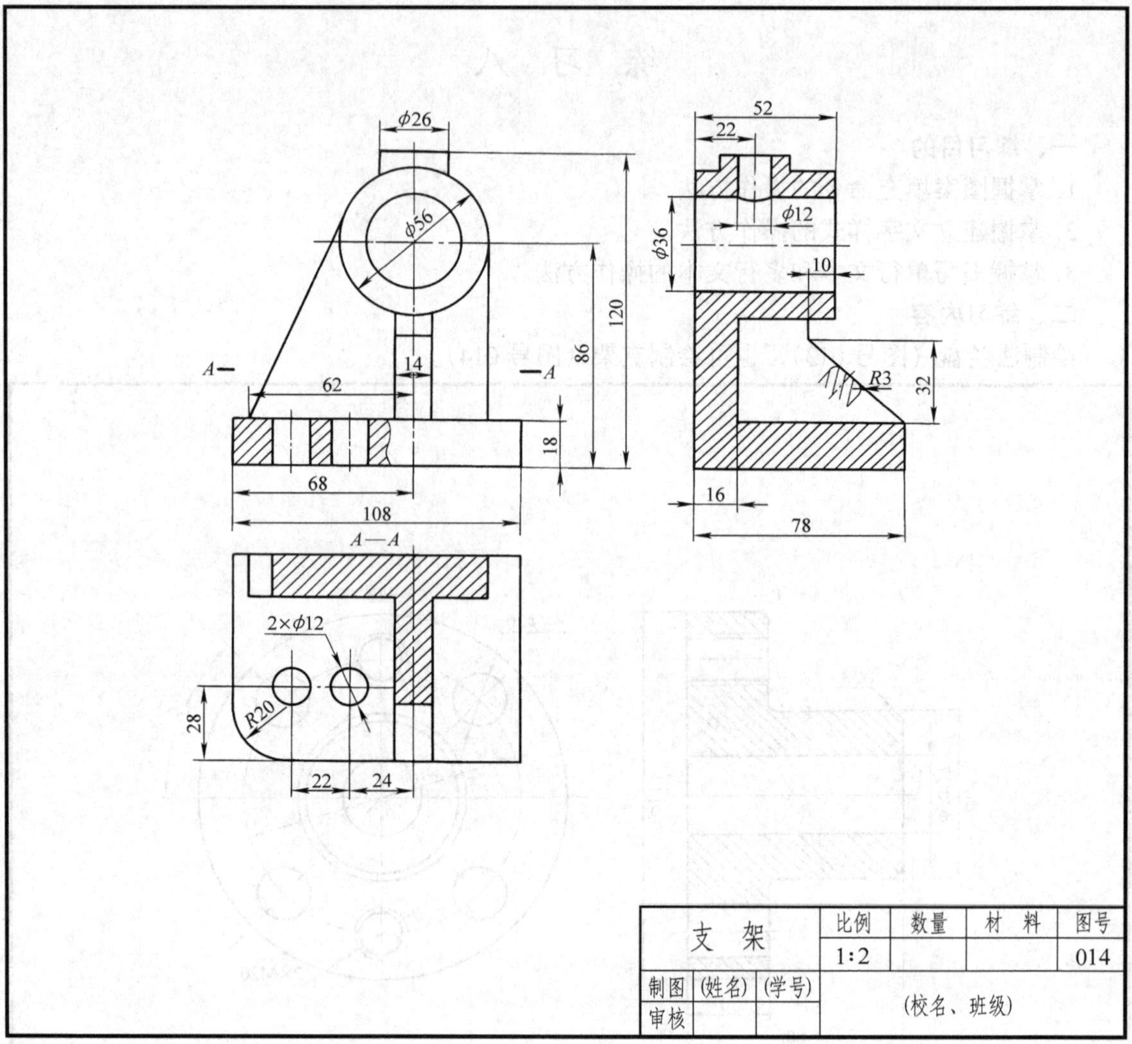

三、练习要求（图号 013）

1. 用 A3 图幅，横放。
2. 不标注尺寸。
3. 用文字填写标题栏和技术要求。

四、绘图方法和步骤

1. 启动 AutoCAD 2005 系统，进入 AutoCAD 2005 绘图界面。
2. 新建一个图形文件，并在启动对话框中进行高级设置。
3. 设置五个图层：粗实线层、细实线层、细点画线层、剖面线层、文字层。
4. 绘制图框和标题栏。
5. 绘制图形。

（1）单击图标按目测绘制图形的定位基准线细点画线。

（2）单击图标绘制主观图上所有的轮廓线。

（3）单击图标绘制 C3 倒角。

（4）单击图标绘制 $R3$ 圆角。

（5）单击图标绘制左视图。

（6）单击图标完成左视图螺纹大径 3/4 圈的细实线圆（螺孔小径 $d_1=0.85d$）。

（7）单击图标画主视图上的剖面线。

（8）用多段线编辑命令加粗所有可见轮廓线。

6. 注写技术要求和填写标题栏。

（1）设置文字样式。

（2）书写文字。

1）设置“文字层”为当前层，设置“样式 1”为当前样式。

2）用多行文字书写技术要求、填写标题栏。

书写技术要求：“技术要求”字样为 5 号字体，其余为 3.5 号字体。

填写标题栏：零件名用 7 号字体、校名用“在规定宽度内书写文本”的方法，其余用 3.5 号字体。

7. 对剖视图进行标注。

剖切符号（线宽 1.2mm），字母用 5 号字体。

练　习　九

一、练习目的

1. 掌握建立尺寸标注样式的操作方法。

2. 掌握尺寸标注命令的操作方法。

二、练习内容

绘制组合体三视图（图号 015），也可绘制另一图（图号 016）。

三、练习要求（图号 015）

1. 用 A2 图幅，横放。

2. 标注尺寸，并填写标题栏。

四、绘图方法与步骤

1. 启动系统→新建一个图形文件→绘图设置（过程略）。

2. 设置五个图层：粗实线层、细实线层、虚线层、细点画线层、文字层、尺寸标注层。

3. 绘制三视图。

4. 标注尺寸。

（1）设置尺寸标注文字样式，字体为 Txt..shx（西文字体）。

（2）创建尺寸标注样式。

新建三个尺寸标注样式：直线尺寸标注样式、半径尺寸标注样式、直径尺寸标注样式。

操作方法：

1）创建一个“直线尺寸标注样式”。单击图标→显示“标注样式管理器”对话框→单击【新建】按钮→显示“创建新标注样式”对话框，输入新样式名：“直线标注”→单击【继续】按钮→显示“直线标注样式”对话框，在对话框中设置如下：

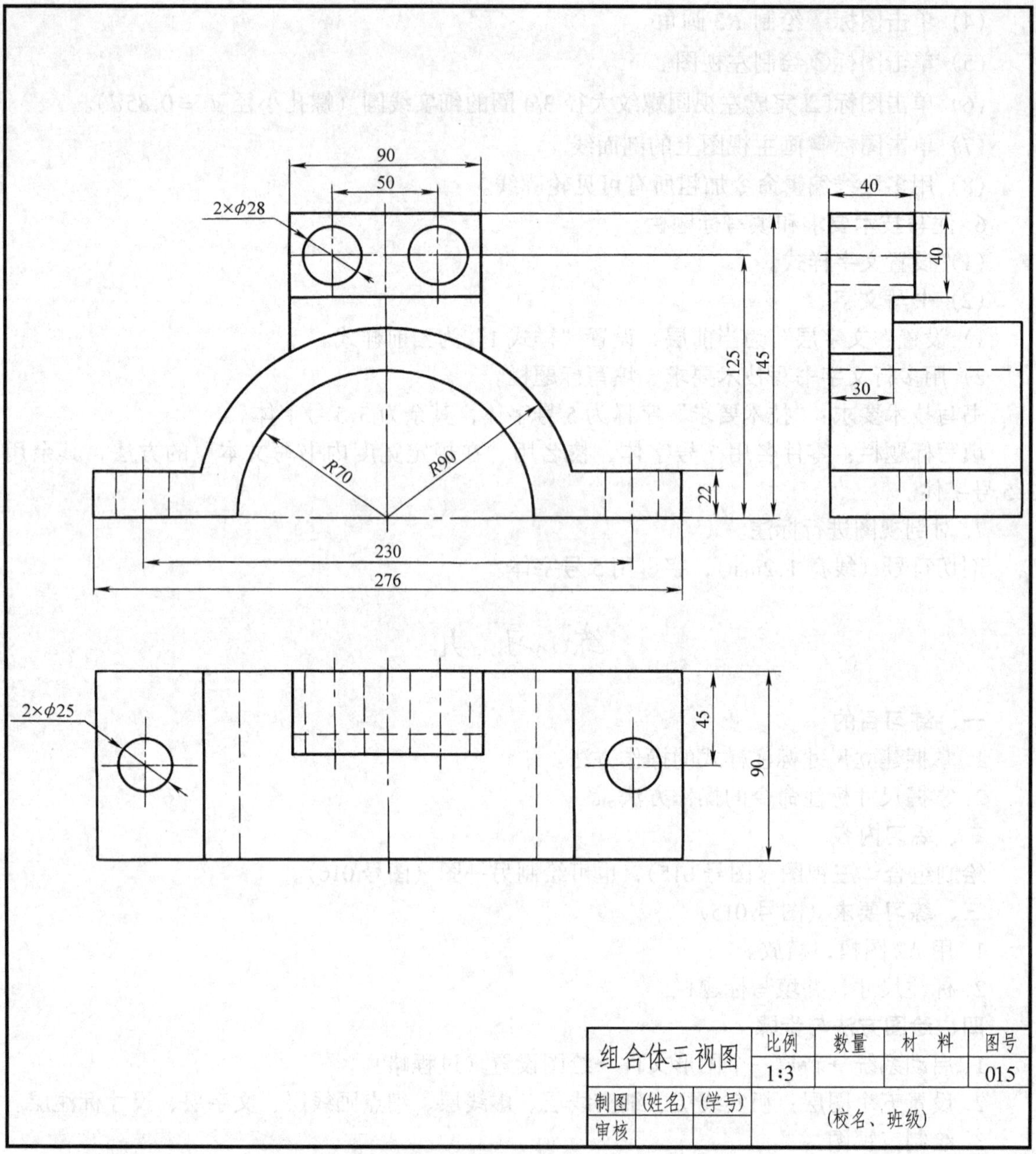

在“直线和箭头”选项卡中设置：

尺寸线区域中→设颜色为红色、基线间距为“7”。

尺寸界线区域中→颜色为红色、超出尺寸线为2、起点偏移量为“0”。

箭头区域中→箭头大小为“6”。

在“文字”选项卡中设置：

文字样式为“Standard”（西文字体 Txt.shx）、颜色为红色、文字高度为“3.5”、从尺寸线偏移“2”。

在“调整”选项卡中，默认系统设置。

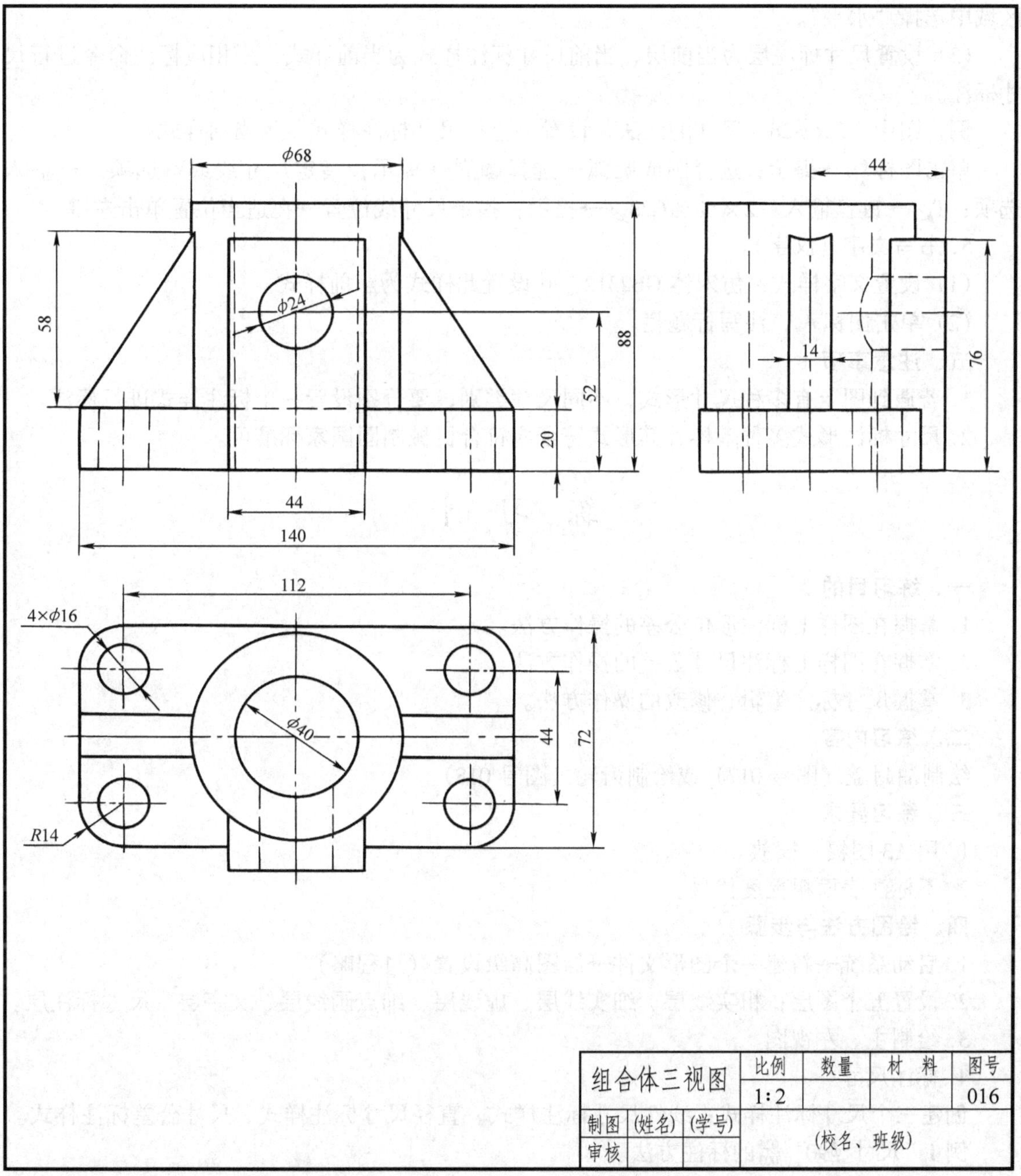

在“主单位”选项卡中设置。

线性标注区域中→精度为“0”、小数分隔符为“句点”。

设置完毕后单击【确定】按钮→单击【关闭】按钮。

2）创建一个半径尺寸标注形式。其余设置与上同，只在“调整”选项卡的“调整选项”区域中设置“文字和箭头”在“调整区域”中，勾选“手动放置文字”和“始终在尺寸界线之间绘制尺寸线”。

3）创建一个直径尺寸标注样式。其余设置与上同，只在“文字”选项卡的“文字对齐”

区域中选择“水平”。

(3) 设置尺寸标注层为当前层，当前尺寸标注样式为当前样式，用相应标注命令进行尺寸标注。

例 图中“2×ϕ28”尺寸的注法，设置“直径尺寸标注样式”为当前样式。

单击图标⦸→提示：选择圆或圆弧→选择圆周→提示：指定尺寸线或｛选项｝→输入选项：T↙→键盘输入：2×%%C28↙→提示：指定尺寸线位置→在适当位置单击左键。

5. 书写文字（汉字）。

(1) 设置文字样式：仿宋体 GB2312，并设置此样式为当前样式。

(2) 单击图标A，注写标题栏。

五、注意事项

1. 若遇到图上有多种尺寸形式，不同尺寸类别，要分别设置一个标注样式进行标注。

2. 尺寸标注形式多种多样，其形式符合应符合机械制图国家标准可。

练　习　十

一、练习目的

1. 掌握在图样上标注形位公差的操作方法。

2. 掌握在图样上标注尺寸公差的操作方法。

3. 掌握尺寸标注编辑、修改的操作方法。

二、练习内容

绘制油封盖（图号 017）或绘制齿轮（图号 018）。

三、练习要求

1. 用 A3 图幅，横放。

2. 不标注表面粗糙度代号。

四、绘图方法与步骤

1. 启动系统→新建一个图形文件→绘图高级设置（过程略）。

2. 设置五个图层：粗实线层、细实线层、虚线层、细点画线层、文字层、尺寸标注层。

3. 绘制主、左视图。

4. 标注尺寸

创建三个尺寸标注样式：线性尺寸标注样式、直径尺寸标注样式、尺寸公差标注样式。

例 1 尺寸 $\phi 90^{+0.025}_{+0.003}$ 的标注方法。

单击图标⦸→输入：M↙→显示多行文字编辑器，在多行文字编辑器中设置：字体为 TXT.SHX，高度为 3.5，并书写出“%%C90 + 0.025/ + 0.003”→选中分数“+ 0.025/ + 0.003”，并单击右键→显示右键菜单，单击“堆叠”选项→则分数显示为“$\frac{+0.025}{+0.003}$”形式→再单击右键，显示右键菜单，单击“特性”选项→显示“堆叠特性”对话框，则在文本区中显示上、下偏差值，在外观区“样式”栏的下拉列表中选择“公差”项，在“位置”栏中选择“底部”，在“文本”栏中选择“70%”→单击【确定】→单击【确定】→指定尺寸线

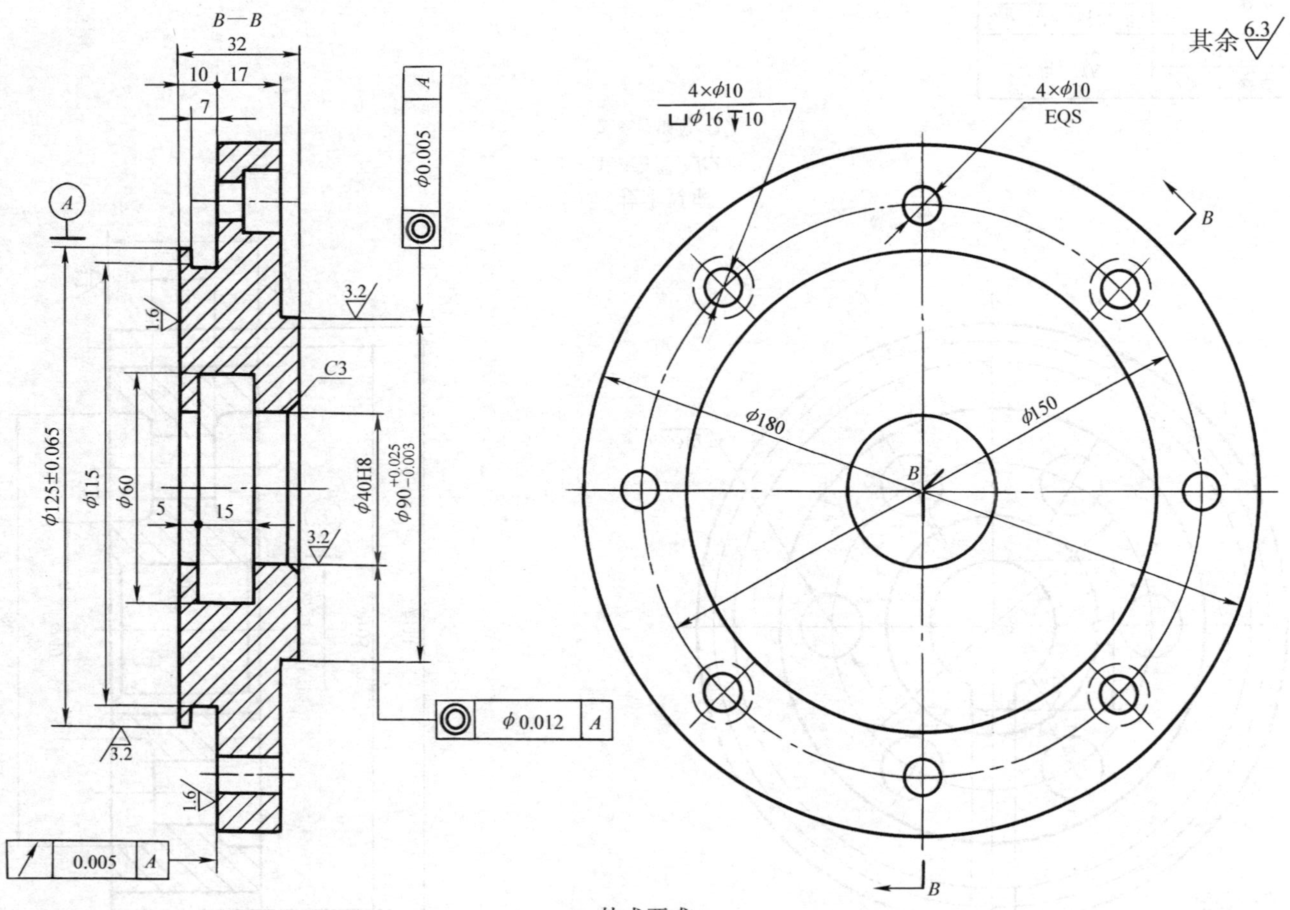

技术要求

1.未注圆角均为$R1$。

2.热处理：调质42HRC。

油封盖			比例	数量	材 料	图号
			1:2			017
制图	(姓名)	(学号)	(校名、班级)			
审核						

模数	3
齿数	35
齿形角	20°

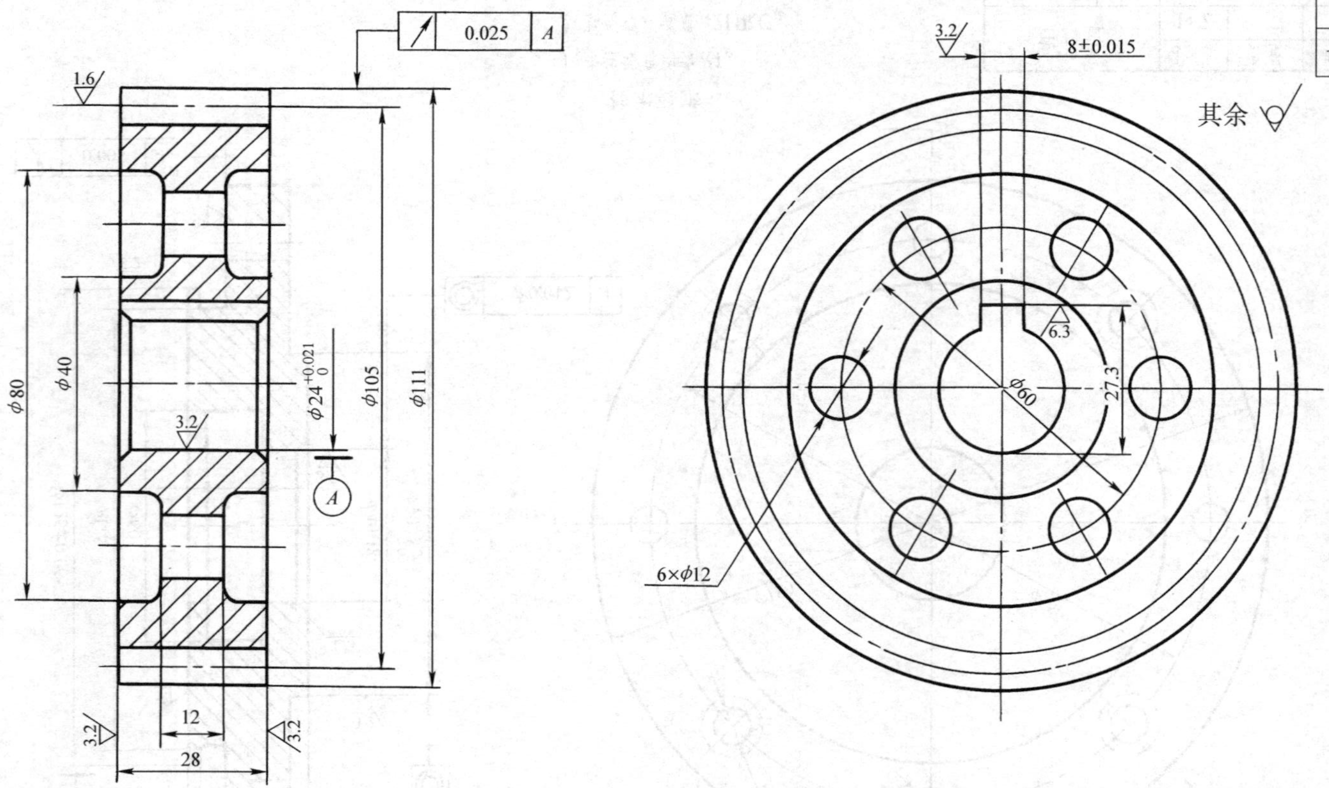

技术要求

1. 未注圆角$R2$。

2. 未注倒角$C2$。

齿 轮		比例	数量	材 料	图号
		1:1		45	018
制图	(姓名)	(学号)	(校名、班级)		
审核					

位置，单击左键。

例 2 尺寸“4×ϕ10 / ▮ ϕ16 ↧ 10”的标注方法。

可用多种方法标注，这里介绍常用的两种方法：

方法一：单击图标→输入：T↙→键盘输入：4×%%C10↙→指定尺寸线位置。再用多行文本书写：“▮ ϕ16 ↧ 10”。

方法二：单击图标→输入：M↙→在“多行文本编辑器”中分两行书写“4×ϕ10 和 ▮ ϕ16 ↧ 10”→单击“确定”按钮。再用“分解”命令分解尺寸，用“移动”命令把尺寸文字移到合适的位置。

“▮”的画法：单击图标，绘制垂线高为 3.5mm（一个字高），水平线长为 7mm（两个字高）。

“↧”的画法：单击图标，绘制长 3.5mm 水平线；单击图标，捕捉水平线中点，绘制高 1.5mm 铅垂线；单击图标，绘制边长 2mm 等边三角形。

5. 标注形位公差

（1）标注框格：单击图标→显示引线设置对话框→在“注释”选项卡选择“公差”→在“引线和箭头”选项卡中选择“直线”和“实心闭合的箭头”→单击【确定】按钮→指定引线的起点→指定引线的下一点→指定引线的下一点（若引线不转折，则回车）→显示形位公差对话框→单击【符号】按钮→显示形位公差符号对话框→选择形位公差符号（◎或↗）→输入公差值→输入基准代号→单击【确定】按钮。

（2）标注基准符号。

基准符号的画法：

基准符号由长为 $2h$、宽为 $2d$ 的短粗实线和圆圈（直径为 $2h$ 的细实线）及长为 h 的细实线的连线组成。

6. 绘制剖切位置线。

7. 用文字书写技术要求、填写标题栏及剖视图名称。

五、注意事项

1. 若有多个不同上、下偏差的尺寸时，应单击“标注样式管理器对话框”中的“修改或替代”按钮（Override），在公差对话框中进行修改后，再标注尺寸。

2. 当形位公差框格为垂直位置时，用单击公差图标启动命令，输入框格中的内容后，把框格移到引线端部再旋转成垂直位置。

3. h 为图上尺寸数字的高度，d 为图上粗实线的宽度。

练 习 十 一

一、练习目的

1. 掌握创建块、块插入、块存盘的操作方法。

2. 掌握用块命令在图样上标注表面粗糙度代号的操作方法。

二、练习内容

绘制齿轮轴（图号 019），也可绘制套（图号 020）。

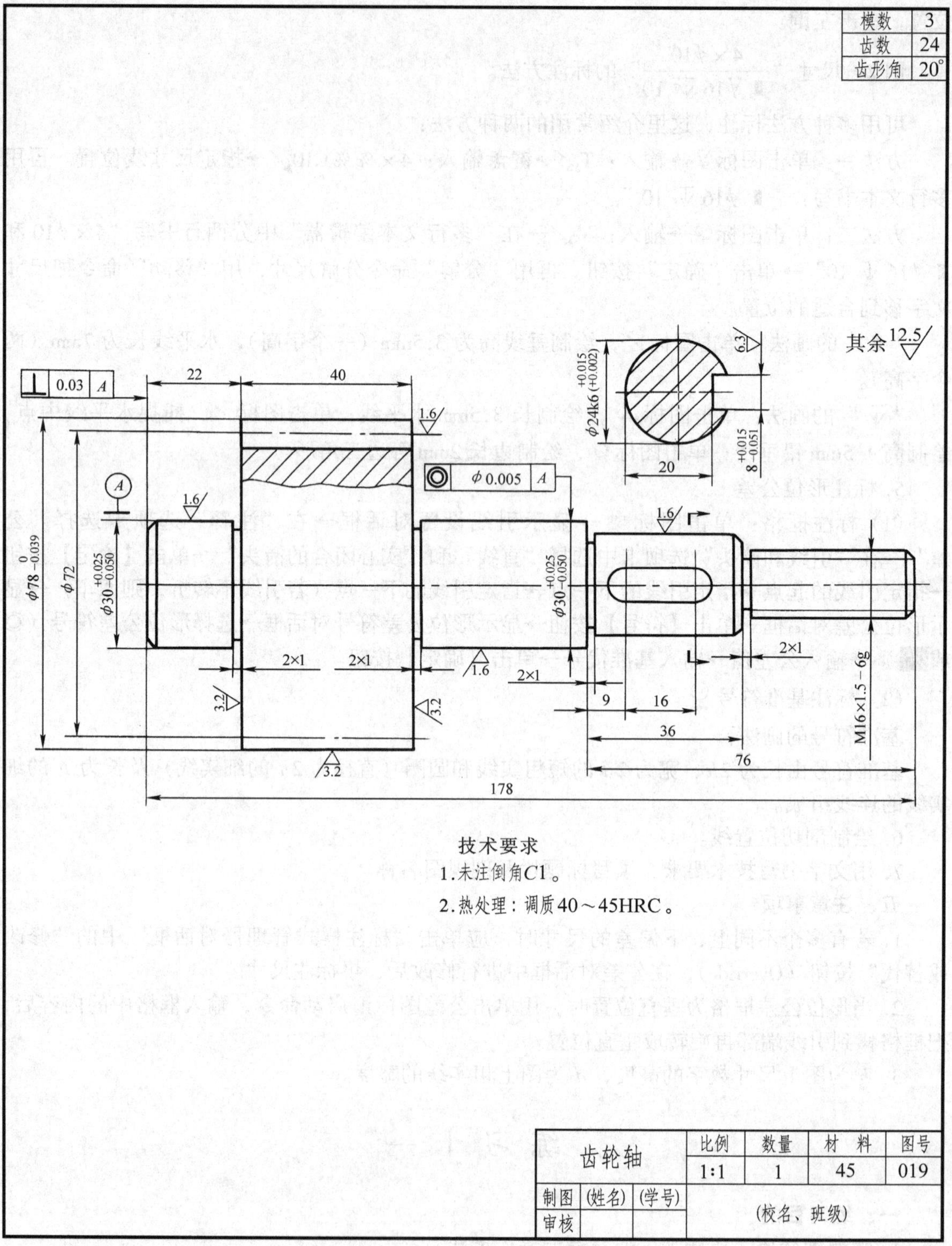

三、练习要求（图号 019）

1. 用 A4 图幅，横放。
2. 所绘图样应具备零件图的全部内容。

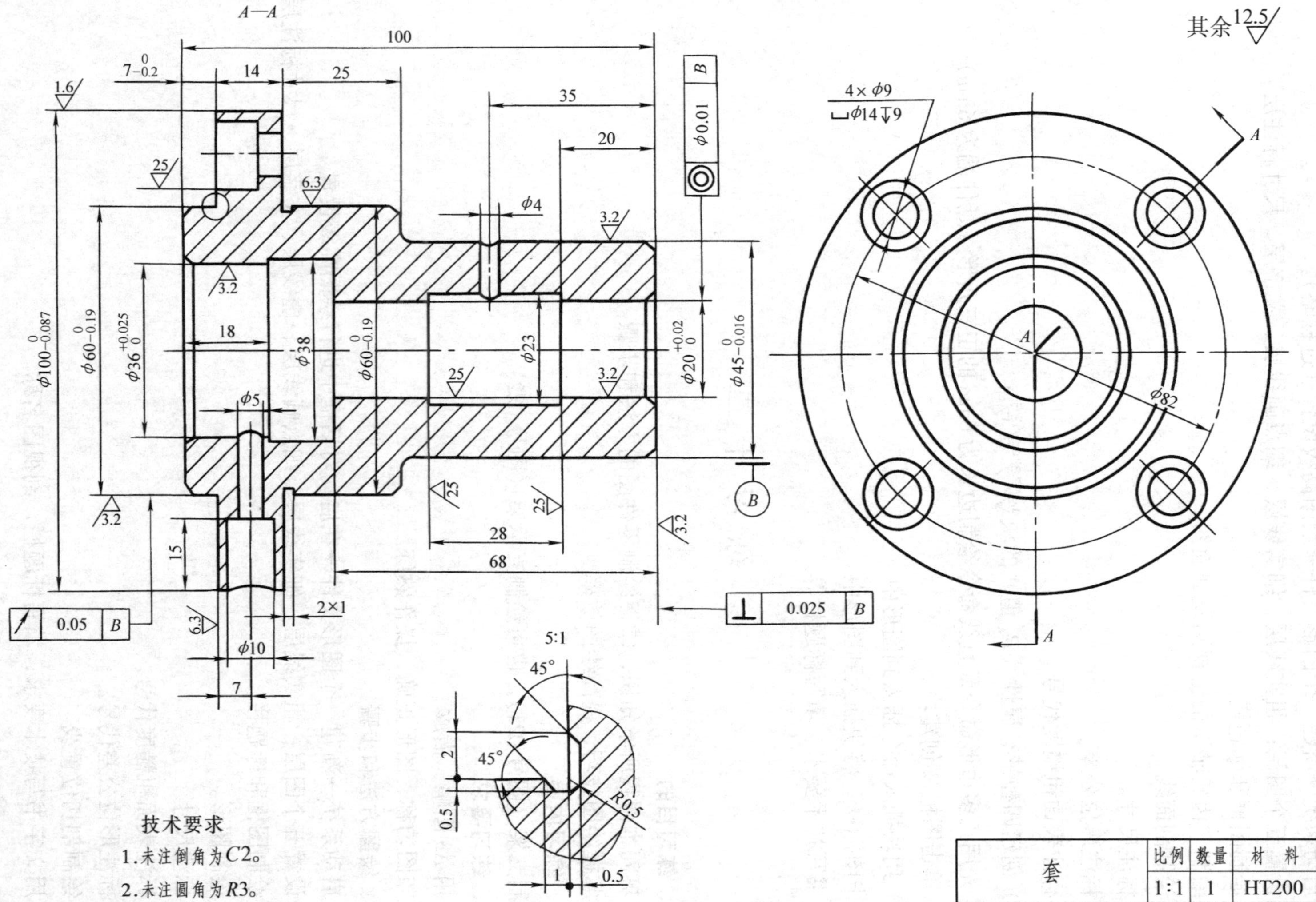

技术要求

1.未注倒角为$C2$。

2.未注圆角为$R3$。

套		比例	数量	材　料	图号
		1:1	1	HT200	020
制图	(姓名)	(学号)	(校名、班级)		
审核					

四、绘图方法和步骤

1. 启动系统→新建一个图形文件→绘图高级设置（过程略）。
2. 设置五个图层：粗实线层、细实线层、细点画线层、文字层、尺寸标注层。
3. 绘制图框和标题栏。
4. 绘制“齿轮轴”的主视图及剖面图。
5. 绘制剖面线。
6. 标注尺寸。
7. 标注形位公差。
8. 标注表面粗糙度代号。

（1）创建四种带有属性（R_a 值）的块 1.6 3.2 6.3 12.5：

1）先用正多边形命令或直线命令绘制边长为 6mm 的正三角形（延伸端为 6mm）；

2）单击图标创建块。

（2）用块插入命令插入到图形中

单击图标，将块插入到图形中。

9. 书写技术要术、填写标题栏等。

练 习 十 二

一、练习目的

1. 巩固本课程所学知识，掌握绘制零件图的方法和步骤。
2. 掌握绘图技巧，提高绘图效率。

二、练习内容

绘制支架（图号 021），也可绘制支承架（图号 022）。

三、练习要求

1. 用 A3 图幅，横放。
2. 布图匀称，图形正确，操作熟练。

四、绘图方法和步骤

1. 启动系统→新建一个图形文件→在启动对话框中进行绘图高级设置。
2. 设置五个图层：粗实线层、细实线层、细点画线层、虚线层、文字层、尺寸标注层。
3. 绘制图框和标题栏。
4. 绘制图形。
5. 标注尺寸。
6. 标注表面粗糙度代号。
7. 标注形位公差代号。
8. 绘制剖切位置线。
9. 用文字书写技术要求，填写标题栏，剖视图名称。

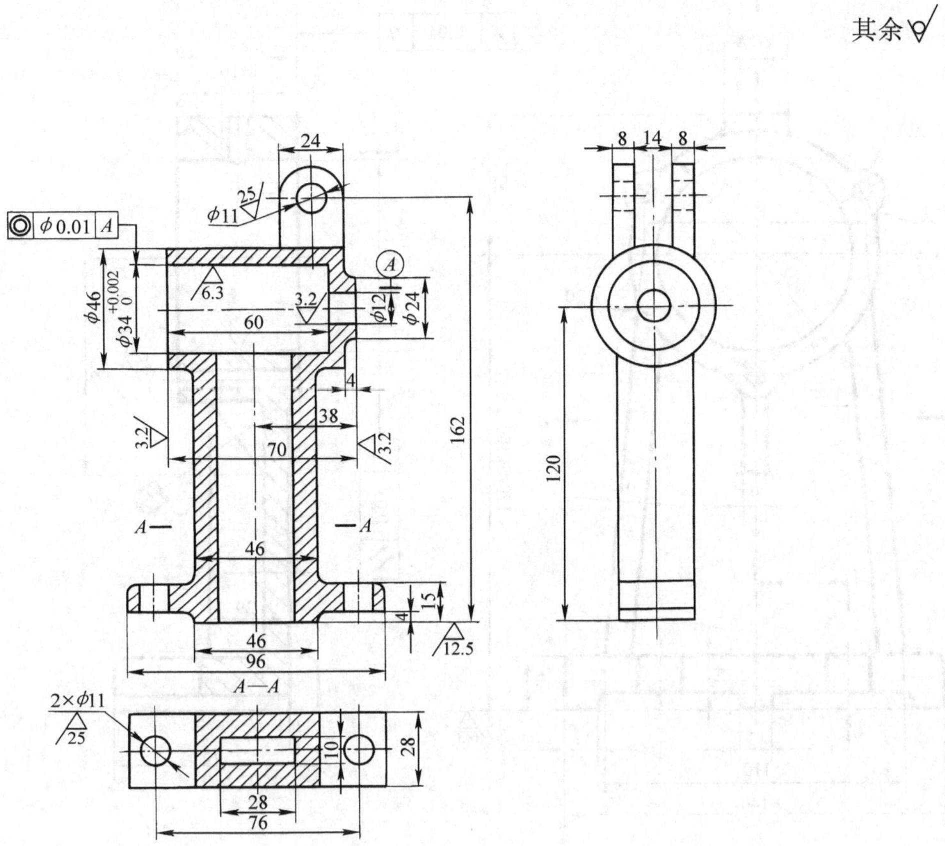

技术要求

1.铸件应时效处理。

2.铸件不加工表面涂漆。

3.未注圆角为$R3$。

支架			比例	数量	材料	图号
			1:2	1	HT190	021
制图	(姓名)	(学号)	(校名、班级)			
审核						

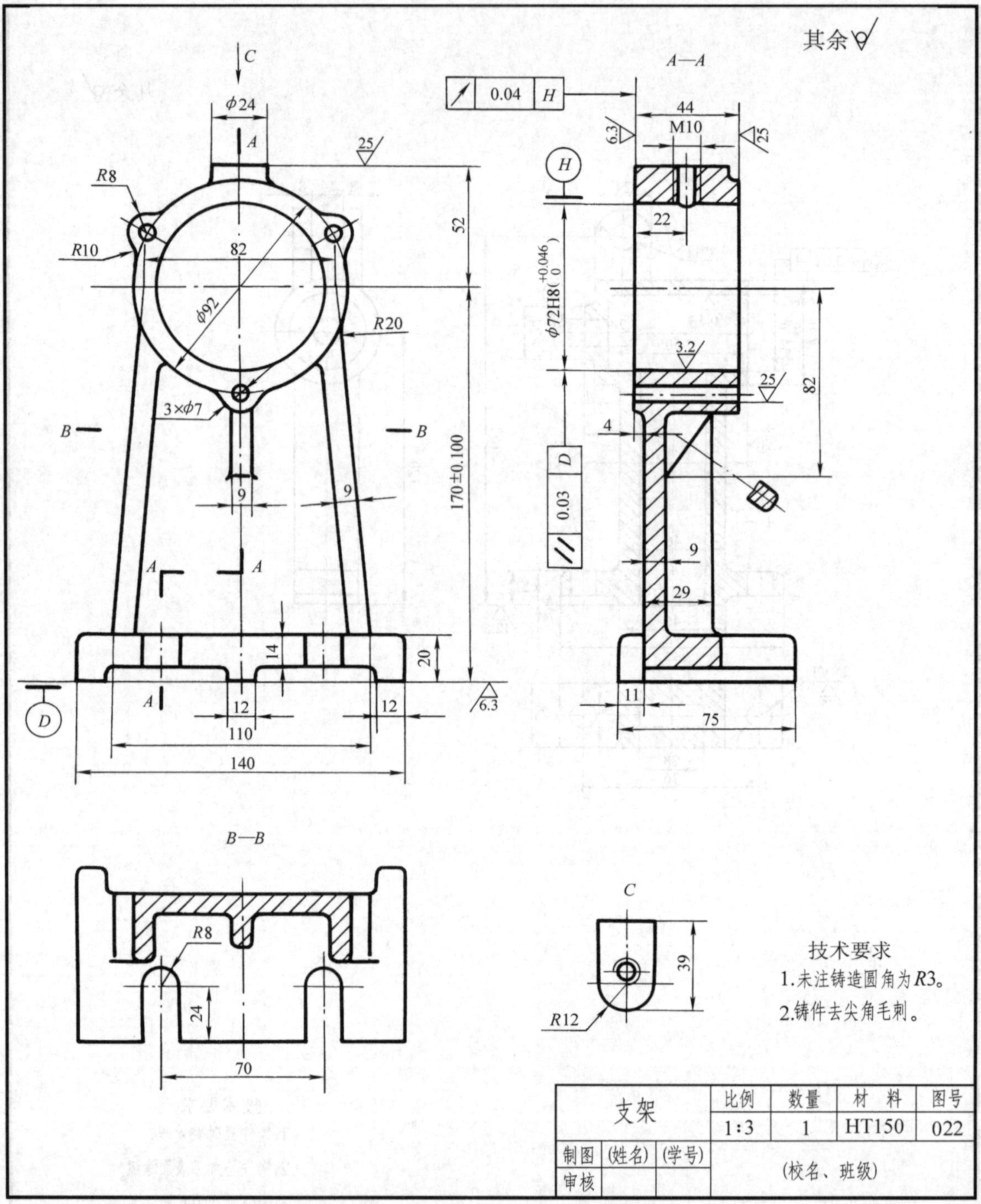

练 习 十 三

一、练习目的

1. 巩固本课程所学知识，掌握绘制零件图的方法和步骤。

2. 进一步掌握零件图上技术要求的标注方法。

3. 掌握绘图技巧，提高绘图效率。

二、练习内容

绘制拨叉零件图（图号 023），也可绘制杠杆零件图（图号 024）。

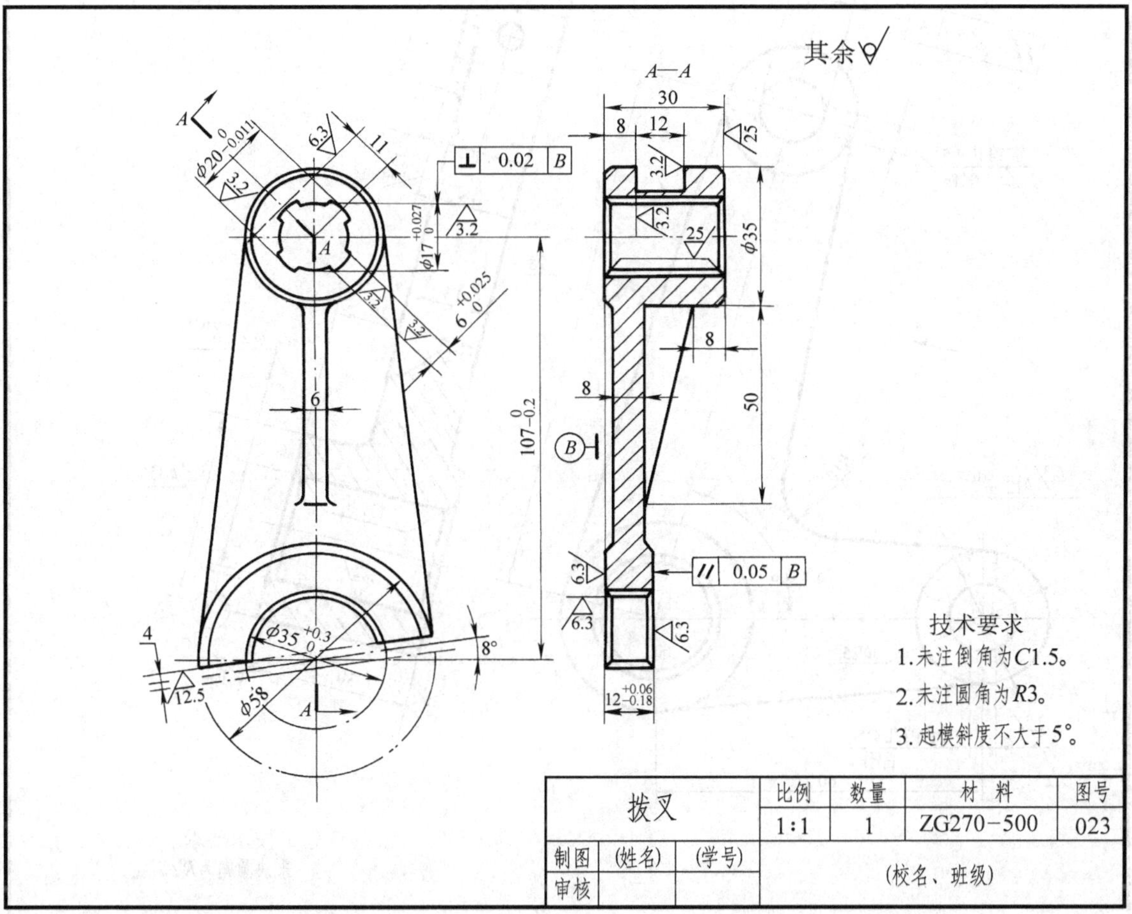

三、练习要求

1. 用 A4 图幅，竖放。

2. 布图匀称，图形正确，操作熟练。

四、绘图方法和步骤

1. 启动系统→新建一个图形文件→在启动对话框中进行绘图高级设置。

2. 设置五个图层：粗实线层、细实线层、细点画线层、虚线层、文字层、尺寸标注层。

3. 绘制图框和标题栏。

4. 绘制图形。

5. 标注尺寸。

6. 标注表面粗糙度代号。

7. 标注形位公差代号。

8. 绘制剖切位置线。

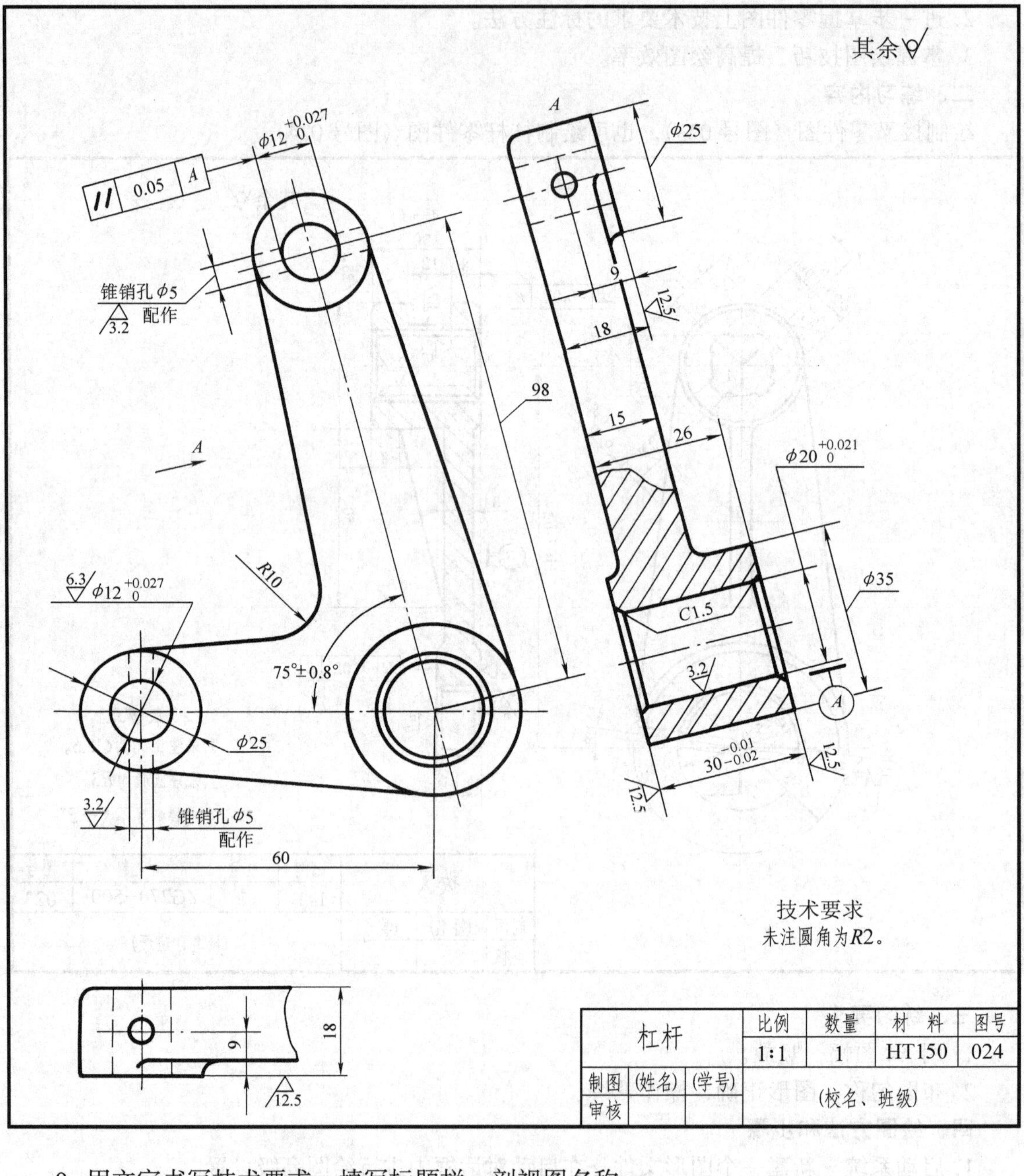

9. 用文字书写技术要求，填写标题栏，剖视图名称。

练 习 十 四

一、练习目的

1. 巩固本课程所学知识，掌握绘制零件图的方法和步骤。
2. 进一步掌握零件图上技术要求的标注方法。
3. 掌握绘图技巧，提高绘图效率。

二、练习内容

绘制泵体（图号 025），也可绘制箱体（图号 026）。

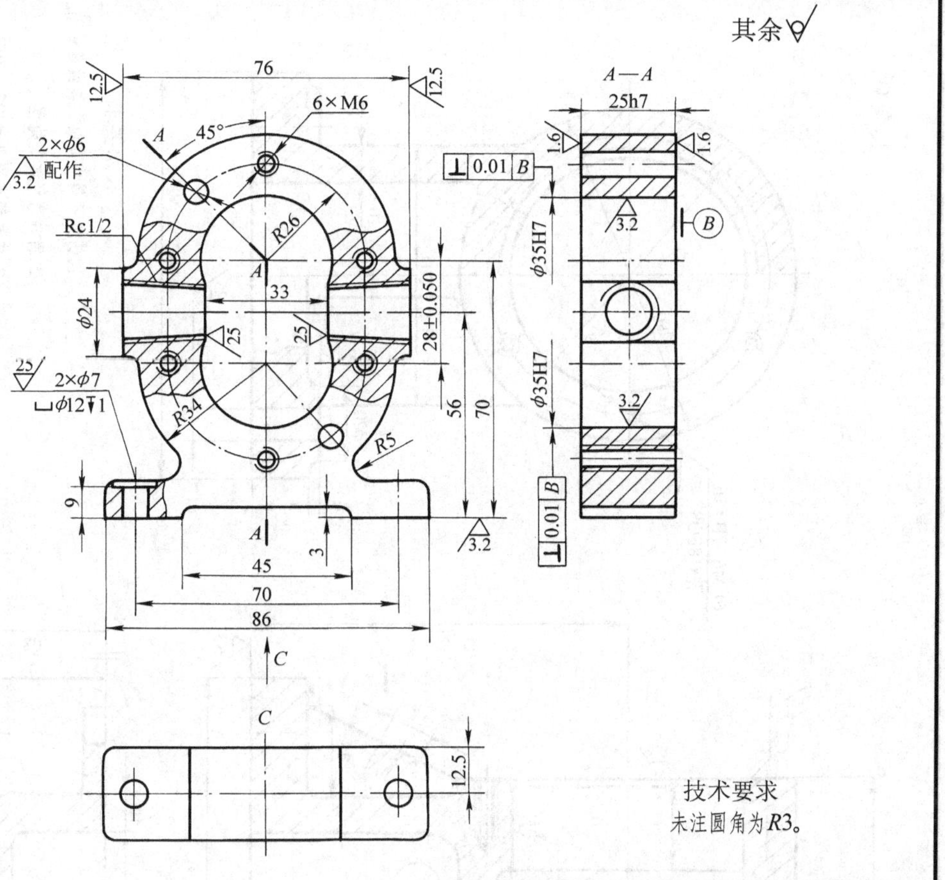

泵体			比例	数量	材 料	图号
			1∶1	1	HT200	025
制图	(姓名)	(学号)	(校名、班级)			
审核						

三、练习要求

1. 用 A4 图幅，竖放。
2. 绘制不留装订边的图框形式（周边距为 5mm）。
3. 布图匀称，图形正确，操作熟练。

四、绘图方法和步骤

1. 启动系统→新建一个图形文件→在启动对话框中进行绘图高级设置。
2. 设置五个图层：粗实线层、细实线层、细点画线层、虚线层、文字层、尺寸标注层。
3. 绘制图框和标题栏。
4. 绘制图形。
5. 标注尺寸。
6. 标注表面粗糙度代号。

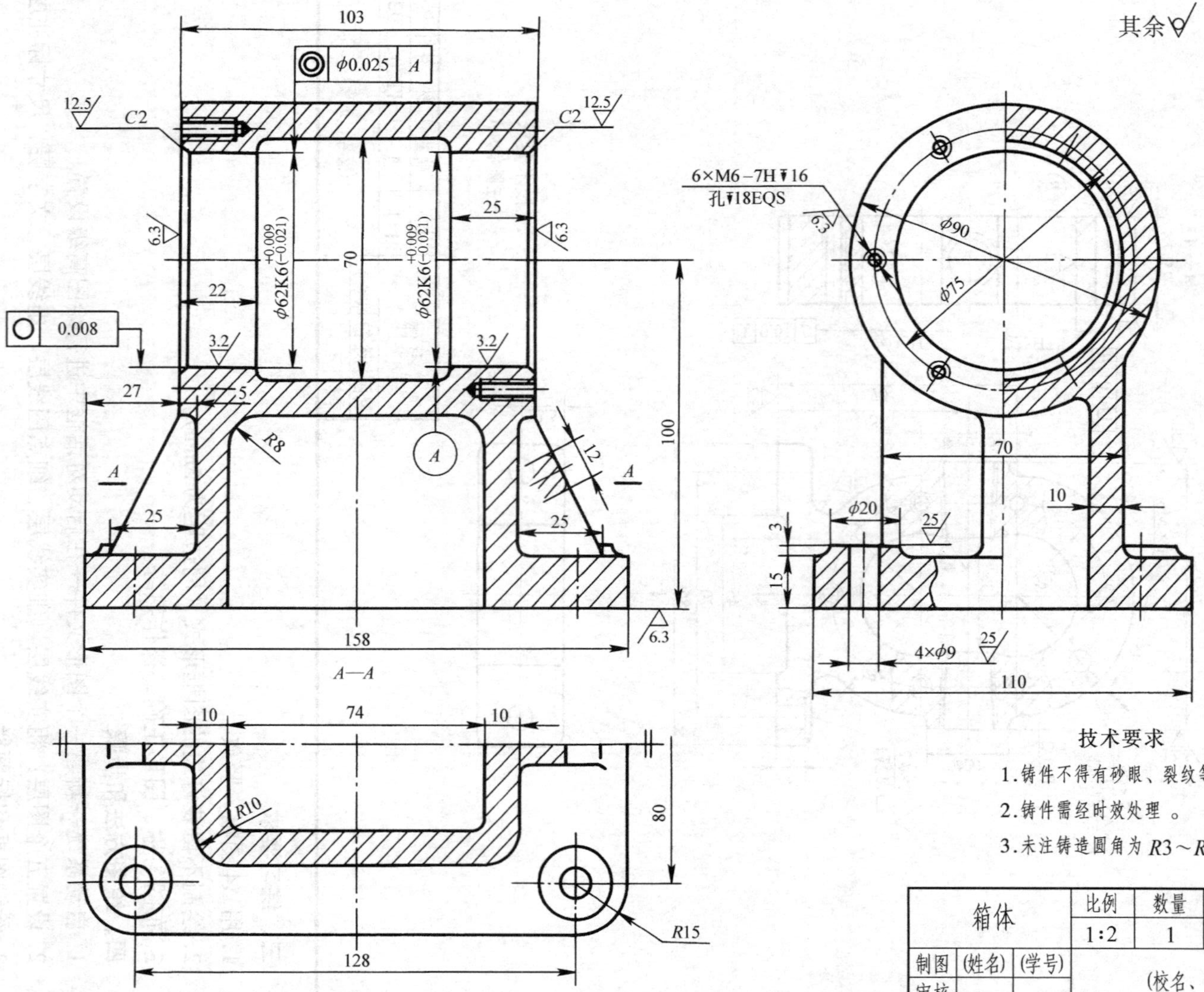

技术要求

1.铸件不得有砂眼、裂纹等缺陷。

2.铸件需经时效处理 。

3.未注铸造圆角为 $R3 \sim R5$。

箱体			比例	数量	材 料	图号
			1:2	1	HT200	026
制图	(姓名)	(学号)	(校名、班级)			
审核						

7. 标注形位公差代号。

8. 绘制剖切位置线。

9. 用文字书写技术要求，填写标题栏，剖视图名称。

练 习 十 五

一、练习目的

1. 进一步熟练掌握 AutoCAD 绘图命令的操作方法

2. 熟练掌握由零件图拼画组合装配图的方法和技巧。

二、练习内容

根据顶尖装配体的零件图，拼画顶尖装配图（图号 027）。

三、练习要求

1. 绘图前，须先看懂“顶尖”装配图，了解其工作性能、工作原理及各零件之间的装配连接关系。

2. 图样必须具备装配图上完整的内容：图形、尺寸、零件序号、标题栏和明细栏等。

3. 应在绘制装配图之前，先绘制好各零件图。

分别设置 A4 图幅大小，竖放，绘制 1 号“顶尖”、2 号“调节螺母”、3 号“螺钉”、4 号“底座”4 张零件图，不需绘制图框、标题栏，不需标注尺寸。

四、绘图方法和步骤

1. 由零件图拼画组合装配图

由零件图拼画组合装配图的方法和步骤：

（1）用块插入方法拼画装配图

1）采用块存盘命令将零件图写成单个磁盘文件。

键盘输入：WBLOCK↙→显示写块对话框→在文件名区：输入图形文件名，例“底座”→在保存位置区：指定文件保存位置→单击【选择对象】按钮→用对象选择集选择零件图形→↙→单击【拾取点】按钮→指定图形的插入点→单击【确定】按钮。

2）新建一张 A4 图幅、竖放为装配图幅面，并绘制好图框、标题栏、明细栏。

3）用插入命令将 4 号“底座”零件图插入到装配图幅中。

单击图标→显示插入块对话框，单击【浏览】按钮→显示“选择文件”对话框→打开已保存的零件图，例：选择底座→单击【确定】按钮→拖动图形，插入图形，直接将图形插入在装配所要求的地方，或将插入的图形暂时放在图形窗口的适当位置，再用移动命令（MOVE）将图形进行正确的定位。

4）用分解命令（EXPLODE）分解图形，用修剪命令（TRIM）修剪多余的图线。检查、校核图形、删除多余图线、补画缺漏图线。

（2）使用 AutoCAD 设计中心组合装配图

1）将绘制好的零件图保存为单个图形文件。

2）新建一张 A4 图幅，竖放为装配图幅面，并绘制好图框、标题栏、明细栏。

3）打开设计中心。

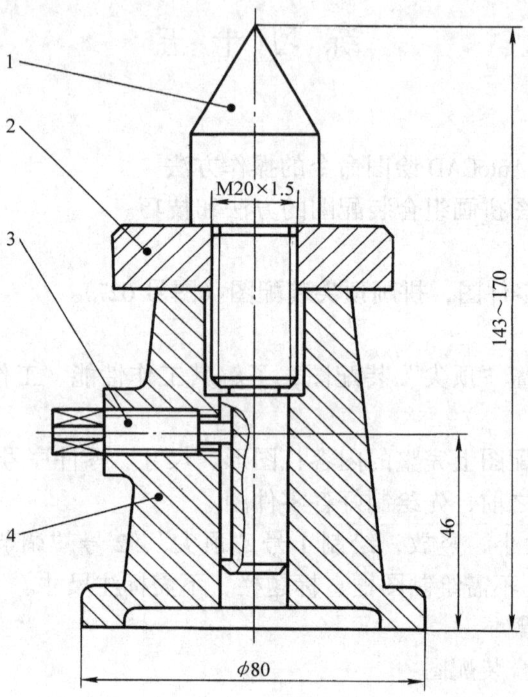

4	底 座	1	HT200		
3	螺 钉	1	45		
2	调节螺母	1	15		
1	顶 尖	1	45		
序号	名 称	数量	材 料		备注
顶尖		比例	1:1	共 张	027
		质量		第 张	
制图	(姓名)	(学号)	(校名、班级)		
审核					

单击图标→单击桌面图标→在“导航窗口”，以相应路径找到已保存好的零件图→从“控制板”中拖动（按住鼠标左键并移动鼠标）图形到绘图区域，打开要插入的零件图（底座）。

4）将1、2、3号零件图逐个从设计中心拖出，按装配关系插入到底座图形中。

5）用分解命令（EXPLODE）分解图形，用修剪命令（TRIM）修剪多余的图线。检查、校核图形，删除多余图线、补画缺漏图线。

2. 标注装配图上必要的尺寸。

3. 编写零件序号。

4. 填写标题栏、明细表。

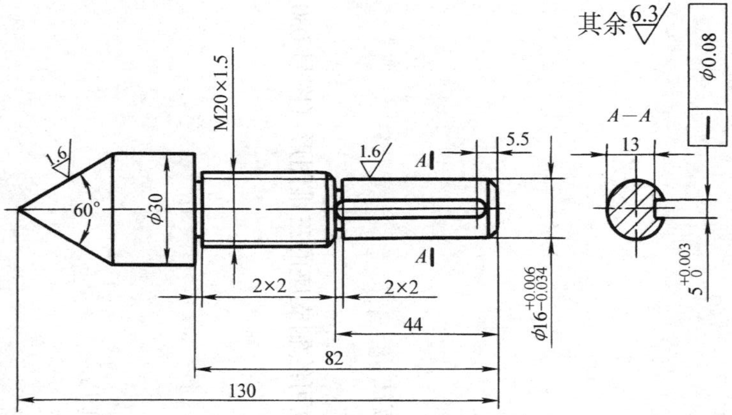

技术要求

未注倒角为C1.5。

序号	名称	数量	材料	比例
1	顶尖	1	45	1:2

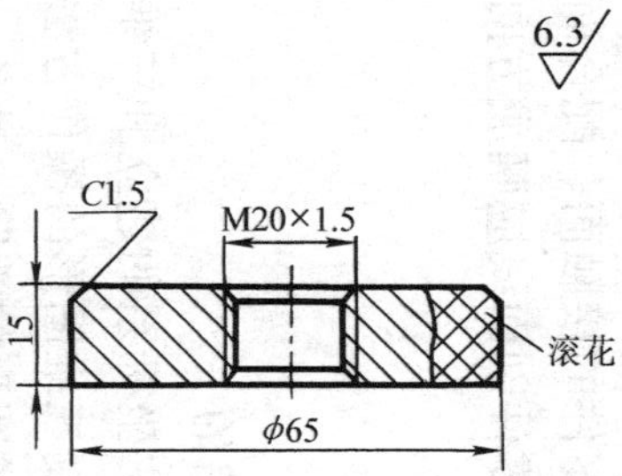

技术要求

未注倒角为C2。

序号	名称	数量	材料	比例
2	调节螺母	1	15	1:2

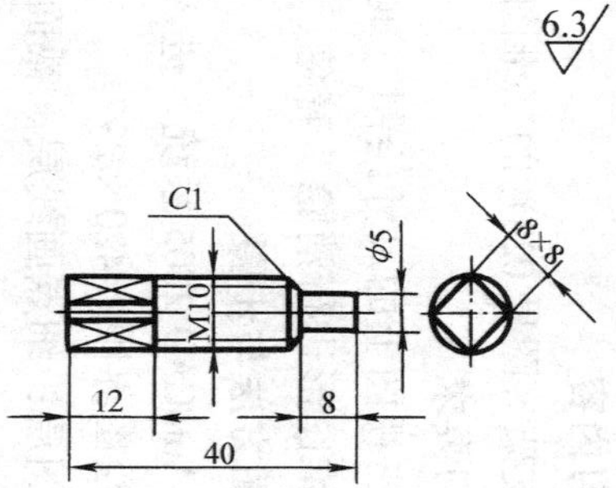

序号	名称	数量	材料	比例
3	螺钉	1	45	1:2

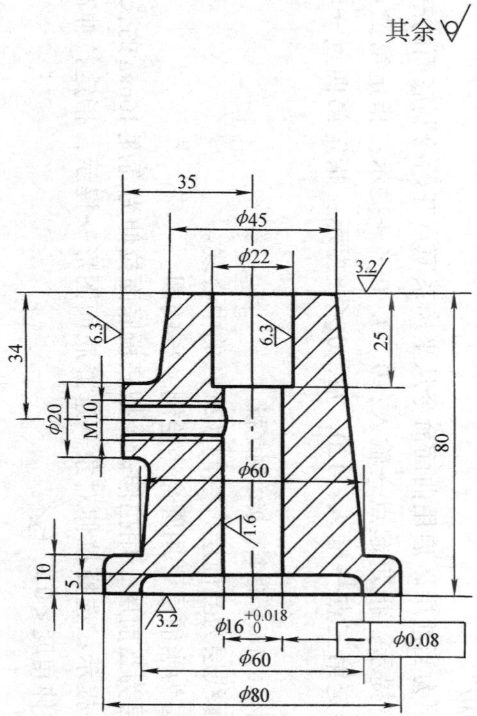

技术要求

未注圆角为R3。

序号	名称	数量	材料	比例
4	底座	1	HT200	1:2

五、注意事项

1. 两相邻零件的接触面、配合面处应只画一条线。

2. 两相邻零件剖面线应画成方向不同或间隔不等。

练 习 十 六

一、练习目的

1. 掌握用户坐标系的建立和三维视点的设置方法。

2. 掌握绘制三维图形的操作方法。

3. 掌握三维图形的消隐、着色、渲染及图形编辑方法。

二、练习内容

绘制轴支架（图号 028）的三维图形（图号 029），也可绘制支座的三维图形（图号 030）。

三、练习要求

1. 根据三视图上的尺寸绘制三维图形。

2. 对三维图形进行消隐、着色、渲染等图形处理。

四、绘图方法与步骤

1. 启动 AutoCAD 2005 系统，进入 AutoCAD 2005 界面。

2. 设置绘图界限：420×297。

3. 设置图层：细点画线层、截面层、实体层。

4. 调出工具条：视图（View）、实体（Solids）、实体编辑（Solids Editting）、坐标系（Ucs）、渲染（Render）工具条。

5. 选择视点：西南等轴测（SW Isometric）。

6. 绘制图形。

（1）绘制“底板”。

1）设置截面层为当前层，启用曲面命令从坐标系原点开始绘制底面的三维图形。

单击图标→提示：指定起点→输入：0，0，0↙→提示：指定第二点→输入：120，0，0↙→提示：指定第三点→输入：120，72，0↙→提示：指定第四点→输入：0，72，0↙。

注：也可用长方体（_ box）命令直接绘制底板。

2）设置细点画线层为当前层，绘制 ϕ26 圆的中心线。

3）设置截面层为当前层，用圆命令绘制 ϕ26 的圆。

4）设置实体层为当前层，用拉伸命令把底板底面拉伸为高度 16mm 的长方体。

单击图标→提示：选择拉伸对象→选择底面图形→提示：指定拉伸高度→输入：16↙→提示：指定拉伸角度<0>→↙。

5）倒圆角。

单击图标→输入 R↙→提示：指定圆角半径→输入：24↙→提示：选择第一个对象→拾取要倒圆角的对象→↙→↙。

6）用布尔运算的差运算方法从底板长方体中减去两个内圆柱。

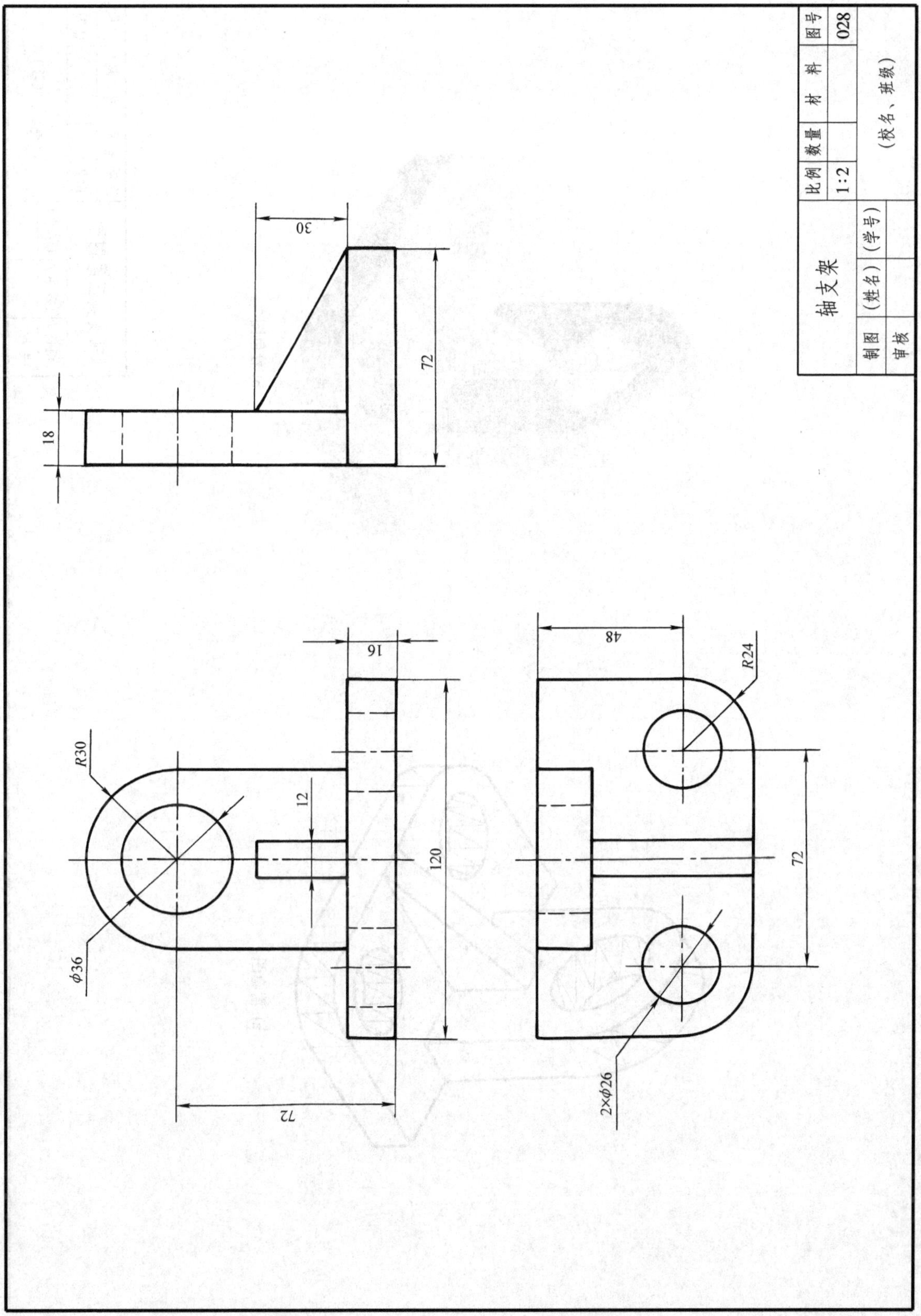
轴支架
比例
数量
材料
图号
1:2
028
制图
(姓名)
(学号)
审核
(校名、班级)
30
72
18
16
120
12
R30
φ36
72
48
R24
72
2×φ26

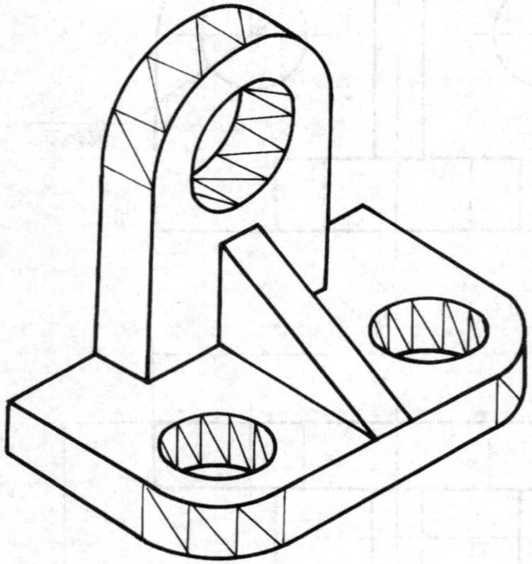

a) 消隐图

b) 着色图

轴支架三维图形		比例	数量	材 料	图号
		1:2			029
制图	(姓名)	(学号)	(校名、班级)		
审核					

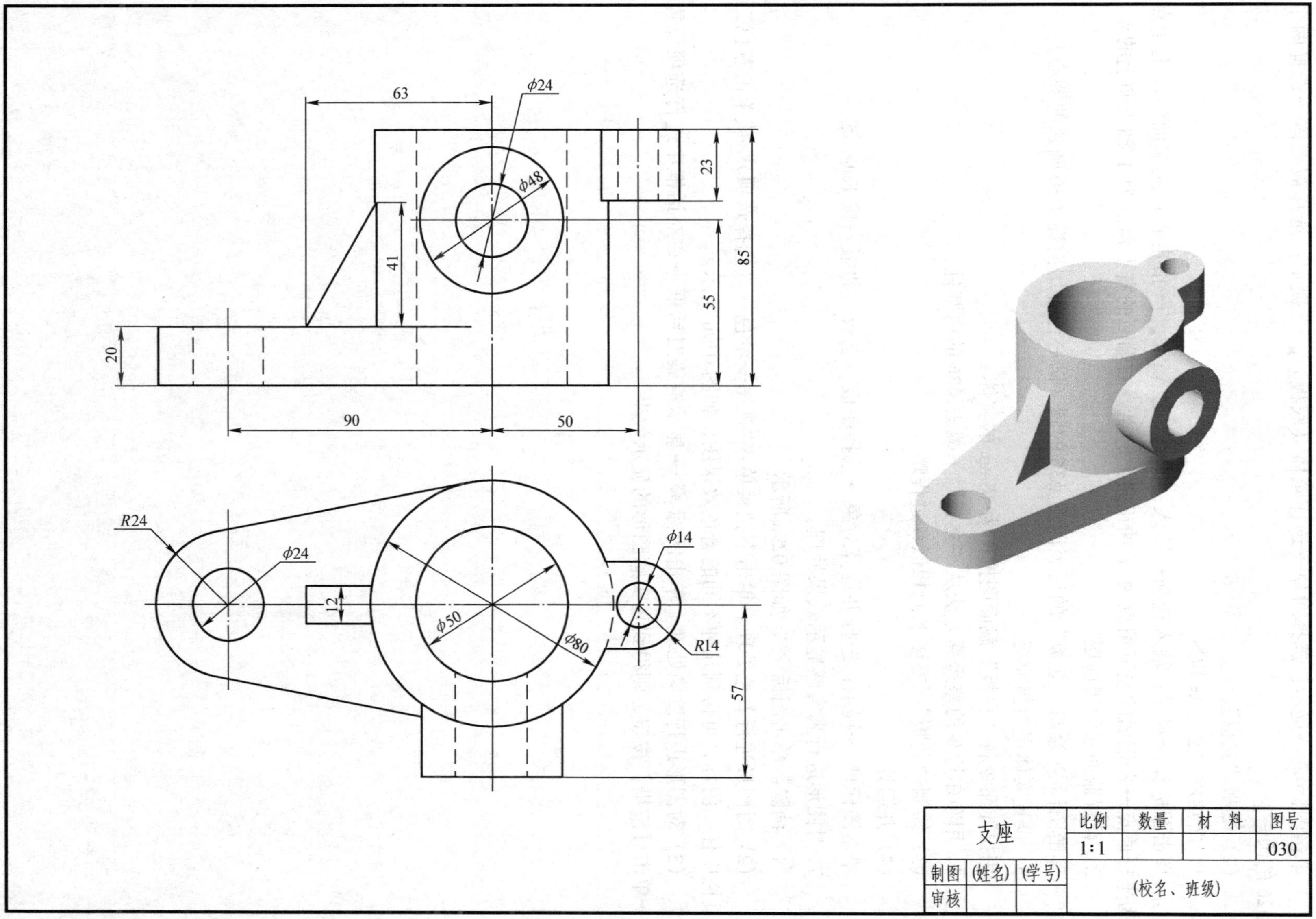
支座
比例
1:1
数量
材料
图号
030
制图 (姓名) (学号)
审核
(校名、班级)

单击图标 →提示：选择对象→选择减体（底板）↙→提示：选择被减体→选择两个 $\phi 26$ 的圆→↙。

（2）绘制“立板”。

1）新建用户坐标系 UCS。

单击图标 →提示：输入选项→输入：N↙→输入：3↙→指定底板左端面的左上角点为坐标原点→左端面的左下角点为 X 轴正向上的点→右端面的右上角点为 Y 轴正向上的点。

2）设置截面层为当前层。

单击图标 绘制“立板”的后表面及 $\phi 36$ 的圆（圆心位置用捕捉 $R30$ 圆弧的圆心）。

3）设置实体层为当前层。

用拉伸命令将“立板”截面图拉伸为 18mm 的实体。

4）用布尔运算的差运算方法从“立板”中减去 $\phi 36$ 的内圆柱。

（3）绘制“肋板”（方法上面相似，过程略）。

（4）并运算

单击图标 →提示：选择并运算对象→选择底板、立板、肋板→按 Enter 键。

7. 对图形进行真实感显示效果处理。

（1）消隐。单击图标 ，如图 029a 所示。

（2）对图形进行着色处理。单击下拉菜单：“视图→着色→（选择选项）”或单击着色工具栏中任一图标，可得到几种不同的着色效果图，如图 029b 所示。

（3）对图形进行渲染处理。单击图标 →显示渲染对话框→在对话框中进行选项设置→单击【渲染】按钮，则得到真实感图形的显示效果。

附　录

标注尺寸的符号及缩写词见附表 1。

附表 1　标注尺寸的常用符号及缩写词（GB/T 18594—2001）

序号	1	2	3	4	5	6	7	8	9	10	11	12	13	14
含义	直径	半径	球直径	球半径	厚度	均布（缩写词）	45°倒角	正方形	深度	沉孔或锪平	埋头孔	弧长	斜度	锥度
符号	ϕ	R	$S\phi$	SR	t	EQS	C	□	↧	⌴	⌵	⌒	⌳	⌲

符号的比例画法见附图 1。

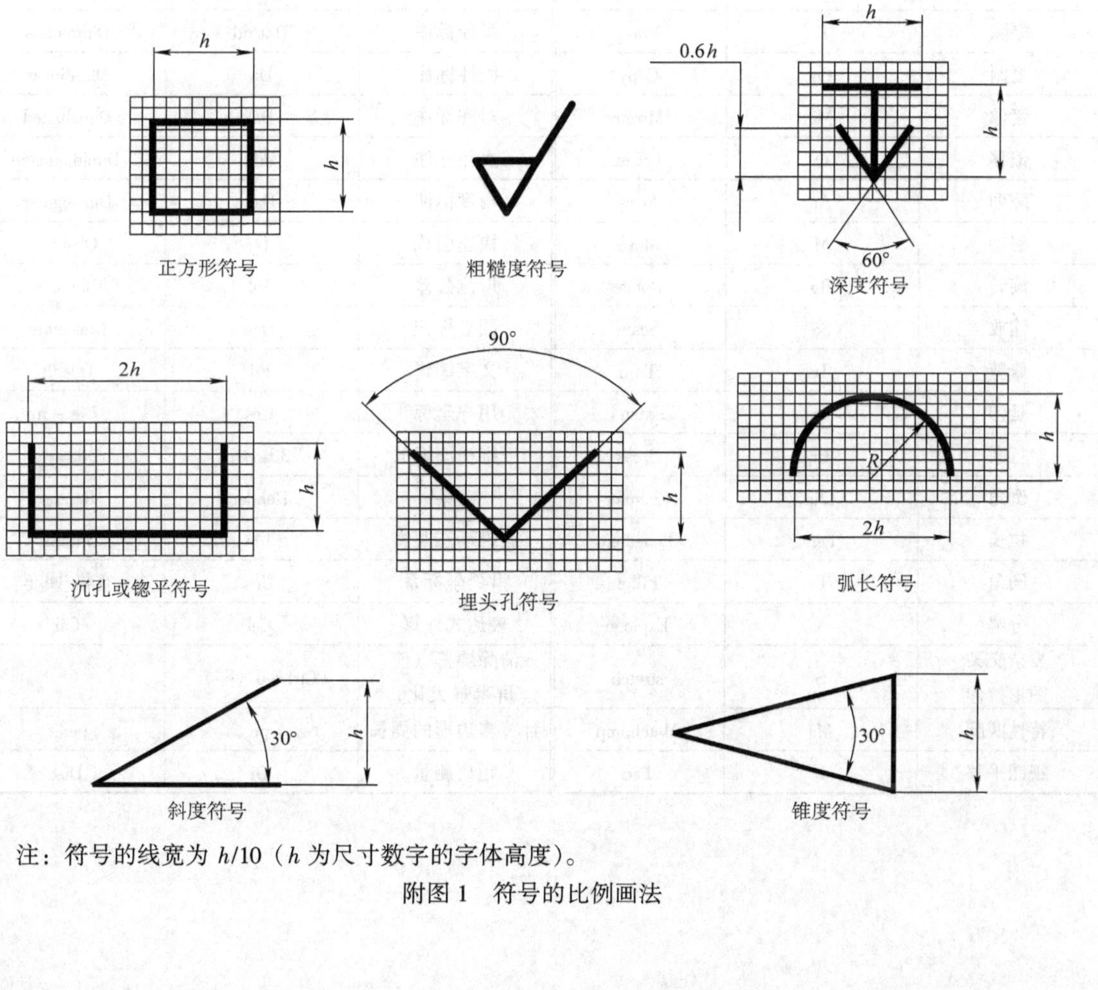

注：符号的线宽为 $h/10$（h 为尺寸数字的字体高度）。

附图 1　符号的比例画法

常用快捷指令见附表 2。

附表 2　AutoCAD2005 常用快捷指令

中文项目	快捷键	English	中文项目	快捷键	English
画直线	L	Line	图层管理器	La	Layer
画圆	C	Circle	过滤	FI	Filtrate
画圆弧	A	Arc	图素信息	Li	List
起点、终点、半径、圆弧	Arc－回车－/r		调用工具栏	To	Toolbar
画样条线	Spl	Spline	选项的修改	Op	Option
画矩形	Rec	Rectangle	保存	CTRL＋S	
画构造线	Xl	Xline	另存为	CTRL＋SHIFT＋S	
画正多边形	Pol	polygon	放弃	U	Undo
画圆环	Do	donut	相切捕捉	Tan	Tan
画多段线	Pl	Pline	中心捕捉	Cen	Cen
创建块	B	Block	垂直捕捉	Per	Per
插入块	I	Insert	标注样式修改	D	Dimstye
图案填充	Bh/h	Bhatch	坐标标注	Dor	Dimordinate
删除	E	Erase	半径标注	Dra/dd	Dimriadius
复制	Co	Copy	线性标注	Dli	Dlimlinear
镜像	Mi	Mirror	对齐标注	Dal	Dimaligned
偏移	O	Offset	直径标注	ddi	Dimidiameter
陈列	Ar	Array	角度标注	Dan	Dimangular
移动	M	Move	快速引线	Le	Qleader
旋转	Ro	Rotate	形位公差	Tol	Tolerance
缩放	Sc	Scale	圆心标记	Dce	Dimcenter
修剪	Tr	Trim	文字编辑	Ed	Ddedit
延伸	Ex	Extend	用户坐标	Ucs	Ucs－n
打断	Br	Break	三维视图缩放	3dzoom	3dzoom
倒角	Cha	Chamfer	渲染	Render	Render
拉长	Len	Lengthen	三维动态观察	3do	3dorbit
圆角	F	Fillet	世界坐标系	Ucs	空格/回车
分解	X	Explode	表达式计算	Cal	Cal
复杂交叉图形拉伸	S	stretch	清除屏幕（使屏幕最大化）	Ctrl＋0（零）	
特性匹配	Ma	Matchprop	计算多边形的周长	pe	pedit
视图平移	P	Pan	距离测量	Di	Dist